"十二五"职业教育国家规划教材
经全国职业教育教材审定委员会审定

21世纪高职高专电子信息类规划教材

U0191464

数字通信原理

孙青华 主编

黄红艳 范兴娟 李辉 张星 副主编

Electronic

Information

人民邮电出版社

北 京

图书在版编目（CIP）数据

数字通信原理 / 孙青华主编. -- 北京：人民邮电
出版社，2015.1（2024.2重印）
21世纪高职高专电子信息类规划教材
ISBN 978-7-115-37722-7

Ⅰ. ①数… Ⅱ. ①孙… Ⅲ. ①数字通信－高等职业教
育－教材 Ⅳ. ①TN914.3

中国版本图书馆CIP数据核字(2014)第287339号

内 容 提 要

本书打破了传统通信原理的讲述方法，将理论与应用结合，抽象与形象结合，同时增加了移动通信原理内容。全书共分基础知识篇、基本原理篇、原理应用篇，全面地介绍数字通信技术的原理及应用，从认识通信系统及信号开始，引入数字基带传输、调制与解调、编码、定时与同步等基本原理。其中，原理应用篇，深入剖析了电话通信系统、数字通信系统和移动通信系统的原理及应用。全书教学内容与通信技术实际对接紧密，实用性强。

本书可作为通信类核心专业能力课程的配套教材，包括了大量情境教学实例，也可作为通信工程、光纤通信、移动通信、数据通信等专业高职高专或本科教材，以及通信系统、网络工程、接入工程技术人员的参考书。

◆ 主　编　孙青华
　　副主编　黄红艳　范兴娟　李　辉　张　星
　　责任编辑　滑　玉
　　责任印制　沈　蓉　彭志环
◆ 人民邮电出版社出版发行　　北京市丰台区成寿寺路 11 号
　　邮编　100164　电子邮件　315@ptpress.com.cn
　　网址　http://www.ptpress.com.cn
　　固安县铭成印刷有限公司印刷
◆ 开本：787×1092　1/16
　　印张：13.75　　　　　　　　　2015 年 1 月第 1 版
　　字数：342 千字　　　　　　2024 年 2 月河北第 17 次印刷

定价：36.00 元
读者服务热线：(010)81055256　印装质量热线：(010)81055316
反盗版热线：(010)81055315

本书以通信系统信号处理过程为主线，逐一介绍数字基带传输、调制与解调、编码、定时与同步等基本原理，为读者建立起数字通信系统的一般性原理的框架，然后以电话网、数据网、移动网为切入点，深入剖析了电话通信系统、数字通信系统和移动通信系统的原理实现及应用。配合典型信号处理过程，通过系统仿真，直观展示通信的信号处理过程及结果，深入浅出地讲述通信原理在具体通信系统中的应用与实现。由于通信工程发展很快，本书在内容广泛、实用和讲解通俗的基础上，尽量选用最新的资料。

本书的风格与结构

作为通信类专业核心技能培养的配套教材，本书选取了大量的实做项目，以期达到从认识到理解，从抽象到形象，从理论到实用的教学效果。

本书含有大量的图表、数据、案例和插图，以达到深入浅出的教学效果。本书尽可能用形象的图表及实例来解释和描述，为读者建立清晰而完整的体系框架（见下图）。

在每章的开始明确本章的学习重点、难点及学习方法建议，引导读者深入学习。

为配合教、学、做一体的教学形式，本书结合每章教学内容，设计了实做项目与教学情境，使教学与实践有机结合在一起。

本书各章节关系图

在本书的编写过程中，我要感谢我的同事和朋友给我的影响和帮助。特别感谢石家庄邮电职业技术学院杨延广、郝文通、孙群中、庞瑞霞老师的支持与建议，以及石家庄惠远邮电设计咨询有限公司顾长青、牛建彬、魏金生、杨晓萍、马晓峰、王岩峰工程师提供的宝贵建议。

本书第 1 章、第 6 章、第 7 章由石家庄邮电职业技术学院黄红艳编著；第 2 章、第 5 章

由石家庄邮电职业技术学院李辉编著；第 3 章由石家庄邮电职业技术学院张星编著；第 8 章由石家庄邮电职业技术学院范兴娟编著；第 9 章由石家庄邮电职业技术学院孙青华编著；第 4 章由石家庄邮电职业技术学院张星、范兴娟共同编著。全书由孙青华负责统稿。由于编者水平有限，书中难免存在一些缺点和欠妥之处，恳切希望广大读者批评指正。

孙青华

2014 年 1 月

目 录

基础知识篇

第1章

认识通信系统

本章教学说明

- 从信息、信息量入手，介绍通信系统模型。
- 重点介绍通信系统的有效性和可靠性以及信道容量。
- 简单介绍信道分类和噪声。
- 概括介绍通信系统仿真软件 SystemView 使用方法及仿真步骤。

本章内容

- 信息与信息量。
- 通信系统模型。
- 通信系统的主要性能指标。
- 信道与噪声。
- 通信系统仿真软件 SystemView。

本章重点、难点

- 信息量的计算。
- 数字通信系统模型。
- 数字通信系统性能指标。
- 信道容量。
- SystemView 仿真软件的使用。
- SystemView 常用图符块的参数设置。

学习本章目的和要求

- 掌握信息量的计算、数字通信系统性能指标的计算。
- 理解数字通信系统模型和移动通信系统模型。
- 掌握信道容量的计算。
- 领会信道的分类。
- 了解信道噪声。
- 掌握利用 SystemView 软件进行通信系统仿真的方法、步骤。

本章实做要求及教学情境

- 练习使用 SystemView 软件，了解软件功能，掌握仿真基本流程。

● 用 SystemView 软件进行通信系统仿真，观察通信系统信号流程。

本章建议学时数：6 学时

1.1 信息与信息量

1.1.1 信息、信息量的概念

● 随着社会的发展，计算机的普及，人们说现在是信息社会，那么什么是信息呢？
● 信息如何度量？

探 讨

1. 信息

控制论奠基人维纳认为：信息是人类在适应外部世界时以及在感知外部世界而做出调整时，与外部环境交换的内容的总称；信息论奠基人香农认为"信息是用来消除随机不确定性的东西"，这一定义被人们看作是信息的经典性定义并加以引用。比如我们给家人打电话说明近况，就可以消除家人对我们近况了解的不确定性，那么电话的内容就是信息。

通信的目的在于传递信息。信息是消息中有意义的内容。消息一般指对人或事物情况的报道，其表现形式有语音、文字、数据、图像等。不同形式的消息，可以包含相同的信息。例如，分别用语音和文字传送的天气预报，所含信息内容相同。信息是指消息中含有的有意义的内容，即接收者原来不知而待知的内容。在有效的通信中，信源发送的信号是不确定的，接收者在收到信号后不确定性减小或消失，则接收者从不知到知，从而获得信息。

信息是抽象的，而消息是具体的。消息是信息的携带者。具体来说，信息是指数据、信号、消息中所包含的意义，信息具有以下特征。

（1）普遍存在性

信息普遍存在于自然界、人类社会、人类的思维领域之中。信息和物质、能量构成当今人类社会的三大资源。

（2）依附性

信息的内容通过什么表现出来，人们通过什么认识信息呢？信息的表达需要载体，也就是表现形态。信息是通过载体来表示（表达）和传播（传递）的。目前信息的载体有数据、文本、声音、图像，这四种形态可以相互转化，例如，照片被传送到计算机，就把图像转化成了数据。同一个信息可以依附于不同的载体，不同信息也可以依附于同一个载体。交通信息既可通过信号灯显示，也可以通过警察的手势来传递；同样一则新闻，我们在电视上听到了，也可以在报纸上看到。

（3）共享性

正如英国现实主义戏剧家萧伯纳所说："两个人在一起交换苹果与两个人在一起交换思想完全不一样。两个人交换苹果，每个人手上还有一个苹果；但是两个人在一起交换了思想，每个人就同时有两个人的思想。"信息具有共享性。

（4）时效性

原来寄一封信件，需要几天的时间，现在写一封电子邮件，只需要几秒钟就可以送达。

在信息传递越来越快的今天，信息的时效性表现得越来越明显，例如天气预报，只对预报的几个小时有用，之后就失效了。

（5）可伪性

我们会收到各种信息，但是需要辨别真伪的，伪信息造成社会信息污染，具有极大的危害性。因此，信息安全越来越重要。

（6）随机性

在信息发出之前，信息是不确定的，是随机的。

2．信息量

传输信息的多少用"信息量"来衡量。对于接收者来说，某些消息比另外一些消息传递更多的信息。例如，天气预报部门公布"今年冬天的天气要比去年冬天更冷些"，比起"今年冬天的天气将与去年夏天一样热"来说，前一消息包含的信息显然要比后者少些。因为在接收者看来，前一事件很可能发生，不足为奇，但后一事件却极难发生，听后使人惊奇。这表明消息确实有量值的意义。而且，我们可以看出，对接收者来说，事件越不可能发生，越是使人感到意外和惊奇，信息量就越大。

1.1.2　信息量的计算

1．信息量的计算

概率论告诉我们，事件的不确定程度，可以用其出现的概率来描述。事件出现的可能性越小，则概率就越小，反之，事件出现的可能性越大，则概率就越大。消息中的信息量与消息发生的概率紧密相关，消息出现的概率越小，则消息中包含的信息量就越大。如果事件是必然的（概率为 1），则它传递的信息量应为零；如果事件是不可能的（概率为 0），则它将有无穷的信息量。

设信源是由 q 个离散符号（事件）$s_1, s_2, \cdots, s_q$ 组成的集合。每个符号的发生是相互独立的，第 i 个符号 s_i 出现的概率是 $P(s_i)$，且 $P(s_i)$ 满足非负、归一性，即 $0 \leqslant P(s_i) \leqslant 1$，$\sum_{i=1}^{q} P(s_i) = 1$，则第 i 个符号 s_i 含有的信息量为

$$I(s_i) = \log_2 \frac{1}{P(s_i)} = -\log_2 P(s_i) \tag{1-1}$$

几点说明：

（1）信息量 $I(s_i)$ 可以看作接收端未收到消息前，发送端发送消息 s_i 所具有的不确定程度。

（2）若干个相互独立事件构成的消息，所含信息量等于各独立事件所含信息量之和，也就是说，信息具有可加性。如两个独立事件 s_i 与 s_j 的概率分别为 $P(s_i)$ 和 $P(s_j)$，则两个事件同时发生的概率 $P(s_i s_j) = P(s_i)P(s_j)$，从而由式（1-1）可得

$$I(s_i s_j) = \log_2 \frac{1}{P(s_i s_j)} = I(s_i) + I(s_j)$$

（3）信息量的单位与对数的底数有关。底数为 2，信息量的单位为比特（bit）；底数为自然数 e，则信息量的单位为奈特（nit）；底数为 10 时，则信息量的单位为哈特（hart）。通常使用的单位是比特。

（4）对于二进制信源符号，只有 1 和 0，假设 1 和 0 等概率出现，均为 1/2，则有

$$I(0) = I(1) = -\log_2 \frac{1}{2} = 1\text{bit}$$

即等概率二进制信源每一符号的信息量为 1bit。同理，对于四进制，假设信源符号等概率出现，则每符号的信息量是 2bit，是二进制的 2 倍。依次类推，对于 $M = 2^K$ 进制，假设各信源符号等概率出现，则每符号的信息量是 Kbit，符号信息量是二进制的 K 倍。

【例 1-1】 设英文字母 E 出现的概率为 0.105，X 出现的概率为 0.002，试求 E 及 X 的信息量。

解： $I(E) = \log_2 \frac{1}{P(0.105)} = -\log_2 P(0.105) \approx 3.25(\text{bit})$

$I(X) = \log_2 \frac{1}{P(0.002)} = -\log_2 P(0.002) \approx 8.97(\text{bit})$

通过实际计算，可以看出，事件发生的概率越小，事件包含的信息量越大。

【例 1-2】 若估计在一次国际象棋比赛中谢军获得冠军的可能性为 0.1（记为事件 A），而在另一次国际象棋比赛中她得到冠军的可能性为 0.9（记为事件 B）。试分别计算当你得知她获得冠军时，从这两个事件中获得的信息量各为多少？

解： $I(A) = \log_2 \frac{1}{P(0.1)} = -\log_2 P(0.1) \approx 3.32(\text{bit})$

$I(B) = \log_2 \frac{1}{P(0.9)} = -\log_2 P(0.9) \approx 0.152(\text{bit})$

2. 离散信源平均信息量的计算

对于由一连串符号所构成的消息，可根据信息相加性概念计算整个消息的信息量，但当消息很长时，可用平均信息量的概念来计算。所谓平均信息量是指信源中每个符号所含信息量的统计平均值，统计独立 N 个符号的离散信息源的平均信息量 $H(S)$ 为

$$H(S) = \sum_{i=1}^{N} P(s_i)I(s_i) = -\sum_{i=1}^{N} P(s_i)\log_2 P(s_i) \qquad (1\text{-}2)$$

由于平均信息量 $H(S)$ 同热力学中的熵形式相似，因此通常称为信息源的熵。熵是信源中每个符号的平均信息量，单位是 bit/符号。当信源符号等概率发生时，熵具有最大值，为

$$H_{\max}(S) = \sum_{i=1}^{N} P(s_i)I(s_i) = \log_2 N \qquad (1\text{-}3)$$

【例 1-3】 一离散信源由 0、1、2、3 四个符号组成，它们出现的概率分别为 3/8、1/4、1/4、1/8，且每个符号的出现都是独立的。试求某信息 1022，0102，0130，2130，2120，3210，1003，2101，0023，1020，0201，0312，0321，0012，0210 的信息量。

解： 方法一

此消息中，0 出现 23 次，1 出现 15 次，2 出现 15 次，3 出现 7 次，共有 60 个符号，故该消息的信息量为

$$I = 23I(0) + 15I(1) + 15I(2) + 7I(3)$$

$$= 23\log_2 \frac{8}{3} + 15\log_2 4 + 15\log_2 4 + 7\log_2 8$$

$$= 113.55\text{bit}$$

方法二

用熵的概念来计算，由式（1-2）得

$$H = \frac{3}{8}\log_2\frac{8}{3} + \frac{1}{4}\log_2 4 + \frac{1}{4}\log_2 4 + \frac{1}{8}\log_2 8$$

$$\approx 1.906\text{bit}/\text{符号}$$

则该消息的信息量为

$$I = 60H(S) = 60 \times 1.906 = 114.36\text{bit}$$

可见，两种算法的结果有一定误差，前一种方法是按算术平均的方法，后一种是按统计平均的方法。但当消息很长时，用熵的概念来计算比较方便，而且随着消息序列长度的增加，两种计算误差将趋于零。

1.2　通信系统模型

- 简单通信系统组成
- 模拟通信系统组成
- 数字通信系统组成

重点掌握

1.2.1　简单通信系统模型

通信的任务是将信息从一地传送到另一地，完成信息传送的一系列设备及传输媒介构成通信系统，最简单的通信系统是点到点的系统，其基本模型如图 1-1 所示。

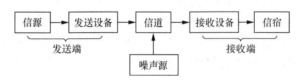

图 1-1　简单通信系统模型图

从图 1-1 可以看出，通信系统由五部分组成，即信源、发送设备、信道和噪声源、接收设备、信宿。

（1）信源

信源是指信息源，信息的发送者。其作用是把各种消息转换成原始电信号，如电话机的送话器、电视摄像机、计算机等都可以看成是信源。

（2）发送设备

为了使信源产生的原始电信号能够在信道上传输，需要发送设备对其进行处理，变换成适合在信道上传送的信号，送往信道传输。比如滤波、调制、放大、编码、加密等环节。

（3）信道和噪声源

信道是信息的传输通道。其作用是将来自发送端的信号发送到接收端。按传输介质的不同，信道可分为两种，一种是有线信道，如双绞线、同轴电缆、光缆等；另一种是无线信道，如中长波、短波、微波中继及卫星中继等；按传输信号形式的不同可分为模拟信道和数字信道。

噪声源不是人为加入的设备，而是通信系统中各种设备以及信道中所固有的，噪声源是信道中的所有噪声以及分散在通信系统中其他各处噪声的集合。噪声是独立于有用信号以外客观存在的，始终干扰有用信号。噪声的来源是多样的，可分为内部噪声和外部噪声。

（4）接收设备

接收设备的功能正好与发送设备相反，它是将信道传输中带有噪声和干扰的信号转换为信宿可识别的信息形式交给信宿。

（5）信宿

信宿与信源相对应，是信息的接收者。其作用是将由接收设备复原的原始信号转换成相应的消息，如电话机中的受话器，其作用就是将对方传送过来的电信号还原成声音。

1.2.2 模拟通信系统模型

通信系统传输的消息具有不同的形式，将消息转换成模拟信号在信道上传输的通信方式称为模拟通信，传输模拟信号的通信系统称为模拟通信系统，相应的模拟通信系统是按照模拟信号的传输特点设计的，其基本组成模型如图1-2所示。

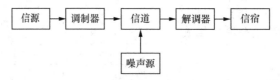

图 1-2　模拟通信系统模型图

模拟通信系统传输信息，需要两种变换。首先，将信源产生的连续消息要变换成原始电信号，接收端收到的信号要反变换成原连续消息。原始电信号由于通常具有频率较低的频谱分量，一般不宜直接传输，因此，模拟通信系统常需要有第二次变换：将原始电信号变换成适合信道传输的信号，并在接收端进行反变换，这种变换和反变换通常称为调制和解调。

经过调制后的信号叫已调信号，它应该具有两个特征：一是携带有信息，二是适应在信道传输。通常我们把发送端调制前和接收端解调后的信号称为基带信号，已调信号通常称为频带信号。

模拟通信系统传输连续的模拟信号，占用带宽窄，如每路语音信号带宽仅为 4kHz。在信号的传输过程中，噪声叠加于信号之上，并随传输距离的增加而加强，在接收端很难将信号和噪声分离，系统的抗干扰能力较弱且不适于长距离信号传输。

 需要指出的是，模拟信号并不是一定要在模拟通信系统中才能传输，任何模拟信号都可以经过模/数变换以后在数字通信信道上传输。

提　示

1.2.3 数字通信系统模型

将消息转换成数字信号在信道上传输的通信方式称为数字通信，传输数字信号的通信系统，称为数字通信系统，其基本组成模型如图 1-3 所示。相应的数字通信系统是按照数字信号的传输特点设计的。数字信号通过相应的终端设备转换，也可以在模拟通信系统中进行传输。

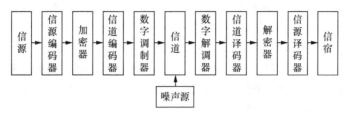

图 1-3　数字通信系统模型图

（1）信源编码器与信源译码器

信源编码器是将信源送出的信号进行适当处理，产生周期性符号序列，使其变成合适的数字编码信号。信源编码的作用包含模拟信号的数字化和信源压缩编码两个范畴：一是如果信源输出的信号是模拟信号，信源编码器将对模拟信号进行抽样、量化、编码，使之变成数字信号，从而完成模/数转换任务。二是如果信源输出的是数字信号，这时信源编码器的作用是提高数字信号传输的有效性，去除或减少冗余并压缩原始信号的数据速率。

信源译码器实现信源编码的逆过程，即解压缩和数/模转换。

（2）加密器与解密器

加密器主要用于需要保密的通信系统。加密处理的过程是采用复杂的密码序列，对信源编码输出的数码序列进行人为"扰乱"。

解密器实现的是加密器的逆过程，即从加密的信息中恢复出原始信息。

（3）信道编码器与信道译码器

信号在信道中传输时，会受到各种噪声干扰，引起信号的差错和失真，导致误码。信道编码是为了提高数字传输的可靠性，对传输中产生的差错采用的差错控制技术，也称为差错控制编码，即在信号中按一定的编码规则加入冗余码元，以达到在接收端可以检出和纠正误码的目的。

信道译码器完成信道编码器的逆过程，即从编码的信息中恢复出原始信息。

（4）数字调制器与数字解调器

与模拟通信系统的调制器作用一样，数字调制器将数字基带信号变换成适合于信道传输的频带信号。

数字解调器完成数字调制器的逆过程，即将收到的频带信号还原为数字基带信号。

相对于模拟通信系统而言，数字通信系统有如下优点。

（1）抗干扰、抗噪声能力强，无噪声积累。在数字通信系统中，传输的信号是数字信号，以二进制为例，信号的取值只有两个，这样发送端传输的和接收端需要接收和判决的电平也只有两个值。若"1"码时取值为 A，"0"码时取值为 0，传输过程中由于信道噪声的影响，必然会使波形失真。在接收端恢复信号时，首先对其进行采样判决，才能确定是"1"码还是"0"码，并再生"1"、"0"码的波形。因此只要不影响判决的正确性，即使波形有失真也不会影响再生后的信号波形。而在模拟通信系统中，如果模拟信号累加上噪声后，即使噪声很小，也很难消除。

（2）便于加密处理，保密性强。数字信号与模拟信号相比，容易加密和解密。因此，数字通信保密性好。

（3）差错可控。数字信号在传输过程中出现的差错，可通过纠错编码技术来控制。

（4）利用现代技术，便于对信息进行处理、存储和交换。由于计算机技术、数字存储技术、数字交换技术以及数字处理技术等现代技术飞速发展，许多设备、终端接口均是数字信号，因此极易与数字通信系统相连接。正因为如此，数字通信才得以高速发展。

（5）便于集成化，使通信设备微型化。

数字通信系统相对于模拟通信系统来说，主要有以下两个缺点。

（1）数字信号占用的频带宽，以电话为例，一路数字电话一般要占据 20～64kHz 的带宽，而一路模拟电话仅占用约 4kHz 的带宽。如果系统传输带宽一定的话，模拟电话的频带利用率要高出数字电话的 5～15 倍。

（2）对同步要求高，系统设备比较复杂。数字通信系统中，要准确地恢复信号，必须要求接收端和发送端保持严格同步。因此数字通信系统及设备一般都比较复杂，体积较大。随着数字集成技术的发展，各种中、大规模集成器件的体积不断减小，加上数字压缩技术的不断完善，数字通信设备的体积将会越来越小。

1.2.4 移动通信系统模型

移动通信是指至少通信的一方在移动中的通信方式，根据信道传输信号的不同分为模拟移动通信系统和数字移动通信系统，这里以数字移动通信系统为例说明移动通信过程模型，如图 1-4 所示。

图 1-4 移动通信系统模型图

图 1-4 中的信源编译码、信道编译码、调制器解调器的功能和作用和前面讲到的相同，只不过在移动通信中的具体实现方法不同，具体的见第 9 章移动通信系统的编码技术、调制技术和扩频等内容。移动通信中采用无线信道，因此对于信道上传输的信号有着特殊的要求，如交织、加扰、扩频等。

（1）交织、去交织

在移动通信的无线信道上，比特差错经常是成串发生的。然而，信道编码仅在检测和校正单个差错和不太长的差错串时才有效。为了解决这一问题，希望能找到把一条消息中的相继比特分散开的方法，即一条消息中的相继比特以非相继方式被发送。这样，在传输过程中即使发生了成串差错，恢复成一条相继比特串的消息时，差错也就变成单个（或长度很短），这时再用信道编码纠错功能纠正差错，恢复原消息。这种方法就是交织技术。去交织就是相反的过程，将分开的信息还原成连续的信息流。

（2）加扰、去扰

加扰就是用一个伪随机码序列有规律地处理原有信息码。为了避免信号流中出现长的连"0"和连"1"，通常采用加扰技术，用伪随机码序列对原有码码进行相乘，同时实现对信号进行加密。去扰过程和作用和加扰相反。

（3）扩频、解扩

扩频即扩展频谱，使传输信息所用信号的带宽远大于信息本身的带宽。增加信号带宽可以降低对信噪比的要求，当带宽增加到一定程度，允许信噪比进一步降低，有用信号功率接近噪声功率甚至淹没在噪声之下也是可能的。无线信道的强干扰下，需采用扩频技术来取得较好的通信质量。

解扩与扩频过程和作用相反。

1.3 通信系统的主要性能指标

在设计和评价通信系统性能优劣时，要涉及通信系统的性能指标。通信系统的性能指标主要有两个：有效性指标和可靠性指标。有效性指标用于衡量系统的传输效率，可靠性指标用于衡量系统的传输质量。

- 信息速率、符号速率的概念及计算。
- 误码率、误信率的概念及计算。

重点掌握

1.3.1 模拟通信系统性能指标

1．有效性指标

有效性指信息传输速度，即给定频带情况下，单位时间传输信息的多少。对于模拟通信系统来说，信号传输的有效性通常可用有效传输频带来衡量，即在指定信道内所允许同时传输的最大通路数。这个通路数等于给定信道的传输带宽除以每路信号的有效带宽，在相同条件下，每路所占频带越窄，则允许同时传输的通路数越多。在模拟通信中，每一路信号的有效带宽与调制方式有关，如 FM 波比 AM 波占用频带宽。

2．可靠性指标

模拟通信系统中信号传输的可靠性通常采用接收端输出信噪比（S/N）来衡量，即输出信号平均功率与噪声平均功率之比。S/N 越大，可靠性越高，反之亦然。通常电话要求信噪比是 20～40dB（分贝），电视则要求 40 dB 以上。信噪比也与调制方式有关，一般情况下，FM 信号的输出信噪比就比 AM 的信号高得多，所以 FM 传输可靠性高于 AM 传输。

1.3.2 数字通信系统性能指标

1．有效性指标

有效性指标是衡量系统传输能力的主要指标，通常用 3 个指标来说明：码元传输速率、信息传输速率及频带利用率。

（1）码元传输速率

码元传输速率（R_B）定义：每秒传输信号码元的数目，又称调制速率、符号速率、波特率。单位为波特（Baud），简写为 B 或 Bd，用符号 R_B 表示。如果信号码元持续时间（时间长度）为 T（单位为 s），那么，码元传输速率公式为

$$R_B = \frac{1}{T} \tag{1-4}$$

图 1-5 给出了两种信号，其中图（a）为二电平信号，即一个信号码元可以取 0 或 1 两种状态之一；图（b）为四电平信号，它在一个码元 T 中可能取 ±3 和 ±1 四种不同的值（状态），因此每个信号码元可以代表 4 种情况之一。

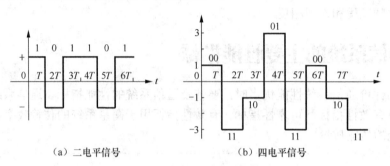

（a）二电平信号　　　　　　　　（b）四电平信号

图 1-5　二电平和四电平数据信号

（2）信息传输速率

信息传输速率（R_b）定义：每秒传输的信息量。单位为比特/秒（bit/s），用符号 R_b 表示。

比特在数字通信系统中是信息量的单位。在二进制数字通信系统中，每个二进制码元若是等概率传送的，则信息量是 1bit。所以，一个二进制码元在此时所携带的信息量就是 1bit。通常，在无特殊说明的情况下，都把一个二进制码元所传的信息量视为 1bit，即指每秒传送的二进制码元数目。在二进制数字通信系统中，码元传输速率与信息传输速率在数值上是相等的，但是单位不同，意义不同，不能混淆。在多进制系统中，多进制的进制数与等效对应的二进制码元数的关系为

$$N = 2^n \tag{1-5}$$

式中，N 是进制数，n 是二进制码元数，这时信息传输速率和码元传输速率的关系为

$$R_b = R_B \log_2 N \quad (\text{bit/s}) \tag{1-6}$$

例如在四进制中（$N=4$），已知码元传输速率 $R_B=600\text{Bd}$，则信息传输速率 $R_b=1200\text{bit/s}$。

（3）频带利用率

在比较两个通信系统的有效性时，单看它们的传输速率是不够的，或者说虽然两个系统的传输速率相同，但它们的系统效率可以是不一样的，因为两个系统可能具有不同的带宽，那么它们传输信息的能力就不同，所以，衡量系统效率的另一个重要指标是系统的频带利用率（η）。

η 定义为

$$\eta = \frac{\text{码元传输速率}}{\text{频带宽度}} \ (\text{Bd/Hz}) \tag{1-7}$$

或

$$\eta = \frac{\text{信息传输速率}}{\text{频带宽度}} \ (\text{bit/s} \cdot \text{Hz}) \tag{1-8}$$

通信系统所占用的频带越宽，传输信息的能力就越大。系统的频带利用率越高，系统的有效性就发挥得越好。

【例 1-4】　某二进制系统 1 分钟传送了 18000bit 信息。问：

（1）其码元传输速率和信息传输速率各为多少？

（2）若改用八进制传输，则码元传输速率和信息传输速率各为多少？

解： （1）

$$R_b = \frac{18000}{60} = 300\text{(bit/s)}$$

$$R_B = R_b = 300\text{Bd}$$

（2）

$$R_b = \frac{18000}{60} = 300\text{(bit/s)}$$

$$R_B = \frac{R_b}{\log_2 8} = 100\text{Bd}$$

2．可靠性指标

由于信号在传输过程中不可避免地受到外界的噪声干扰，信道的不理想也会带来信号畸变，当噪声干扰和信号畸变达到一定程度时，就可能导致接收的差错。衡量通信系统可靠性的指标是传输的差错率，常用的有误码率、误比特率和误字符率或误码组率。

（1）误码率

误码率（P_e）定义：通信过程中系统传错的码元数目与所传输的总码元数目之比，即传错码元的概率。记为

$$P_e = \frac{\text{传错码元的个数}}{\text{传输码元的总数}} \tag{1-9}$$

误码率是衡量通信系统在正常工作状态下传输质量优劣的一个非常重要的指标，它反映了信息在传输过程中受到损害的程度。误码率的大小，反映了系统传错码元的概率的大小。误码率是指某一段时间内的平均误码率。对于同一条通信线路，由于测量的时间长短不同，误码率也不一样。在测量时间长短相同的条件下，测量时间的分布不同，如上午、下午和晚上，它们的测量结果也不同。在通信设备的研制、考核及试验时，应以较长时间的平均误码率来评价。

（2）误比特率

误比特率（P_b）定义：通信过程中系统传错的信息比特数目与所传输的总信息比特数之比，即传错信息比特的概率，也称误信率。记为

$$P_b = \frac{\text{传错比特数}}{\text{传输的总比特数}} \tag{1-10}$$

误比特率的大小，反映了信息在传输中，由于码元的错误判断而造成的传输信息错误的大小，它与误码率从两个不同层次反映了系统的可靠性。在二进制系统中，误码数目就等于传错信息的比特数，即 $P_e = P_b$。

（3）误字符率或误码组率

误字符率或误码组率定义：通信过程中系统传错的字符（码组）数与所传输的总字符（码组）数之比，即传错字符（码组）的概率。记为

$$\text{误字符率或误码组率} = \frac{\text{传错的字符数或码组数}}{\text{传输的总字符数或码组数}} \tag{1-11}$$

由于在一些通信系统中，通常以字符或码组作为一个信息单元进行传输，此时使用误字符率或误码组率更具实际意义，也易于理解。但由于几个比特表示一个字符或码组，而一个

字符或码组中无论错一个或多个比特都算错一个字符或码组，故用误字符率或误码组率评价电路的传输质量并不是很确切。

在通信中，有效性指标和可靠性指标这两个要求通常是矛盾的，实际中应根据具体需要尽可能取得满意的结果。例如在一定可靠性指标下，尽量提高信息传输的速率；或在一定有效性条件下，使信息传输质量尽可能提高。

【例 1-5】 在强干扰环境下，某电台在 5min 内共接收到正确信息量 355kbit，假设系统信息传输速率为 1200bit/s。问：

（1）系统的误信率是多少？

（2）若具体指出系统所传数字为四进制信号，其误信率是否改变？为什么？

解：（1）系统 5min 内传输的总信息量为

$$I=5\times60\times1200\text{bit}=360\text{kbit}$$

所以

$$P_b=\frac{360-355}{360}\approx1.39\times10^{-2}$$

（2）由于信息传输速率未变，故传输的总信息量不变，错误接收的信息量也未变，故误信率不变。

1.4 信道与噪声

1.4.1 信道的概念及分类

通俗地说，信道指以传输介质为基础的信号通路，信道的作用是传输信号。通信质量的高低主要取决于传输介质的特性。具体地说，信道一般指由有线或无线电线路提供的信号通路。抽象地说，信道实质是一段频带，允许信号通过，同时又给信号以限制和损害。这种对信道的理解是直观的，但从研究信息传输的角度，仅仅有传输介质是不够的，所以信道分为狭义信道和广义信道。

信道和电路并不等同。信道一般都是用来表示向某一个方向传送信息的媒体。因此，一条通信电路至少包含一条发送信道和（或）一条接收信道。一个信道可以看成是一条电路的逻辑部件。

提 示

1．狭义信道

狭义信道仅指传输媒介，是发送设备和接收设备之间用以传输信号的传输媒介。通信质量的优差，在很大程度上依赖于狭义信道的特性。狭义信道通常可分为有线信道和无线信道两大类，有线信道包括架空明线、对称电缆、同轴电缆和光缆等，无线信道包括地波传播、短波电离层散射、超短波或微波视距中继、人造卫星中继以及各种散射信道等。

（1）有线信道

① 架空明线：是指平行而相互绝缘的架空裸线线路。与电缆相比，它的优点是传输损耗低。但它易受气候和天气的影响，并且对外界噪声干扰较敏感。

② 对称电缆：也称为双绞线，由两根彼此绝缘的铜线组成，这两根线按照规则的螺线状绞合在一起。通常将许多这样的线对捆扎在一起，并用坚硬的、起保护作用的护皮包裹成一根电缆。将线对绞合起来是为了减轻同一根电缆内的相邻线对之间的串扰。双绞线实物及内部结构如图 1-6 所示，网线和市话电缆通常都是双绞线。

图 1-6　双绞线实物及内部结构图

③ 同轴电缆：同轴电缆由同轴的两个导体构成，外导体是一个圆柱形的空管（在可弯曲的同轴电缆中，它可以由金属丝编织而成），内导体是金属线（芯线）。它们之间填充着绝缘介质，可能是塑料，也可能是空气。在采用空气绝缘的情况下，内导体依靠有一定间距的绝缘子来定位。同轴电缆实物及内部结构如图 1-7 所示。

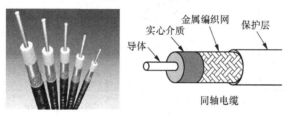

图 1-7　同轴电缆实物及内部结构图

同轴电缆分为 50Ω 的细缆和 75Ω 的粗缆。细缆（基带同轴电缆）用于基带信号传输，主要用于数字信号传输系统，实验室仪器的连线使用的就是细缆；粗缆（宽带同轴电缆）用于宽带信号传输，可以用于数字/模拟信号传输系统，如 CATV 有线电视信号传输线，能够同时传输几百套电视节目。

④ 光缆：光缆由缆芯、加强件、填充物和护层等几部分构成，除了这些基本结构之外，根据实际需要还要有防水层、缓冲层、绝缘金属导线等构件，核心是二氧化硅或塑料制作的光纤。传输带宽远远大于其他各种传输介质的带宽，是目前最有发展前途的有线传输介质。根据应用场合不同，有室外光缆、阻燃光缆、设备内光缆、室内光缆、特种光缆等，光缆实物及内部结构如图 1-8 所示。

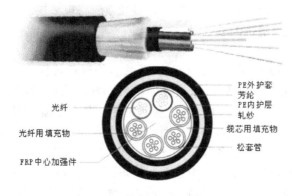

图 1-8　光缆实物及内部结构图

（2）无线信道

无线信道主要指以无线电波作为传输载体的信道，电磁波根据波长的不同有超长波、长波、中波、短波、超短波、微波等，不同波段的适用的传输介质如表1-1所示。

表1-1　　　　　　　　　　　　电磁波频段的划分及适用的传输媒质

频段及波段名称		频率、波长范围	传输介质	主要用途
极低频 极长波		30～3000Hz 10^4～100km	有线线对 极长波无线电	对潜艇通信、矿井通信
甚低频 超长波		3～30kHz 100～10km	有线线对 超长波无线电	对潜艇通信、远程无线电通信、远程导航
低频 长波		30～300kHz 10～1km	有线线对 长波无线电	中远距离通信、地下通信、矿井无线电导航
中频 中波		3～3000kHz 1000～100m	同轴电缆 中波无线电	调幅广播、导航、业余无线电
高频 短波		3～30MHz 100～10m	同轴电缆 短波无线电	调幅广播、移动通信、军事通信、远距离短波通信
甚高频 超短波		30～300MHz 10～1m	同轴电缆 超短波无线电	调幅广播、电视、移动通信、电离层散射通信
微波	特高频 分米波	0.3～3GHz 100～10cm	波导 分米波无线电	微波中继、移动通信、空间遥测雷达、电视
	超高频 厘米波	3～30GHz 10～1cm	波导 厘米波无线电	雷达、微波中继、卫星与空间通信
	极高频 毫米波	30～300GHz 10～1mm	波导 毫米波无线电	雷达、微波中继、射电天文
紫外线、可见光、红外线		10^5～10^7GHz 3～0.03μm	光纤 激光传播	光通信

① 短波

短波是指频率为 3～30MHz 的无线电波，基本传播途径有两个：一个是地波，一个是天波。短波的波长短，沿地球表面传播的地波绕射能力差，传播的有效距离短。短波以天波形式传播时，在电离层中所受到的吸收作用小，有利于电离层的反射。经过一次反射可以得到 100～4000km 的跳跃距离。经过电离层和大地的几次连续反射，传播的距离更远。地波传播不需要经常改变工作频率，但要考虑障碍物的阻挡，这与天波传播是不同的。在天波传播过程中，路径衰耗、时间延迟、大气噪声、多径效应、电离层衰落等因素，都会造成信号的弱化和畸变，影响短波通信的效果。

② 地面微波接力

在 100MHz 以上的频段内，无线电波几乎按直线进行传播，而且这样的电磁波可以被汇集成一束窄窄的波束，因此它可以通过抛物线形状的天线接收。而微波的频率范围为 300MHz～300GHz，在这个范围内，它在空中主要沿直线传播，可经电离反射到很远的地方。同时，由于微波在空中是直线传播，而地球表面是个曲面，如果两个站点间相距太远，那么地球本身就会阻碍电磁波的传输，因此在中间每隔一段距离就需要安装一个中继器来使电磁波传输得更远，如图1-9所示。中继器间的距离大约与站高的平方根成正比，如果站高为 100m，则中继器之间的距离可以约为 80km（距离一般在 50～100km 之间）。

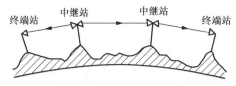

图 1-9　地面微波接力传输图

③ 卫星通信

卫星通信是指用人造卫星作为中继信道的一种通信方式。卫星中继信道由通信卫星、地球站、上行线路及下行线路构成。其中上行与下行线路是地球站至卫星及卫星至地球站的电波传播路径，而信道设备集中于地球站与卫星中继站中。相对于地球站来说，同步卫星在空中的位置是静止的。轨道在赤道平面上的人造同步卫星，当它离地面高度为 35860km 时，可以实现地球上 18000km 范围内的多点之间的连接，采用三个适当配置的同步卫星中继站就可以覆盖全球（除南、北两极盲区外），如图 1-10 所示。

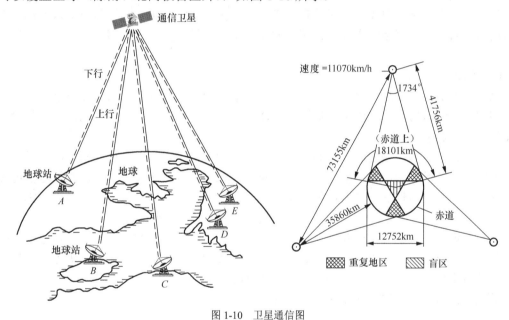

图 1-10　卫星通信图

以上，我们介绍了常用的有线和无线传输介质，表 1-2 对各种常用介质的特性及应用进行了比较。

表 1-2　常用传输介质的比较

传输介质	速率	传输距离	性能（抗干扰性）	价格	应用
双绞线	10～1000Mbit/s	几十 km	可以	低	模拟/数字传输
50Ω 同轴电缆	10Mbit/s	3km 内	较好	略高于双绞线	基带数字信号
75Ω 同轴电缆	300～450MHz	100km	较好	较高	模拟传输电视、数据及音频
光纤	几十 Gbit/s	30km 以上	很好	较高	远距离传输
短波	<50 MHz	全球	较差	较低	远程低速通信
地面微波接力	4～6GHz	几百 km	好	中等	远程通信
卫星	500 MHz	18000km	很好	与距离无关	远程通信

2．广义信道

通信系统中，凡信号经过的一切通道统称为广义信道。可以理解为，广义信道不但包括传输媒介，还包括馈线、天线、调制/解调器、编码/译码器等各种形式的转换、耦合等设备。广义信道从消息传输的观点分析问题，用于通信系统性能分析，把信道范围扩大了。其意义在于仅关注传输结果，不关心传输过程，使通信系统模型及其分析大为简化。

广义信道通常可分为调制信道和编码信道两大类，如图 1-11 所示。

（1）调制信道

调制信道是指从调制器输出端到解调器输入端的所有电路设备和传输介质，调制信道主要用来研究模拟通信系统的调制、解调问题，故调制信道又可称为连续（信号）信道。调制信道中传输的是已调信号，为模拟信道。

调制信道又分为恒参信道和随参信道。有线信道、微波信道、卫星信道等都是恒参信道，恒参信道的主要特点是可以把信道等效成一个线性不变网络，可以使用线性系统分析方法。传输技术主要解决由线性失真引起的符号间干扰（码间干扰）和由信道引入的加性噪声所造成的判断失误。短波电离反射、超短波流星余迹散射、多径效应和选择性衰落均属于随参信道。

（2）编码信道

编码信道的范围是从编码器输出端至译码器输入端，编码器的输出和译码器的输入都是数字序列，故编码信道又称为离散信道。主要用于研究数字通信系统。编码信道中传输的是已编信号，为数字信道。

编码信道是包括调制信道、调制器以及解调器的信道，它与调制信道模型明显不同，主要是研究信道对所传输的数字信号的产生影响。因此编码信道所关心的是：在经过信道传输之后数字信号是否出现差错以及出现差错的可能性有多少。编码信道对信号的影响则是一种数字序列的变换，因此编码信道可以用转移概率（条件概率）来描述。

编码信道分为无记忆信道和有记忆信道。在编码信道中，若数字信号的差错是独立的，也就是数字信号的前一个码元差错对后面的码元无影响，称此信道为无记忆信道。如果前一码元的差错影响到后面码元，这种信道称为有记忆信道。

综上，信道具体分类情况如图 1-12 所示。

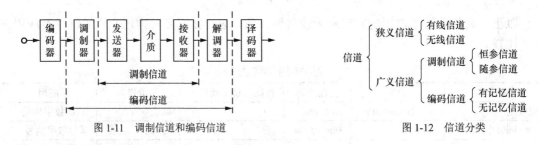

图 1-11　调制信道和编码信道　　　　　　　图 1-12　信道分类

1.4.2　信道容量

信道容量是信道的极限传输能力，即信道能够传送信息的最大传输速率。其数学表达式为

$$C = R_{max} \qquad\qquad (1-12)$$

式中 C 表示信道容量，R_{max} 表示对所有可能的输入概率分布的最大值时的信源传输速率。在连续信道中信道容量与信号功率大小等因素有关；在离散信道中信道容量由信道本身的性质所决定。

1. 连续信道的信道容量

1948 年，香农用信息论的理论推导出了带宽受限且有高斯白噪声干扰的信道的极限信息传输速率。当用此速率进行传输时，可以做到不产生差错。

设调制信道的输入端加入单边功率谱密度为 n_0（W/Hz）的加性高斯白噪声，信道的带宽为 B（Hz），信号功率为 S（W），则通过这种信道无差错传输的最大信息速率 C 为

$$C = B\log_2\left(1 + \frac{S}{n_0 B}\right) \tag{1-13}$$

其中 C——信道容量，是指信道可能传输的最大信息速率（单位是 bit/s）；

B——信道的带宽（单位是 Hz）；

S——信道内所传信号的平均功率（单位是 W）；

n_0——噪声单边功率谱密度（单位是 W/Hz）

另有 $N=n_0 B$，S/N 为信噪比，则

$$C = B\log_2(1 + \frac{S}{N}) \tag{1-14}$$

公式（1-14）就是著名的香农公式。香农公式表明了当信号与作用在信道上的起伏噪声的平均功率给定时，在具有一定频带宽度 B 的信道上，理论上单位时间内可能传输的信息量的极限数值。

对于式（1-13）、式（1-14），需注意：信噪比 S/N 为实际比值，而不是 dB。在实际应用中，一般并不直接用他们来表示信噪比，而是对它取对数变成分贝值，即用公式 $10\lg S/N$ 计算。比如，$S/N=10$ 时，分贝数为 10；S/N 为 100 的分贝数是 20；30dB 对应的 S/N 为 1000。典型的模拟电话系统信噪比为 30dB（$S/N =1000$），带宽 B=3000Hz，根据公式可得它的信道容量约为 30kbit/s。这个值是理论上限，实际的信息传输速率都要低于 30kbit/s。

关于信道容量，可以总结以下四个结论。

（1）当给定 B、S/N 时，信道的极限传输能力（信道容量 C）即确定。

信道容量与所传输信号的有效带宽成正比，信号的有效带宽越宽，信道容量越大；如果信道实际的传输信息速率 R 小于或等于 C 时，此时能做到无差错传输（差错率可任意小）。如果 R 大于 C，那么无差错传输在理论上是不可能的。

（2）当信道容量 C 一定时，带宽 B 和信噪比 S/N 之间可以互换。

换句话说，要使信道保持一定的容量，可以通过调整带宽 B 和信噪比 S/N 的关系来达到。

（3）增加信道带宽 B 并不能无限制地增大信道容量。当信道噪声为高斯白噪声时，随着带宽 B 的增大，噪声功率 N 也增大，信道容量和带宽之间的关系如图 1-13 所示。随着带宽 B 的不断增大，信道容量 C 趋于有限值 $1.44S/n_0$。由此可见，即使信道带宽无限大，信道容量仍然是有限的。

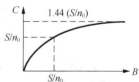

图 1-13　信道容量和带宽关系图

（4）信道容量 C 是信道传输的极限速率时，由于，$C = \dfrac{I}{T}$，I 为信息量，T 为传输时间。根据香农公式 $C = \dfrac{I}{T} = B\log_2(1+\dfrac{S}{N})$，于是有

$$I = BT\log_2(1+\dfrac{S}{N}) \tag{1-15}$$

可见，在给定 C 和 S/N 的情况下，带宽与时间也可以互换。

（5）当信道上的信噪比小于 1 时（低于 0dB），信道的信道容量并不等于 0，这说明此时信道仍具有传输消息的能力。也就是说信噪比小于 1 时仍能进行可靠的通信，这对于卫星通信、深空通信等具有特别重要的意义。

（6）香农公式是在信道受白色高斯噪声最大干扰下计算的，因此对于其他信道干扰而言，其信道容量应该大于按香农公式计算的结果。

但在实际信道上能够达到的信息传输速率要比香农的极限传输速率低不少。这是因为在实际的信道中，信号还要受到其他的一些损伤，如各种脉冲干扰和在传输中产生的失真等等。这些因素在香农公式的推导过程中并未考虑。

【例 1-6】 设模拟电话信道带宽为 3.4kHz，信道上只存在加性噪声；

（1）若信道的输出信噪比为 30dB，求该信道的最大信息传输速率；

（2）若要在该信道中传输 33.6kbit/s 的数据，试求接收端要求的最小信噪比为多少。

解：（1）$R_b = C = B\log_2\left(1+\dfrac{S}{N}\right) = 3.4\times10^3 \times \log_2(1+10^3) \approx 33.9\text{kbit/s}$

（2）$S/N = 2^{C/B} - 1 \approx 942.8 \approx 29.74\text{dB}$

【例 1-7】 某一待传输的图片含 800×600 个像素，各像素间统计独立，每像素灰度等级为 8 级（等概率出现），要求用 3s 传送该图片，且信道输出端的信噪比为 30dB，试求传输系统所要求的最小信道带宽。

解：每个像素的平均信息量为

$$H(x) = \sum_{i=1}^{8} P(x_i)\log_2\dfrac{1}{P(x_i)} = \log_2 8 = 3\text{bit/符号}$$

一幅图片的平均信息量为

$$I = 800\times600\times3 = 1.44\times10^6\text{bit}$$

3s 传送一张图片的平均信息速率为

$$R_b = \dfrac{I}{T} = \dfrac{1.44\times10^6}{3} = 0.48\times10^6\text{bit/s}$$

选取 $C=R_b$，所以信道带宽为

$$B = \dfrac{C}{\log_2\left(1+\dfrac{S}{N}\right)} = \dfrac{0.48\times10^6}{\log_2(1+1000)} = 48.16\text{kHz}$$

2. 离散信道信道容量

香农定理是针对噪声信道而言的，它对模拟信道和数字信道都适用。对于无噪声的数字信道（理想低通信道）而言，则有奈奎斯特准则指明其信道容量。

奈奎斯特准则指出：频带宽度为 B（Hz）的无噪声数字信道，所能传输的信号的最高

码元速率为 $2B$ 波特（Bd），则最大信息速率

$$C = 2B\log_2 N(\text{bit}/\text{s}) \tag{1-16}$$

式（1-16）中，B 为系统频带宽度，N 为码元所能取得的离散值的个数，C 为系统最大信息传输速率。

【例 1-8】　设现有一带宽为 3000Hz 的无噪声数字信道，用于传输十六进制数据信号，请计算该信道的信道容量。

解：信道容量

$$C = 2B\log_2 N(\text{bit}/\text{s}) = 2 \times 3000 \times \log_2 16 = 24000(\text{bit}/\text{s})$$

【例 1-9】　某一无噪声数字信道，系统带宽为 500Hz，信道容量是 3000bit/s，求该信道传输符号的进制数。

解：由奈奎斯特准则可知，该信道传输符号的进制数

$$N = 2^{\frac{C}{2B}} = 2^{\frac{3000}{2 \times 500}} = 8$$

1.4.3　信道中的噪声

噪声指通信系统中有用信号以外的有害的干扰性信号。人们通常将周期性的有害信号称为干扰，其他随机的有害信号称为噪声。如图 1-14 所示，对无噪声的正弦信号和有噪声的正弦信号进行了比较。

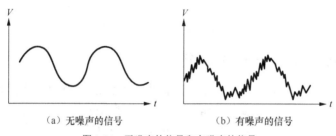

（a）无噪声的信号　　　　　　　（b）有噪声的信号

图 1-14　无噪声的信号和有噪声的信号

噪声来源于三个方面：一是通信设备内部由于电子做不规则运动而产生的热噪声；二是来自外部的噪声，如雷电干扰、宇宙辐射、邻近通信系统的干扰、各种电器开关通断时产生的短促脉冲等；三是由于信道特性（幅频和相频特性）不理想，使得传输的信号变形失真而产生的干扰。上述前两种噪声与信号是否存在无关，是以叠加的形式对信号形成干扰的，称之为"加性噪声"。最后一种干扰只有信号出现时才表现出来，称之为"乘性干扰"。一般来说，噪声主要来自于信道，为了分析方便，将上述三种噪声抽象为一个噪声源并集中在信道中加入。

某些类型的噪声是确知的。虽然消除这些噪声不一定很容易，但至少在原理上可消除或基本消除。另一些噪声则往往不能准确预测其波形。这种不能预测的噪声统称为随机噪声。我们关心的只是随机噪声。通信系统中常见的噪声有以下两种。

1．白噪声

在通信系统中，经常碰到的噪声之一就是白噪声。所谓白噪声是指它的功率谱密度函数在整个频域内是常数，即服从均匀分布。之所以称它为"白"噪声，是因为它类似于光学中包括全部可见光频率在内的白光。凡是不符合上述条件的噪声就称为有色噪声。

实际上完全理想的白噪声是不存在的，通常只要噪声功率谱密度函数均匀分布的频率范

围远远超过通信系统工作频率范围时，就可近似认为是白噪声。例如，热噪声的频率可以高到 10^{13}Hz，且功率谱密度函数在 $0\sim10^{13}$Hz 内基本均匀分布，因此可以将它看作白噪声。

2．高斯白噪声

高斯白噪声是指幅度分布服从高斯分布，功率谱密度又是均匀分布的白噪声，是信道中常见噪声。热噪声和散粒噪声是高斯白噪声。

- 信道分为狭义信道和广义信道，两者之间有什么区别？
- 什么是调制信道和编码信道？
- 信道容量的影响因素有哪些？
- 噪声通信系统中客观存在的有用信号以外的有害的干扰性信号。

归纳思考

1.5 通信系统仿真软件 SystemView

- SystemView 常用图符块参数设置。
- SystemView 仿真步骤。

重点掌握

1.5.1 SystemView 软件简介

第 1 章 1～4 节介绍了信息与信息量的概念、通信系统模型、通信系统的主要性能指标、信道与噪声等内容，如何更加深刻地理解通信系统相关理论知识呢？能否清晰地看到信号处理流程的各个环节呢？能否更加形象地看到信号是如何一步步处理的呢？答案是肯定的，那就是通信系统仿真软件。目前，市场上有很多通信系统仿真软件，而 SystemView 是众多仿真软件中一个较为不错的选择。

SystemView 是一个简单易学的通信系统仿真软件，主要用于电路与通信系统的设计、仿真，能满足从信号处理、滤波器设计到复杂的通信系统等要求。SystemView 借助 Windows 窗口环境，以模块化和交互式的界面，为用户提供一个嵌入式的分析引擎。

打开 SystemView 软件后，屏幕上首先出现系统视窗。系统视窗最上边一行为主菜单栏，包括文件（File）、编辑（Edit）等 11 项功能菜单。菜单栏下面是常用快捷功能按钮区，左侧为图符库选择区，如图 1-15 所示。

SystemView 由两个窗口组成，分别是系统设计窗口和分析窗口。

系统设计窗口，包括标题栏、菜单栏、工具条、滚动条、提示栏、图符库和设计工作区。所有系统的设计、搭建等基本操作，都是在设计窗口内完成的。分析窗口包括标题栏、菜单栏、工具条、流动条、活动图形窗口和提示信息栏。提示信息栏显示分析窗口的状态信息、坐标信息和指示分析的进度；活动图形窗口显示输出的各种图形，如波形等。

分析窗口是用户观察 SystemView 数据输出的基本工具，在窗口界面中，有多种选项可以增强显示的灵活性和系统的用途等功能。在分析窗口中最为重要的是接收计算器，利用这个工具我们可以获得输出的各种数据和频域参数，并对其进行分析、处理、比较，或进一步地组合运算。例如信号的频谱图就可以很方便地在此窗口观察到。

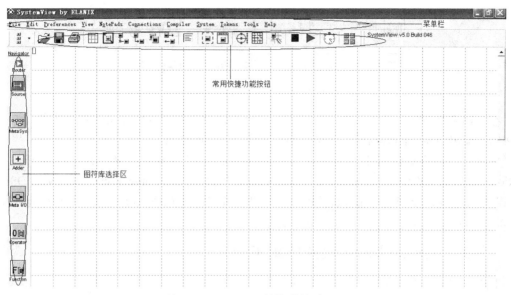

图 1-15　SystemView 软件系统视窗界面

当需要对系统中各测试点或某一图符块输出进行观察时，通常应放置一个信宿（Sink）图符块，一般将其设置为"Analysis"属性。Analysis 块相当于示波器或频谱仪等仪器的作用，它是最常使用的分析型图符块之一。

在主菜单栏下，SystemView 为用户提供了 16 个常用快捷功能按钮，按钮功能如图 1-16 所示。

图 1-16　常用快捷功能按钮

SystemView 仿真系统的主要特点：能仿真大量的应用系统；能快速方便地进行动态系统设计与仿真；具有完备的滤波和线性设计功能；具有先进的信号分析和数据处理功能；具有完善的自我诊断功能等。

1.5.2　SystemView 软件常用图符块

系统视窗左侧竖排为图符库选择区。图符块是构造系统的基本单元模块，相当于系统组成框图中的一个子框图，用户在屏幕上所能看到的仅仅是代表某一数学模型的图形标志（图符块），图符块的传递特性由该图符块所具有的仿真数学模型决定。创建一个仿真系统的基本操作是，按照需要调出相应的图符块，将图符块之间用带有传输方向的连线连接起来。这样一来，用户进行的系统输入完全是图形操作，不涉及语言编程问题，使用十分方便。进入系统后，在图符库选择区排列着 8 个图符块选择按钮，如图 1-17 所示。

图 1-17　图符库 8 个图符块选择按钮

在上述 8 个按钮中，除双击"加法器"和"乘法器"图符块按钮可直接使用外，双击其它按钮后会出现相应的对话框，应进一步设置图符块的操作参数。

单击图符库选择区最上边的主库（Main Library）开关按钮，将出现选择库开关按钮 Option 下的用户代码库（User Code Library）、通信库（Communications Library）、DSP 库（DSP Library）、逻辑库（Logic Library）、射频模拟库（RF/Analog Library）和数学库（Matlab Library）选择按钮，可分别双击选择调用。

1.5.3　SystemView 软件仿真步骤

利用 SystemView 进行具体仿真的步骤如下。

（1）建立通信系统数学模型；

（2）从各种功能库中选取、双击或拖动可视化图符，组建相应的通信系统仿真模型；

（3）根据系统性能指标，设定各模块参数；

（4）设置系统定时参数；

（5）进行系统的仿真，得到具体的仿真波形，并通过分析窗口、动态探针、实时显示观察分析结果。

在具体实现时，可参考下述步骤进行系统仿真。

（1）选择设置信源（Source）

双击"信源库"按钮，并再次双击移出的"信源库图符块"，出现源库（Source Library）选择设置对话框，如图 1-18 所示。

选择需要的信源后，单击 Parameters 设置信号幅度 AM、频率 F，单击 OK 完成信源的设计。

（2）选择设置信宿库（Sink）

当需要对系统中各测试点或某一图符输出进行观察时，通常应放置一个信宿

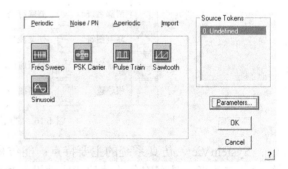

图 1-18　信源参数设定

（Sink）图符，一般将其设置为"Graphic"下的"SystemView"属性。"SystemView"属性相当于示波器或频谱仪等仪器的作用，它是最常使用的分析型图符之一。

（3）选择设置通信库（Communication Library）

在系统窗下，单击图符库选择区内上端的开关按钮"Navigator"，图符库选择区内图符内容将改变，单击 Main Libraries，在 Operators 中有滤波器模块 filter、比较器、增益，等等。单击 Optional Libraries，再单击其中的图符按钮"Comm"，然后双击移出的"Comm"

图符块，出现通信库（Communication Library）选择设置对话框，如图 1-19 所示。

（4）添加分析模块

如图 1-20 所示，图符 1 为随机序列信源，图符 1 为正弦载波信号，图符 3 和图符 4 均是分析模块，图符 2 为相乘器。所有模块添加完成后，单击图标 🖥 将所有模块连接在一起。

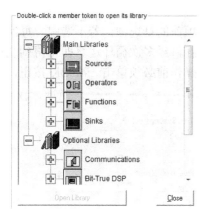

图 1-19　通信库参数设置

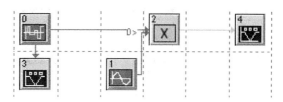

图 1-20　添加分析模块

（5）系统定时（System Time）

在 SystemView 系统窗中完成系统创建输入操作后，首先应对输入系统的仿真运行参数进行设置，因为计算机只能采用数值计算方式，起始点和终止点究竟为何值？究竟需要计算多少个离散样值？这些信息必须告知计算机。假如被分析的信号是时间的函数，则从起始时间到终止时间的样值数目就与系统的采样率或者采样时间间隔有关。如果这类参数设置不合理，仿真运行后的结果往往不能令人满意，甚至根本得不到预期的结果。

当在系统窗下完成设计输入操作后，首先单击"系统定时"快捷功能按钮 ⏱，此时将出现系统定时设置（System Time Specification）对话框。用户需要设置几个参数框内的参数，包括以下几条。

① 起始时间（Start Time）和终止时间（Stop Time）

SystemView 基本上对仿真运行时间没有限制，只是要求起始时间小于终止时间。一般起始时间设为 0，单位是秒。终止时间设置应考虑到便于观察波形。

② 采样间隔（Time Spacing）和采样数目（No. of Samples）

采样间隔和采样数目是相关的参数，它们之间的关系为

$$采样数目 = （终止时间 - 起始时间）\times （采样率）+ 1 \tag{1-17}$$

SystemView 将根据这个关系式自动调整各参数的取值，当起始时间和终止时间给定后，一般采样数目和采样率这两个参数只需设置一个，改变采样数目和采样率中的任意一个参数，另一个将由系统自动调整，采样数目只能是自然数。

③ 频率分辨率（Freq.Res.）

当利用 SystemView 进行 FFT 分析时，需根据时间序列得到频率分辨率，系统将根据下列关系式计算频率分辨率：

$$频率分辨率 = 采样率/采样数目 \tag{1-18}$$

④ 更新数值（Update Values）

当用户改变设置参数后，需单击一次"Time Values"栏内的 Update 按钮，系统将自动

更新设置参数，然后单击 OK 按钮。

⑤ 自动标尺（Auto Scale）

系统进行 FFT 运算时，若用户给出的数据点数不是 2 的整次幂，单击此按钮后系统将自动进行速度优化。

⑥ 系统循环次数（No. of System Loops）

在栏内输入循环次数，对于"Reset system on loop"项前的复选框，若不选中，每次运行的参数都将被保存，若选中，每次运行时的参数不被保存，经多次循环运算即可得到统计平均结果。应当注意的是，无论是设置或修改参数，结束操作前必须单击一次 OK 按钮，确认后关闭系统定时对话框。系统循环次数设置如图 1-21 所示。

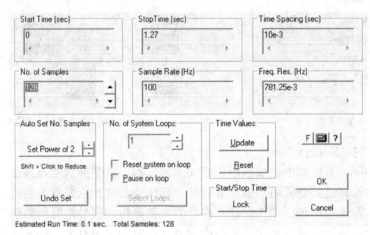

图 1-21 循环次数设置

（6）仿真结果的观察

单击按钮 ►，运行系统。单击工具栏上的分析窗（Analysis Window）图标 进入 SystemView 的分析窗，可以得到所有模块频谱图。

1.5.4 SystemView 软件仿真实例

【例 1-10】 利用 SystemView 计算信号的平方。

实现步骤如下。

（1）建立通信系统数学模型

建好的系统模型如图 1-22 所示。

（2）选择图符块

从基本图符库中选择信号源图符快，选择正弦波信号，参数设定中设置幅度为 1，频率为 10Hz，相位为 0。

选择函数库，并选择 Algebraic 标签下的 图符。在参数设定中设置 $a=2$，表示进行 x^2 运算。

放置两个接收器图符，分别接收信号源图符的输出和函数算术运算的输出，并选择 Graphic 标签下的 图符，表示在系统运行结束后才显示接收到的波形。

（3）连接图符

将图符进行连接，连接好的模型图如图 1-23 所示。

图 1-22　信号平方数学模型

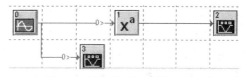

图 1-23　计算信号的平方模型图

（4）设置定时

由于信号频率为 10Hz，根据奈奎斯特抽样定理，抽样频率至少为 20Hz，此处可设为 30 Hz。

（5）运行仿真

最终结果如图 1-24 所示。

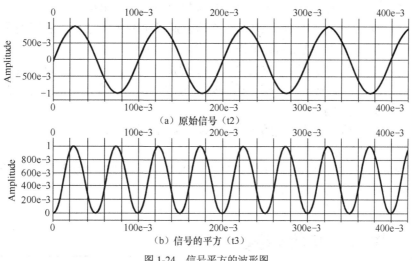

（a）原始信号（t2）

（b）信号的平方（t3）

图 1-24　信号平方的波形图

1.6　实做项目与教学情境

实做项目一：练习使用 SystemView 软件。

目的要求：通过使用软件，了解软件功能，掌握仿真步骤。

实做项目二：用 SystemView 软件进行通信系统仿真。

目的要求：通过软件仿真，直观理解通信系统信号流程。

小结

1．信息论奠基人香农认为"信息是用来消除随机不确定性的东西"，信息是消息中有意义的内容。

2．消息是信息的携带者，信息是指数据、信号、消息中所包含的意义，信息具有普遍存在性、依附性、共享性、时效性、可伪性、随机性等特征。

3．消息中的信息量与消息发生的概率紧密相关，消息出现的概率越小，则消息中包含的信息量就越大。如果事件是必然的（概率为 1），则它传递的信息量应为零；如果事件是不可能的（概率为 0），则它将有无穷的信息量。

4．简单通信系统由信源、发送设备、信道和噪声源、接收设备、信宿五部分组成。

5．将消息转换成模拟信号在信道上传输的通信方式称为模拟通信，传输模拟信号的通信系统称为模拟通信系统。

6．将消息转换成数字信号在信道上传输的通信方式称为数字通信，传输数字信号的通信系统，称为数字通信系统。

7．对模拟通信系统来说，传输的有效性用有效传输频带来衡量，可靠性用信噪比衡量。

8．数字通信系统有效性指标通常用码元传输速率、信息传输速率及频带利用率 3 个指标来说明，可靠性常用误码率、误比特率和误字符率或误码组率衡量。

9．信道分为狭义信道和广义信道。狭义信道通常可分为有线信道和无线信道两大类，广义信道通常可分为调制信道和编码信道两大类。

10．信道容量是信道的极限传输能力，即信道能够传送信息的最大传输速率。信道容量与所传输信号的有效带宽成正比，信号的有效带宽越宽，信道容量越大，但增加信道带宽 B 并不能无限制地增大信道容量。

11．噪声是指通信系统中有用信号以外的有害的干扰性信号，噪声来源于通信设备内部、外部和信道特性三个方面。

12．SystemView 借助 Windows 窗口环境，以模块化和交互式的界面，为用户提供一个嵌入式的分析引擎。

 思考题与练习题

1-1　什么是信息？信息量的大小与什么有关？

1-2　简述简单通信系统组成。

1-3　模拟通信系统的两次变换指的是什么？

1-4　简述数字通信系统组成。

1-5　模拟通信系统的有效性、可靠性分别用什么指标来衡量？

1-6　数字通信系统的有效性、可靠性分别用什么指标来衡量？

1-7　什么是信道、广义信道、狭义信道？

1-8　无线信道有哪些？有线信道有哪些？

1-9　调制信道和编码信道有什么区别？

1-10　信道容量与什么有关？

1-11　信道中的噪声有几类？通信系统中常见的是什么噪声？

1-12　某信源符号集由 A、B、C、D、E、F 组成，设每个符号独立出现，其概率分别为 1/4、1/4、1/16、1/8、1/16、1/4，试求该信息源输出符号的平均信息量。

1-13　某一数字传输系统传输二进制码元的速率为 2400Bd，该系统的信息传输速率是多少？若改为十六进制信号传输，码元传输速率不变，则此时的信息传输速率是多少？

1-14 已知某四进制数字传输系统的信息传输速率为 2400bit/s，接收端在半小时内共收到 216 个错误码元，试计算该系统的误码率。

1-15 某信源集包含 32 个符号，各符号等概率出现，且相互统计独立。现将该信源发送的一系列符号通过一带宽为 4kHz 的信道进行传输，要求信道的信噪比不小于 26dB。试求：（1）信道容量；（2）无差错传输时的最高符号速率。

1-16 设视频的图像分辨率为 320×240 像素，各像素间统计独立，每像素灰度等级为 256 级（等概率出现），每秒传送 25 幅画面，且信道输出端的信噪比为 30dB，试求传输系统所要求的最小信道带宽。

1-17 SystemView 仿真软件有哪些常用图符块？如何设置图符块的参数？

1-18 简述利用 SystemView 软件进行通信系统仿真的步骤。

第 2 章

认识通信系统中的信号

本章教学说明

- 从信号的概念入手，介绍几种常见的信号，并对正弦信号、周期矩形脉冲信号和非周期矩形脉冲信号进行时域和频域分析。
- 利用 SystemView 仿真软件对信号进行时域和频域仿真。
- 重点周期信号和非周期信号的时域和频域分析。

本章内容

- 信号概述。
- 周期信号的时域与频域分析。
- 非周期信号的时域与频域分析。

本章重点、难点

- 周期矩形脉冲信号的时域分析。
- 周期矩形脉冲信号的频域分析。
- 非周期矩形脉冲信号的频谱。

学习本章目的和要求

- 了解信号的定义、分类及常见信号。
- 掌握正弦信号的时域与频域特性。
- 理解周期矩形脉冲信号的时域与频域特性。
- 掌握非周期矩形脉冲信号的频谱。

本章实做要求及教学情境

- 用 SystemView 对正弦信号进行时域、频域仿真。
- 用 SystemView 对周期矩形脉冲信号进行时域、频域仿真。
- 用 SystemView 对非周期矩形脉冲信号进行时域、频域仿真。

本章建议学时数：4 学时

2.1 信号概述

2.1.1 信号的概念

"信号"来源于拉丁文"signum(记号)"一词，其含意甚广。"信号"这一术语不仅出现于科学技术领域之中，而且在日常生活之中每时每刻几乎都与信号打交道，人们对信号并不陌生。

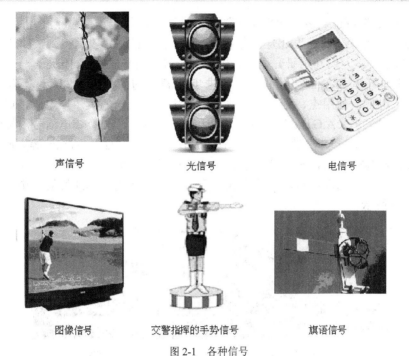

声信号　　　　　　　光信号　　　　　　　电信号

图像信号　　　交警指挥的手势信号　　　旗语信号

图 2-1　各种信号

各种信号示意图如图 2-1 所示。上课的铃声就是一种信号，火车、船舶的汽笛声，汽车的喇叭声也都是一种信号，这些都是声信号。道路交叉路口和铁路轨道旁设置的红绿灯光是一种信号，发射信号弹的闪烁亮光也是一种信号，这些都是光信号。收音机和电视机天线从天空中接收到的电磁波是信号，它们每一级电路的输入、输出电压或电流也是信号，这些都是电信号。除此之外，还有电视机和计算机显示器屏幕上的图像文字信号，交警指挥的手势信号，军舰使用的旗语信号，等等。

所有这些五花八门的信号，虽然它们的物理表现形式各不相同，但是它们却存在两个共同特点。

（1）无论是声信号、光信号、电信号，还是其他形式的信号，其本身都是一种变化着的物理量，或者说是一种物理体现，这个特点是显而易见的。

（2）另一个特点则表现为，信号都包含有一定意义，也就是说，信号载有被描述、记录或传输的消息所包含其中的信息（information）。上课的铃声信号，表示上课时间到了的信息；雷达荧光屏上的光点信号，表示有飞机出现的信息；生物细胞中 DNA 的结构图案信号，表示了一定的遗传信息，等等。

因此，可以说，信号就是用于描述、记录或传输消息(或者说信息)的任何对象的物理状态随时间的变化过程。简单而言，信号就是载有一定信息(或消息)的一种变化着的物理量。也可以说，信号就是载有一定信息的一种物理体现。信号是消息(或信息)的表现形式，消息（或信息）则是信号的具体内容。人们相互问讯、发布新闻、广播图像或传递数据，其目的都是要把消息（或信息）借助于一定形式的信号传递出去。

自古以来，人们就在不断地寻求各种方法，将信息(消息)转化为信号，以实现信息（消息）的传输、记忆与处理。我国古代利用烽火台的狼烟报警，希腊人利用火炬位置表示字母符号，就是利用光信号进行信息传递的早期范例。击鼓鸣金报送时刻或传达命令，是利用声信号进行信息传递的例证。以后出现了信鸽、驿站和旗语等传送信息(消息)的各种方法。然而，这些方法无论在距离、速度还是在有效性与可靠性方面，都没有得到较满意的解决。

19 世纪初之后，人们开始研究如何利用电信号进行信息(消息)的传送，使人类在信息传输、记忆与处理等诸多方面取得了显著的进步和满意的效果。1837 年，莫尔斯（F. B. Morse）发明了电报，使用点、划、空的适当组合构成了所谓的莫尔斯电码，以表示字母和数字。1876 年，贝尔（A.G.Be11）发明了电话，直接将语音变换成电信号沿导线传递。19 世纪末，赫兹（H. Hertz）、波波夫（А. С. Попов）、马可尼（G.Marconi）等人研究用电磁波传送无线电信号问题。1901 年，马可尼成功地实现了横跨大西洋的长距离无线电通信（即信息传输）。从此，传输电信号的通信方式得到了广泛的应用与迅速发展。电话及无线电报的发明如图 2-2 所示。

贝尔发明的电话　　　　　　　马可尼发明的无线电报

图 2-2　电话及无线电报的发明

现在，电话、电报、无线电广播、电视等利用电信号的通信方式，已成为我们日常生活不可缺少的内容和手段。目前已经实现了绕遍地球的全球电信号通信。

电信号与许多种非电信号之间可以比较方便地相互转换。上课电铃声的这种声信号和指挥交通的红绿灯这种光信号，都是由电信号控制和推动而得到的。作为声信号的语音通过话筒变换成电信号，放大之后推动扬声器又将其复原成语音信号，使之在较远处也能听到。景物图像的光信号通过电视摄像机变成电信号，电视发射台加工处理之后以电磁波形式辐射到空间，远处的电视接收机收到辐射的电磁波后再一次加工处理使之在电视机屏幕上显示原景物的图像信号。

实际应用中常常将各种物理量，如声波动、光强度、机械运动的位移或速度等转换成电信号，以利于远距离的信息传输。经传输后在接收端再将电信号还原成原始的消息。本书只研究电信号的各种特性和分析方法。

所谓电信号（以后简称为信号），一般指载有信息的随时间而变化的电压或电流，也可以是电容上电荷、线圈中的磁通及空间中的电磁波等电量。

信号就是用于描述、记录或传输的消息(或者说信息)的任何对象的物理状态随时间的变化过程。
电信号与许多非电信号之间可以相互转换。

归纳思考

2.1.2　信号的分类

为了更好地了解信号的物理特性，常将信号分类后进行研究。信号从不同的角度可以划分为确知信号和随机信号，连续信号和离散信号等。

1．确知信号和随机信号

按信号随时间变化的规律来分，信号可分为确知信号与随机信号。

确知信号是指能够表示为确定的时间函数的信号，也称确定性信号。当给定某一时间值时，信号有确定的数值，其所含信息量的不同体现在其分布值随时间或空间的变化规律上。正弦信号、指数信号、各种周期信号等都是确知信号的例子。

随机信号不是时间 t 的确定函数，它在每一个确定时刻的分布值是不确定的，只能通过大量试验测出它在某些确定时刻上取某些值的可能性的分布(概率分布)，也称不确定性信号。语音信号、空中的噪声、电路元件中的热噪声电流等，都是随机信号的例子。

上述两大类信号还可根据各自的特点做更细致的划分，如图 2-3 所示。

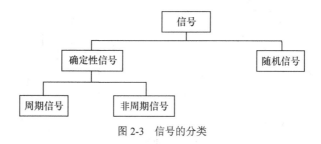

图 2-3　信号的分类

实际传输的信号几乎都是随机信号。因为若传输的是确知信号，则对接收者来说，就不可能由它得知任何新的信息，从而失去了传送消息的本意。但是，在一定条件下，随机信号也会表现出某种确定性，例如在一个较长的时间内随时间变化的规律比较确定，即可近似地看成是确知信号。确知信号的分析是随机信号分析的基础，本书重点分析确知信号的特性。

确知信号分为周期信号和非周期信号。

（1）周期信号

周期信号是指经过一定时间间隔周而复始重复出现，无始无终的信号，可表达为

$$f(t) = f(t \pm nT) \quad n = 0, \pm 1, \pm 2, \cdots \tag{2-1}$$

即信号 $s(t)$ 按一定的时间间隔 T 周而复始、无始无终地变化。式中 T 称为周期信号 $f(t)$ 的周期。这种信号实际上是不存在的，所以周期信号只能是在一定时间内按某一规律性重复变化。

（2）非周期信号

非周期信号是指时域上不周期重复，但仍能用数学表达式表达的确定性信号。

2．连续信号和离散信号

按自变量 t 取值的连续与否来分，信号有连续时间信号与离散时间信号之分，分别简称为连续信号与离散信号。

连续信号是指对每个实数 t（有限个间断点除外）都有定义的函数。连续信号的幅值可以是连续的，也可以是离散的，图 2-4（a）所示为幅值连续的连续信号，图 2-4（b）所示为幅值离散的连续信号。

离散信号是指仅在某些不连续的时刻有定义的信号。离散信号，可以在均匀的时间间隔上给出函数值，也可以在不均匀的时间间隔上给出函数值。本书只讨论均匀时间间隔。如果 n 表示离散时间，则称函数 $f(n)$ 为离散时间信号或称为离散序列。如果离散时间信号的幅

值是连续的模拟量，则称该信号为抽样信号。图 2-5（a）所示为时间离散、幅值连续的抽样信号，图 2-5（b）所示为时间和幅值均离散的数字信号。

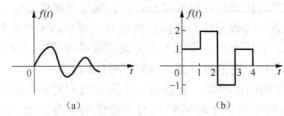

图 2-4　连续信号

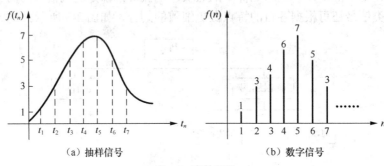

（a）抽样信号　　　　　　　　　　（b）数字信号

图 2-5　离散信号

2.1.3　几种常见信号

1．正弦信号

正弦信号是频率成分最为单一的一种信号，因这种信号的波形是数学上的正弦曲线而得名。任何复杂信号，例如音乐信号，都可以通过傅里叶变换分解为许多频率不同、幅度不等的正弦信号的叠加。由于余弦信号与正弦信号只是在相位上相差 $\pi/2$，所以将它们统称为正弦信号。正弦信号可记作

$$f(t) = A\sin(\omega t + \theta) \tag{2-2}$$

式中，A 为振幅，ω 为角频率（弧度/秒），θ 为初始相角（弧度），此三量为正弦信号的三要素。其波形如图 2-6 所示。

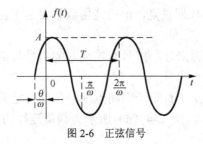

图 2-6　正弦信号

正弦信号是周期信号，其周期 T 与频率 f 及角频率 ω 之间的关系为

$$T = \frac{1}{f} = \frac{2\pi}{\omega} \tag{2-3}$$

2．矩形脉冲信号

矩形脉冲信号，也称门函数，其宽度为 τ，高度为 1，通常用符号 $g_\tau(t)$ 来表示，表达式为

$$g_t(t) = \begin{cases} 1 & |t| \leqslant \dfrac{\tau}{2} \\ 0 & |t| > \dfrac{\tau}{2} \end{cases} \tag{2-4}$$

其波形如图 2-7 所示。

3．单位阶跃信号

单位阶跃信号，用符号 $u(t)$ 表示，其数学表示式为

$$u(t) = \begin{cases} 1 & t>0 \\ 0 & t<0 \end{cases} \tag{2-5}$$

波形如图 2-8 所示，在跳变点 $t=0$ 处，函数值未定义。

图 2-7　矩形脉冲信号　　　　　　　　图 2-8　单位阶跃信号

4．单位冲激信号

某些物理现象，需要用一个时间极短，但取值极大的函数模型来描述。例如，力学中瞬间作用的冲击力，电学中电容器中的瞬间充电电流，还有自然界中的雷击电闪等。冲激函数就是以这类实际问题为背景而引出的。

单位冲激信号 $\delta(t)$ 可以定义为，在 $t \neq 0$ 时函数值均为零，而在 $t=0$ 处函数值为无限大，且函数对 t 在（$-\infty$，$+\infty$）积分为 1，即可定义为

$$\begin{cases} \delta(t) = 0 \quad t \neq 0 \\ \displaystyle\int_{-\infty}^{\infty} \delta(t)\mathrm{d}t = 1 \end{cases} \tag{2-6}$$

由定义可见，单位冲激信号只在 $t=0$ 时存在，它对自变量的积分为一单位面积。冲激信号所包含的面积称为冲激信号的强度，单位冲激信号就是指强度为 1 的冲激信号。式（2-6）定义是狄拉克（Dirac）首先给出的，因此单位冲激信号 $\delta(t)$ 又称为狄拉克函数，亦称为 δ 函数。

冲激信号用一带箭头的竖线表示，它出现的时间表示冲激发生的时刻，箭头旁边括号内的数字表示冲激强度。图 2-9 所示是表示发生在 $t=0$ 时刻的单位冲激信号。

5．抽样信号

输入信号为单位冲激信号，通过低通滤波器，输出信号为抽样信号。其函数表达式为

$$Sa(t) = \frac{\sin t}{t} \tag{2-7}$$

抽样信号的波形如图 2-10 所示。由图可知，$Sa(t)$ 是偶函数，即 $Sa(t)= Sa(-t)$；且 $t=0$ 时，$Sa(0)=1$，在 t 的正、负两方向振幅都逐渐衰减，$t=\pm\pi$，$\pm2\pi$，$\pm3\pi$，$\cdots\pm k\pi\cdots$ 时，$Sa(t) = 0$。

图 2-9　单位冲激信号

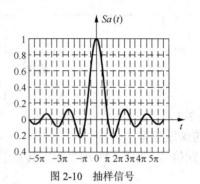

图 2-10　抽样信号

Sa（t）函数还具有如下性质

$$\int_{-\infty}^{\infty} Sa(t)\mathrm{d}t = \pi \tag{2-8}$$

2.1.4　信号的时域分析和频域分析

通常，信号可以被看作是一个随时间变化的量，是时间 t 的函数 $x(t)$。在相应的图形表示中，作为自变量出现在横坐标上的是时间。信号的这种描述方法就是信号的时域描述。基于微分方程和差分方程等知识，在时域中对信号进行分析的方法称为信号的时域分析。

对于快速变化的信号，时域描述不能很好地揭示其特征。此时人们感兴趣的是什么样的幅值在什么频率值或什么频带出现。与此对应，将频率作为自变量，把信号看作是频率 f 的函数 $x(f)$。在相应的图形表示中，作为自变量出现在横坐标上的是频率。信号的这种描述方法就是信号的频域描述。信号在频域中的图形表示又称作信号的频谱，包括幅度谱和相位谱等。幅度谱以频率为横坐标，以幅度为纵坐标，相位谱以频率为横坐标，以相位为纵坐标。在频域中对信号进行分析的方法称为信号的频域分析。

信号分析的主要任务就是要从尽可能少的信号中，取得尽可能多的有用信息。时域分析和频域分析，只是从两个不同角度去观察同一现象。时域分析比较直观，能一目了然地看出信号随时间的变化过程，但看不出信号的频率成分。而频域分析正好与此相反。在实际工程中应根据不同的要求和不同的信号特征，选择合适的分析方法，或将两种分析方法结合起来，从同一测试信号中取得需要的信息。

信号时域分析和频域分析的定义和特点如表 2-1 所示。

表 2-1　　　　　　　　　　　　　信号的时域描述与频域描述

定义	
时域分析：描述信号的幅值随时间的变化规律，可直接检测或记录到的信号	频域分析：以频率作为独立变量的方式，也就是信号的频谱分析
特点	
时域分析直观、可以反映信号随时间变化过程，但不能揭示信号的频率结构特征	频域分析可以反映信号的各频率成分的幅值和相位特征

信号的时域分析和频域分析是对信号从两个不同角度进行的分析，都可以描述信号的特点，通信中往往从频域角度对信号进行分析，从而了解信号的频率特性。例如，水是人们生活中不可缺少的物质，人们对于水的形态已经司空见惯了，图 2-11 所示的两幅图片，让我们感受一下它们的不同。两幅图片看起来似乎没有什么关联，但实际上如雪花般美丽的那幅图片是水结晶。水结晶是水在零下二十五摄氏度（−25℃）以下的环境中固体化后的细小微粒。通过高倍显微镜（电镜）可以观察到水在某些情况下的单结晶体。对于某一事物我们可以从不同角度对其分析，发现在不同角度体现出的不同特性，这就是我们对信号可以从时域和频域两个角度进行分析的原因。

图 2-11　水和水结晶

信号的时域分析与频域分析是对同一信号从两种不同角度进行的分析。信号的时域分析反映信号随时间变化的规律；信号的频域分析反映信号随频率变化的规律。

归纳思考

2.2　周期信号的时域与频域分析

周期信号属于确知信号，具有一定的周期性，常见的周期信号有正弦信号、周期矩形脉冲信号等。下面就这两种周期信号进行时域与频域分析，了解一般周期信号的时域及频域特点。

2.2.1　正弦信号的时域与频域分析

正弦信号是频率成分最为单一的一种信号，因这种信号的波形是数学上的正弦曲线而得名。正弦信号的表达式如式（2-2）。正弦信号在通信中经常使用，通常作为调制中的载波信号，容易产生和处理。正（余）弦信号的时域图形和频域图形如图 2-12 所示。正（余）弦信号波形相似，只是初始相位不同，在通信系统中通常可统称为正弦信号。具有周期性的频率单一的正弦信号，在时域图形中持续时间是无限长的，而在频域中只在一个频率，即正弦信号的频率 f_0 上有能量。

可以说，时域上持续时间越长的信号，频域上持续时间越短；反之，时域上持续时间越短的信号，频域上持续时间越长，如单位冲激信号，单位冲激信号的频谱函数是常数 1，它均匀分布于整个频率范围，常称为"均匀谱"或"白色频谱"。其时域波形和频域波形如图 2-13（a）、（b）所示。

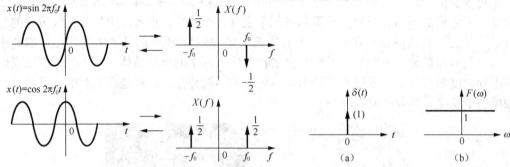

图 2-12　正（余）弦信号的时域图形和频域图形　　图 2-13　单位冲激信号的时域图形和频域图形

2.2.2　正弦信号的时域与频域仿真

打开 SystemView 仿真软件，建立仿真模型如图 2-14 所示。

图 2-14 中，图符 0 是正弦信号发生器，图符 3 是信宿。正弦信号的三要素：幅度为 1V、频率为 10Hz、相位为 0°。各参数的设置如图 2-15 所示。

图 2-14　正弦信号仿真模型　　　　　　　图 2-15　正弦信号三要素的设置

单击 SystemView 设计窗口工具栏上时钟按钮 🕐，设置样点数为 500，取样速率为 1000。单击按钮 ▶，运行系统。单击工具栏上的分析窗（Analysis Window）图标 进入 SystemView 的分析窗，得到正弦信号的时域波形如图 2-16 所示。

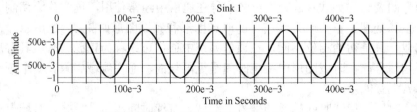

图 2-16　正弦信号时域仿真波形

如图 2-16 所示，此正弦信号的周期是 0.1s，与之前设置的频率 10Hz 成反比，幅度为 1V，初相位为 0°。

进入分析窗后，单击左下角的信宿计算器（Sink Calculator）图标 $\sqrt{\alpha}$ 进入信宿计算器，进入如图 2-17 所示的接收计算器选择窗口，选择频谱"Spectrum"标签和|FFT|项，最后选择要进行|FFT|计算的窗口。|FFT|是信号的幅度谱，它是信号幅度随频率变化的曲线。

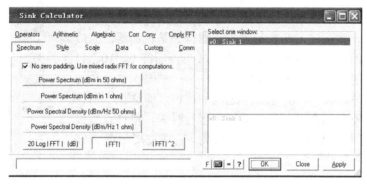

图 2-17 正弦信号幅度谱参数设置

单击 OK 按钮，得到正弦信号的幅度谱如图 2-18 所示。可以看出，正弦信号的幅度谱只有一条谱线，在 10Hz 位置处，与之前设置的正弦信号的频率是一致的。

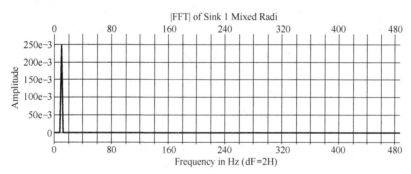

图 2-18 正弦信号的幅度谱

2.2.3 周期矩形脉冲信号的时域与频域分析

1. 周期矩形脉冲信号的时域合成

一个周期信号可分解成直流和无穷多个余弦波的叠加，反过来说，直流和余弦波叠加在一起就是一个周期矩形脉冲。下面通过 SystemView 仿真软件进行周期矩形脉冲信号的合成。对于宽度为 τ、高度为 A、周期为 T_0 的矩形波，设 $T_0=1s$，则 $f_0=1Hz$，$\tau=\dfrac{T_0}{2}$，$A=1V$。仿真模型如图 2-19 所示。

图 2-19 中，图符 0 是直流信源，幅度 $A_0=A\tau/T_0=0.5$，图符 1 产生幅度为 $A_1=\dfrac{2}{\pi}=0.6366\,V$，频率 $f_1=1Hz$ 的余弦信号；图符 2 产生幅度为 $A_3=-\dfrac{2}{3\pi}=-0.2122\,V$，频率 $f_3=3Hz$ 的余弦信号；图符 3 产生幅度为 $A_5=\dfrac{2}{5\pi}=0.12734\,V$，频率 $f_5=5Hz$ 的余弦信号；图

符 4 产生幅度为 $A_7 = -\dfrac{2}{7\pi} = -0.09094568$ V，频率 $f_7 = 7$Hz 的余弦信号；图符 7 产生幅度为 $A_9 = \dfrac{2}{9\pi} = 0.07073553$ V，频率 $f_9 = 9$ Hz 的余弦信号；图符 8 产生幅度为 $A_{11} = -\dfrac{2}{11\pi} = -0.0578745257$ V，频率 $f_{11} = 11$ Hz 的余弦信号；用鼠标双击其中的任何一个，再单击"参数"按钮，就可进入参数设置表。图符 5 是相加器，完成直流和各余弦波的相加。图符 6 显示合成波形，图符 9、10、11 分别显示直流、图符 1、图符 2 的余弦波。

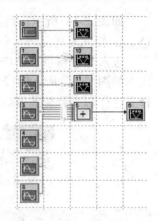

图 2-19 周期矩形脉冲信号合成仿真模型

先去掉图符 3、4、7、8 与图 5 之间的连接，即这几个图符产生的余弦波先不参加合成。设置系统的运行时间，将样点数设为 3000，取样速率设为 1000Hz。运行系统，合成波形如图 2-20 所示。

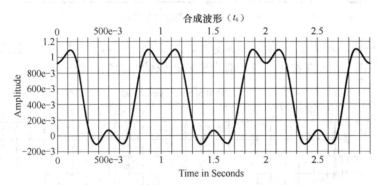

图 2-20 去掉图符 3、4、7、8 连接的合成波形

将图符 3 产生的余弦波加入到合成波形，观察合成波形的变化。运行系统，合成波形如图 2-21 所示。

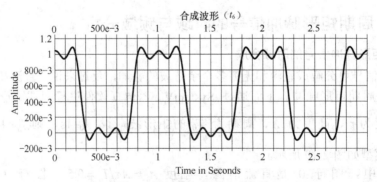

图 2-21 添加图符 3 后的合成波形

用同样的方法，逐个加入图符 4、7、8 产生的余弦波，观察合成波形，合成波形越来越趋近于周期矩形脉冲。图符 8 加入后的合成波形如图 2-22 所示。

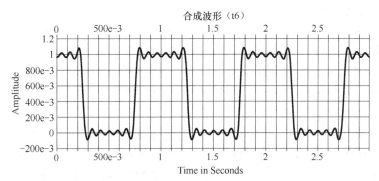

图 2-22　继续添加图符 4、7、8 后的合成波形

2．周期矩形脉冲信号的频域分析

通过上述仿真，可以看出周期矩形脉冲可以由直流和无穷多个不同幅度和频率的余弦信号叠加而成。而前面我们已经知道余弦信号的频谱只有在该余弦信号的频率位置处有一根线谱，所以我们可以推测周期矩形脉冲信号的频谱由一根根不同幅度和不同频率的谱线组成。下面我们将进一步对其进行验证。

设有一幅度为 1，脉冲宽度为 τ 的周期性矩形脉冲，其周期为 T，如图 2-23 所示。

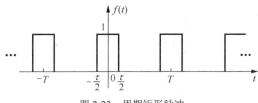

图 2-23　周期矩形脉冲

我们可以通过数学的理论推导，将周期矩形脉冲信号进行分解，分解后的各函数是频率 f 或角频率 ω 的函数，将各函数与角频率 ω 的关系用图形画出来，就是周期矩形脉冲信号的频谱，如图 2-24 所示。

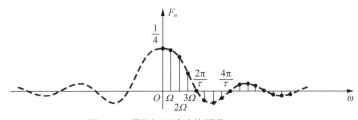

图 2-24　周期矩形脉冲的频谱（$T = 4\tau$）

图 2-24 所示为 $T = 4\tau$ 的周期性矩形脉冲的频谱。由图可知，周期矩形脉冲信号的频谱具有一般周期信号频谱的共同特点，其频谱都是离散的。它仅含有 $\omega = n\Omega$ 的各分量，其相邻两谱线的间隔是 Ω，脉冲周期 T 越长，谱线间隔越小，频谱越稠密；反之，则越稀疏。

对于周期矩形脉冲而言，其各谱线的幅度按包络线 $Sa(\omega\tau/2)$ 的规律变化。在 $\omega\tau/2 = m\pi$（$m = \pm1, \pm2, \cdots$）各处，即 $\omega = 2m\pi/\tau$ 的各处，包络为零，其相应的谱线，亦即

相应的频率分量也等于零。

周期矩形脉冲信号包含无限多条谱线，也就是说，它可分解为无限多个频率分量。实际上，由于各分量的幅度随频率增高而减小，其信号能量主要集中在第一个零点（$\omega = 2\pi/\tau$ 或 $f = 1/\tau$）以内。在允许一定失真的条件下，只需传送频率较低的那些分量就够了。通常把 $0 \leqslant f \leqslant 1/\tau$（或 $0 \leqslant \omega \leqslant 2\pi/\tau$）这段频率范围称为周期矩形脉冲信号的频带宽度或信号带宽。

图 2-25 所示为周期相同、脉冲宽度不同的信号及其频谱。由图可见，由于周期相同，因而相邻谱线的间隔相同；脉冲宽度越窄，其频谱包络线第一个零点的频率越高，即信号的带宽越宽，频带内所含分量越多。可见，信号的频带宽度与脉冲宽度成反比。信号周期不变而脉冲宽度减小时，频谱的幅度也相应减小。

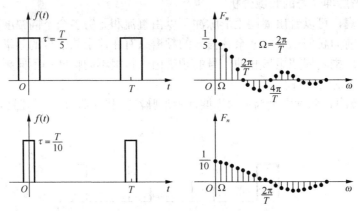

图 2-25　脉冲宽度与频谱的关系

图 2-26 所示为脉冲宽度相同而周期不同的信号及其频谱。由图可见，这时频谱包络线的零点所在位置不变，而当周期增大时，相邻谱线的间隔减小，频谱变密。如果周期无限增大（这时就成为非周期信号），那么，相邻谱线的间隔将趋近于零，周期信号的离散频谱就过渡到非周期信号的连续频谱。随着周期的增大，各谐波分量的幅度也相应减小。

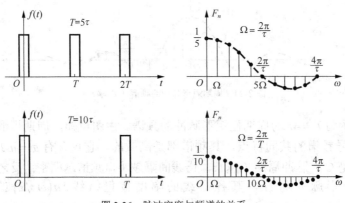

图 2-26　脉冲宽度与频谱的关系

2.2.4　周期矩形脉冲信号的时域与频域仿真

打开 SystemView 仿真软件，建立周期矩形脉冲信号的仿真模型，如图 2-27 所示。

图 2-27　周期矩形脉冲的仿真模型

将周期矩形脉冲信号的幅度设为 1V，频率设为 1Hz，脉冲宽度设为 0.1s，相位为 0。单击 SystemView 设计窗口工具栏上时钟按钮 ⟳，设置样点数为 500，取样速率为 100。单击按钮 ▶，运行系统。时域与频域仿真波形如图 2-28（a）所示。

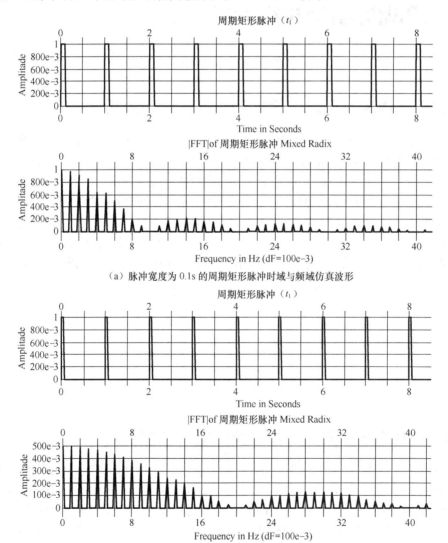

（a）脉冲宽度为 0.1s 的周期矩形脉冲时域与频域仿真波形

（b）脉冲宽度为 0.05s 的周期矩形脉冲时域与频域仿真波形

图 2-28　周期矩形脉冲时域与频域仿真波形

由图 2-28（a）可见，幅度谱包络的第一个零点在 10Hz 处，两个零点之间的谱线有 9 条。将图符 0 的脉冲宽度改为 0.05s，即 $\tau = \dfrac{T_0}{2}$，此时幅度谱包络第一个零点应在 20Hz 处，两个零点之间的谱线应有 19 条，如图 2-28（b）所示。

归纳思考

- 周期矩形脉冲信号脉宽与频宽成反比。
- 周期矩形脉冲信号周期 T 一定时，谱线间隔不变，脉宽越宽，谱线条数越少；反之，脉宽越窄，谱线条数越多。
- 周期矩形脉冲信号脉宽一定时，频宽一定，周期 T 增大时，谱线间隔变密，条数增多；反之，周期 T 减小时，谱线间隔变稀，条数变少。

2.3 非周期信号的时域与频域分析

本节将通过对非周期矩形脉冲信号的时域与频域分析，来研究一般非周期信号的频域特点。

2.3.1 非周期矩形脉冲信号的时域、频域分析

非周期矩形脉冲信号的时域、频域波形如图 2-29（a）和（b）所示。图中非周期矩形脉冲信号的脉冲宽度为 τ，幅度为 1V，其频谱形状为抽样信号，具有振荡和衰减等特性，与横轴第一个过零点位置为 $1/\tau$，此值可以视为非周期矩形脉冲信号的带宽，可以看出，脉冲越窄，带宽越宽，脉冲宽度与频带宽度成反比。与前所述周期矩形脉冲信号的离散谱不同，非周期矩形脉冲信号的频谱为连续谱。非周期矩形脉冲信号频谱的幅度为非周期矩形脉冲信号的幅度与脉冲宽度 τ 的乘积。在脉冲宽度一定的情况下，脉冲宽度越宽，频谱幅度越大，频谱宽带越窄，频谱能量越集中，反之，脉冲宽度越窄，频谱幅度越小，频谱宽带越宽，频谱能量越分散。

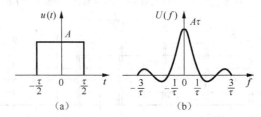

图 2-29　非周期矩形脉冲信号的时域与频域波形

2.3.2 非周期矩形脉冲信号的时域、频域仿真

用 SystemView 很容易得到单矩形脉冲信号的幅度谱。建立仿真模型如图 2-30 所示。

图 2-30 中，图符 0、3、4 和 5 构成单矩形脉冲产生器。图符 0 产生一个幅度为 1V 的阶跃函数，通过图符 5 延迟 0.1s 后，再由图符 3 对其反相，经图符 4 相加后输出一个幅度为 1V、宽度为 0.1 的矩形脉冲。图符 1 是信宿，可将接收到的数据用波形显示出来，还可以由其他处理器对这些接收数据做进一步的处理。

单击 SystemView 设计窗口工具栏上时钟按钮 ⏱，设置样点数为 500，取样速率为 100。单击按钮 ▶，运行系统。输出波形的幅度为 1V，将鼠标放到波形图的脉冲结束处，工

具栏上的 x 坐标显示脉冲宽度为 0.1s。

　　单击工具栏上的分析窗（Analysis　Window）图标

进入 SystemView 的分析窗，得到矩形脉冲的幅度谱，宽
度为 0.1s 的矩形脉冲时域与频域仿真波形如图 2-31（a）
所示。幅度谱的第一个零点是脉冲宽度的倒数，本例中为
10Hz。幅度谱有等间隔的零点，间隔为 10Hz。

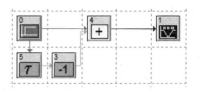

图 2-30　矩形信号幅度谱仿真模型

　　单击分析窗工具栏上的系统窗（System Windows）图标　返回设计窗。双击图符 5，选择
参数按钮，将延迟时间改为 0.2s，即将矩形脉冲的宽度改为 0.2s。重新运行系统，再进入分析
窗。单击分析窗左上角正在"闪烁"的新的信宿数据（Load New Sink Data）图标，更新重新仿
真的数据，得到宽度为 0.2s 的矩形脉冲的幅度谱如图 2-31（b）所示。幅度谱的第一个零点为
5Hz（等于脉冲宽度的倒数），幅度谱有等间隔零点，两个零点间隔之间的间隔为 5Hz。

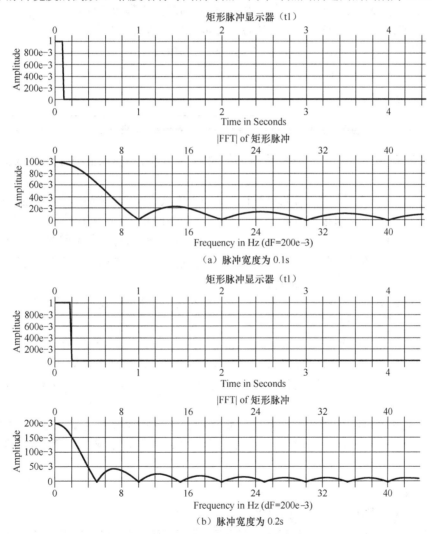

（a）脉冲宽度为 0.1s

（b）脉冲宽度为 0.2s

图 2-31　矩形脉冲的时域、频域仿真波形

　　通过改变图符 5 中的延迟时间可得到不同宽度的矩形脉冲，按照上面的演示方法，可观

察不同宽度矩形脉冲的幅度谱。

对于确知信号，我们进行频谱分析，而对于随机信号，就要进行功率谱分析。

功率谱是针对功率有限信号的，所表现的是单位频带内信号功率随频率的变化情况。

提 示

2.4 实做项目与教学情境

实做项目一：用 SystemView 仿真软件对周期信号进行仿真分析。
目的要求：掌握正弦信号和周期矩形脉冲信号的时域与频域特性。
实做项目二：用 SystemView 仿真软件对非周期信号进行仿真分析。
目的要求：掌握非周期矩形脉冲信号的时域与频域特性。

 小结

1．信号就是用于描述、记录或传输的消息(或者说信息)的任何对象的物理状态随时间的变化过程。

2．常见的信号有正弦信号、矩形脉冲信号、单位阶跃信号、单位冲激信号和抽样信号等。

3．信号的时域分析和频域分析是对信号从两个不同角度进行的分析，都可以描述信号的特点，通信中往往从频域角度对信号进行分析，从而了解信号的频率特性。

4．具有周期性的频率单一的正弦信号，在时域图形中持续时间是无限长的，而在频域中只在一个频率，即正弦信号的频率 f_0 上有能量。

5．一个周期信号可分解成直流和无穷多个余弦波的叠加，反过来说，直流和余弦波叠加在一起就是一个周期矩形脉冲。

6．周期矩形脉冲信号脉宽与频宽成反比。周期矩形脉冲信号周期 T 一定时，谱线间隔不变，脉宽越宽，谱线条数越少；反之，脉宽越窄，谱线条数越多。周期矩形脉冲信号脉宽一定时，频宽一定，周期 T 增大时，谱线间隔变密，条数增多；反之，周期 T 减小时，谱线间隔变稀，条数变少。

7．非周期矩形脉冲信号在脉冲宽度一定的情况下，脉冲宽度越宽，频谱幅度越大，频谱宽带越窄，频谱能量越集中，反之，脉冲宽度越窄，频谱幅度越小，频谱宽带越宽，频谱能量越分散。

 思考题与练习题

2-1 什么是信号？信号是如何分类的？

2-2 正弦信号的三要素分别是什么?

2-3 信号的时域分析与频域分析有何区别?

2-4 正弦信号的频谱有何特点?

2-5 周期矩形脉冲信号的频谱有何特点?

2-6 周期矩形脉冲信号与非周期矩形脉冲信号的频谱有何不同?

2-7 已知 $x(t)$ 为下图所示的周期函数,已知 $\tau = 2\text{ms}$, $T = 8\text{ms}$,画出它的幅度谱。

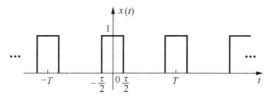

2-8 已知 $x(t)$ 如下图所示,是宽度为 2ms 的矩形脉冲,画出它的幅度谱。

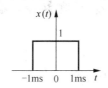

基础原理篇

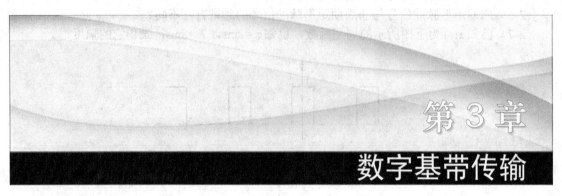

第 3 章
数字基带传输

本章教学说明

- 从基带传输系统入手，介绍基本码型、常用码型、无码间干扰传输特性。
- 用 System View 工具，仿真实现基带传输过程。

本章内容

- 基带数字信号的基本码型和常用码型。
- 无码间干扰传输系统。
- 均衡技术及眼图。

本章重点、难点

- HDB3 码。
- 码间干扰。
- 无码间干扰传输特性。
- 均衡技术。

学习本章目的和要求

- 掌握基带传输系统的基本概念。
- 掌握无码间干扰的传输特性。
- 了解常用的均衡技术。

本章实做要求及教学情境

- 用 SystemView 建立基带传输模型。

本章建议学时数：8 学时

基带信号就是从数据设备中产生的二进制序列。如图 3-1 所示，由矩形电脉冲组成的信号，高电平代表 "1"，低电平代表 "0"。这些信号往往含大量的低频分量，因而称之为数字基带信号。

在某些具有低通特性的有线信道中，特别是传输距离不太远的情况下，数字基带信号可以直接传输，这种不使用调制和解调设备而直接传输基带信号的通信系统，我们称之为数字基带传输。

基带传输在通信中无所不在，如图 3-2 所示，在计算机与打印机之间，计算机和路由器（交换机）之间，计算机主机和显示器之间，计算机内部电路板之间都是采用基带传输。

大多数通信系统中，同时存在基带传输和调制（频带）传输两种方式，如图 3-3 所示，在基站控制器 BSC 和基站收发信台 BTS 通信时，基站到近端传输设备以及基站控制其到远端传输设备这两部分就是使用基带传输，通常采用同轴电缆来传输基带信号。而传输设备之间因为距离较远，采用光信号调制传输。

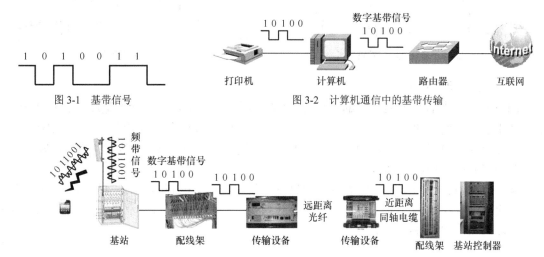

图 3-1 基带信号

图 3-2 计算机通信中的基带传输

图 3-3 移动通信系统中的基带传输

与基带传输对应的是调制（频带）传输，比如从基站到天线之间和天线到用户手机之间传输的就是用高频载波调制之后的信号，数字基带系统中的许多概念及重要结论可应用于数字频带传输系统中。

3.1 数字基带信号的码型

数字基带信号存在多种不同形式（又称为码型），码型的选择要适应信道的传输特性，而且要使得接收端能简单方便地再生、恢复数字基带信号。

3.1.1 常见的基本码型

常见的基本码型有单极性不归零码（NRZ）、双极性不归零码（BNRZ）、单极性归零码（RZ）、双极性归零码（BRZ）、差分码、多电平码。

1. 单极性不归零码（NRZ）

单极性不归零码（NRZ）是最基本的码型，如图 3-4，其码型特点如下。

符号"0"：由 0 电压表示二进制符号"0"，整个码元期间电平保持不变。

符号"1"：用正电压（高电压）表示二进制符号"1"，整个码元期间电平保持不变。

NRZ 波形一般用于近距离的信号传输，比如计算机内部、电路板之间。

2. 双极性不归零码（BNRZ）

图 3-5 为双极性不归零码（BNRZ），其码型特点为如下。

符号"1"：用正电压（高电压）表示二进制符号"1"，整个码元期间电平保持不变。

符号"0"：由负电压表示二进制符号"0"，整个码元期间电平保持不变。

BNRZ 波形也用于近距离的信号传输，比如计算机与打印机（外设）之间。

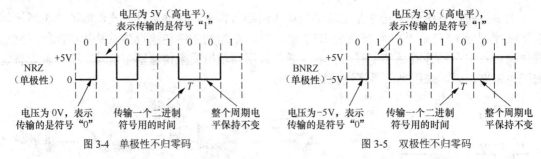

图 3-4　单极性不归零码　　　　　　图 3-5　双极性不归零码

3．单极性归零码（RZ）

图 3-6 为单极性归零码，它的特点是，脉冲的宽度（τ）小于码元的宽度（T），每个电脉冲在小于码元宽度的时间内总要回到零电平，故这种波形又称为归零波形（RZ，Return to Zero）。通常称 τ/T 为占空比。归零波形由于码元间隔明显，因此有利于定时信息的提取。

4．双极性归零码（BRZ）

图 3-7 为双极性归零码，用正电平和负电平分别表示二进制码元的"1"码和"0"码，但每个电脉冲在小于码元宽度的时间内都要回到零电平，它除了具有双极性不归零波形的特点外，还有利于同步脉冲的提取。

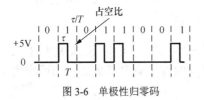

图 3-6　单极性归零码

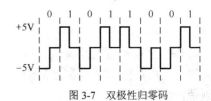

图 3-7　双极性归零码

5．差分码

图 3-8 为差分码，这种波形不是用码元本身的电平表示消息代码，而是用相邻码元的电平的跳变和不变来表示消息代码。以电平跳变表示"1"码，以电平不变表示"0"码，当然上述规定也可以反过来。由于差分波形是以相邻脉冲电平的相对变化来表示代码，因此称它为相对码波形，而相应地称前面的单极性或双极性波形为绝对码波形。

用差分波形传送代码可以消除设备初始状态的影响，特别是在相位调制系统中用于解决载波相位模糊问题。

6．多电平脉冲波形（多进制波形）

上述各种波形都是二进制波形，实际上还存在多电平脉冲波形，也称为多进制波形。这种波形的取值不是两值而是多值的。图 3-9 所示代表四种状态的四电平脉冲波形，每种电平可用两位二进制码元来表示，如 00 代表$-3E$，01 代表$-E$，10 代表$+E$，11 代表$+3E$。

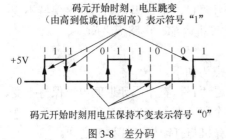

图 3-8　差分码

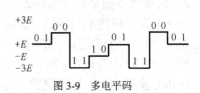

图 3-9　多电平码

比起二进制码元,多电平码元传输一个符号,相当于传了多个二进制码元,效率提高了,这种波形一般在高速数据传输系统中用来压缩码元速率。但在相同信号功率的条件下,多进制传输系统的抗干扰性能不如二进制系统。

一般来说,选择数字基带信号码型时,应遵循以下基本原则。

(1)数字基带信号应不含有直流分量,且低频及高频分量也应尽量少。在基带传输系统中,往往存在着隔直电容及耦合变压器,不利于直流及低频分量的传输。此外,高频分量的衰减随传输距离的增加会快速地增大,另一方面,过多的高频分量还会引起话路之间的串扰,因此希望数字基带信号中的高频分量也要尽量少。

(2)数字基带信号中应含有足够大的定时信息分量。基带传输系统在接收端进行取样、判决、再生原始数字基带信号时,必须有取样定时脉冲。一般来说,这种定时脉冲信号是从数字基带信号中直接提取的。这就要求数字基带信号中含有或经过简单处理后含有定时脉冲信号的线谱分量,以便同步电路提取。

(3)基带传输的信号码型应与信源的统计特性无关。这一点也是为了便于定时信息的提取而提出的。

此外,选择的基带传输信号码型还应有利于提高系统的传输效率;具有较强的抗噪声和码间串扰的能力及自检能力。实际系统常用的数字波形是矩形脉冲,这是由于矩形脉冲易于产生和处理。

3.1.2 基带传输的常用码型

除了基本码型之外,人们还专门设计出几种传输性能较好、适合线路的码型。主要有:传号交替反转码——AMI 码、三阶高密度双极性码——HDB3 码、分相码——Manchester 码 nBmB 等。下面我们详细地介绍这些码型。

1. AMI 码

AMI(Alternate Mark Inversion)码又称为平衡对称码。这种码的编码规则是:把码元序列中的"1"码变为极性交替变化的传输码+1,−1,+1,−1,…,而码元序列中的"0"码保持不变,如图 3-10 所示。注意,单个 AMI 码的波形可以归零,也可以不归零。

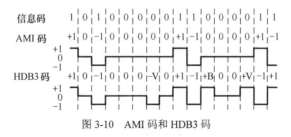

图 3-10   AMI 码和 HDB3 码

2. HDB3 码

AMI 码有一个重要的缺陷,就是当码元序列中出现长连"0"时,会造成提取定时信号的困难,因而实际系统中常采用 AMI 码的改进型——HDB3 码。

如图 3-10 所示,HDB3 码编码步骤如下。

(1)取代变换:将信码中 4 个连 0 码用取代节 000V 或 B00V 代替,当两个相邻的 V 码中间有奇数个 1 码时用 000V 代替 4 个连 0 码,有偶数个 1 码时用 B00V 代替 4 个连 0 码。信息代码中的其他码保持不变。

（2）加符号：对（1）中得到的 1 码、破坏码 V 及平衡码 B 加符号。原则是，V 码的符号与前面第一个非 0 码的符号相同，1 码及 B 码的符号与前面第一个非 0 码的符号相反。

【例 3-1】 设数字信息为 1000010100001000011，求相应的 AMI 码及 HDB3 码。

解：码元序列：　 1　 0000　 10 1　 0000　 1000 0　 1 1

　　　AMI 码：　 +1　 0000　 −10 +1　 0000　 −1000 0　 +1 −1

HDB3 码：

取代变换 1　 000V　 10 1　 B 0 0V　 1000 V　 1 1

加符号 +1　 000+V　 −10 +1　 −B 0 0-V　 +1 000 +V　 −1 +1

上例中，第 1 个 V 码和第 2 个 V 码之间，有 2 个非 0 码（偶数），故将第 2 个 4 连 0 小段中的第 1 个 0 变成−B；第 2 个 V 码和第 3 个 V 码之间，有 1 个非 0 码（奇数），不需变化。最后可看出 HDB3 码中，V 码与其前一个非 0 码（+1 或-1）极性相同，起破坏作用；相邻的 V 码极性交替；除 V 码外，包括 B 码在内的所有非 0 码极性交替。

虽然 HDB3 码的编码规则比较复杂，但译码却比较简单。从编码过程中可以看出，每一个 V 码总是与其前一个非 0 码（包括 B 码在内）同极性，因此从收到的码序列中可以很容易地找到破坏点 V 码，于是可断定 V 码及其前 3 个码都为 0 码，再将所有的-1 变为+1 后，便可恢复原始信息代码。

【例 3-2】 试求 HDB3 码+1−10+1000+100−100+1−100−10+1 对应的原二进制信息代码。

解 HDB3：　　　　　　 +1−10+1000+1 00−100+1−1 00−1 0+1

判断 V 和 B：　　　　　　 +1−10+1000+V 00−100+1−B 00−V 0+1

原信息码：　　　　　　 1101000000010010 00000 1

AMI 码和编码过程中，将一个二进制符号变成了一个三进制符号，即这种码脉冲有三种电平，因此我们把这种码称为伪三电平码，也称为 1B/1T 码型。

AMI 码的能量集中在中频部分，低频和高频较少，这样的信号比较适合于基带信道传输，有自检错能力。HDB3 码连 0 个数最多为 3，这对位定时信号的提取十分有利。CCITT（CCITT 是国际电报电话咨询委员会的简称，它是国际电信联盟（ITU）的常设机构之一。CCITT 现为 ITU-T）建议的标准传输速率四次群以下的 A 律 PCM 终端设备的接口码型均为 HDB3 码。

3．曼彻斯特（Manchester）码

曼彻斯特码又称数字双相码，波形如图 3-11 所示。曼彻斯特码用一个周期的方波来代表码元"1"，而用它的反相波形来代表码元"0"。这种码在每个码元的中心部位都发生电平跳变，因此有利于定时同步信号的提取，占用频带增加了一倍。曼

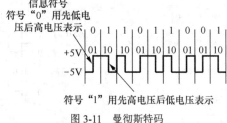

图 3-11　曼彻斯特码

彻斯特码适合在较短距离的同轴电缆信道上传输，如计算机局域网。

4．nBmB 码

nBmB 码是把原信息码流的 n 位二进制码作为一组，编成 m 位二进制码的新码组。

由于 m＞n，传输新码的效率有所降低，但新码的纠错抗干扰能力得到了提升，适合在光纤这种带宽特别大的信道传输。通常选择 m＝n+1，有 1B2B 码、2B3B、3B4B 码以及 5B6B 码等，其中，5B6B 码型已实用化，用作三次群和四次群以上的线路传输码型。

3.2　基带传输系统

在基带传输系统中，由于系统（主要是信道）传输特性不理想，接收端收到的数字基带信号波形会发生畸变，使码元之间互相产生干扰。此外，信号在传输过程中受信道加性噪声的影响，还会使接收波形叠加上随机干扰，造成接收端判决时发生误码。为了消除或减小这些干扰，必须合理地设计基带传输系统，为此我们先对系统传输特性和信号波形进行讨论。

3.2.1　基带传输模型

数字基带传输系统：不使用调制和解调装置而直接传输数字基带信号的系统。

基带传输系统模型如图 3-12 所示，其中，信道信号形成器用来产生适于信道传输的基带信号；信道是允许基带信号通过的媒质；接收滤波器用来接收信号和尽可能排除信道噪声及其他干扰；抽样判决则是在噪声背景下用来判定与再生基带信号。

图 3-12　基带传输系统模型

3.2.2　码间干扰的概念

信号在经过信道传输后会发生变化，这些变化对接收端正确接收信号非常不利。如图 3-13 所示，单个矩形脉冲在通过信道时，信号的幅度会因为部分能量转化为热能而衰减，同时信号的形状也会发生变化，脉冲的宽度会展宽，有时会有长长的拖尾。

信号在信道上传输发生畸变的原因主要是输入信号的频谱较宽，而信道对于信号的各个频率成分传输的衰耗是不同的，这样各个频率成分在经过不同衰减后，再叠加在一起的波形肯定与原来的形状不同了。

如果信道对于信号的各个频率成分传输的衰耗相同，则不会产生信号畸变，这样的信道成为理想信道。而实际的通信传输信道往往复杂多变，不可能做到理想情况，实际的通信信道都是不理想信道。

图 3-13　矩形脉冲传输畸变示意图

在图 3-13 中，信号在经过不理想的信道后产生长长的拖尾，如果相邻的接收信号拖尾彼此影响，就会对接收端接收信号产生影响。如图 3-14 所示，发送端发送了 3 个矩形脉冲，在接收端准备对第 2 个信号接收判决时，第 1 个和第 3 个信号的拖尾会对第 2 个信号产生影响，这就是码间干扰，因为第 1 个和第 3 个信号的拖尾在第 2 个信号判决的时刻的值为负值，如果这两个值相加超过了第 2 个信号本身的值，就会产生误判错误，原本是"1"，被误判成"0"，这就产生了误码。

图 3-14　码间干扰示意图　　　　　　图 3-15　多矩形脉冲传输畸变示意图

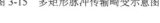

在实际通信系统中，信道都是不理想的，信号在传输过程中会发生信号畸变，如图 3-15 所示，一组数字信号在经过信道后发生了变化，原本标准的矩形脉冲经过信道后变得平滑了，原信号中棱角没有了，而消失的棱角就是高频频谱成分。

3.2.3 无码间干扰的基带传输特性

如果信道对信号的高频、中频、低频成分传输都很好，信号在传输过程中波形不会发生变化，这种理想情况很少见，大多数信道只能对一部分频段的传输特性较好，而对其他频段的传输性能就不好，甚至一点也不能传输。

如何利用这种信道实现无码间干扰传输呢？下面，我们以理想低通信道为例，说明无码间干扰的基带传输条件。如图 3-16 所示，一个尖脉冲通过了一个低通型信道，信号被展宽，并有了长长的拖尾，如果能够在拖尾为"0"的时刻传输第二个码元（尖脉冲），那么第一个信号的拖尾就不会对接收并回复第二信号产生影响。这就巧妙地利用低通型信道的信号特点实现了无码间干扰传输。

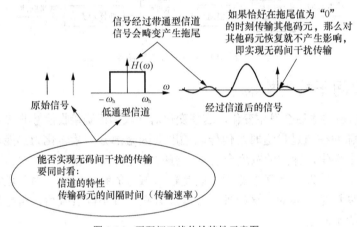

图 3-16 无码间干扰传输特性示意图

经过分析，我们得出结论，如果系统的总的传输特性为 $H(\omega)$，只要接收到的信号 $h(t)$（信道传输特性函数 $H(\omega)$ 的冲激响应）在自己判决的时刻为常数 $h(0)= c$，c 表示常数，而在其他码元的判决时刻的码间串绕值为零，即 $h(kT_S)= 0$，这样就不会对判决产生影响了，因此无码间串扰的时域条件（即无码间串扰的定义）为

$$h(kT_s) = \begin{cases} c, & k = 0 \\ 0, & k \neq 0 \end{cases} \tag{3-1}$$

同样，无码间串扰的频域条件（即无码间串扰的定义）为

$$\sum_{n=-\infty}^{\infty} H(\omega + n \cdot 2\pi R_B) = c, \quad |\omega| \leq \pi/T_s \tag{3-2}$$

该条件称为奈奎斯特第一准则，R_B 为码元速率，是码元周期 T_s 的倒数，π/T_s 相当于 πR_B。它为我们提供了检验一个给定的系统特性 $H(\omega)$ 是否产生码间串扰的一种方法。式（3-2）含义是，将 $H(\omega)$ 在 ω 轴上移位 $2\pi i/Ts$（$i=0$，± 1，± 2，…），然后把各个部分落在 $|\omega| \leq \pi/T_s$ 区间内的部分进行叠加，结果为常数。

【例 3-3】 设 $H(\omega)$ 具有图 3-17（a）所示的特性，传输信号为码元周期为 T_s 的矩形脉冲序列，试判断它是否满足无码间干扰的传输条件。

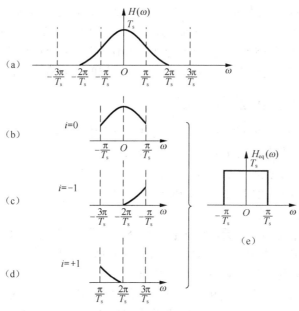

图 3-17　无码间干扰条件的验证

判断传输工程中，是否满足无码间干扰的传输条件，就是验证 $H(\omega)$ 是否满足 $\sum\limits_{n=-\infty}^{\infty} H(\omega+n\cdot 2\pi R_B)=c$。

已知，信号的码元周期为 T_s，码元速率 R_B 为 $1/T_s$，画出相应的波形。

图 3-17（b）为 $H(\omega-0\times 2\pi i/T_s)$ 落在 $|\omega|\leqslant\pi/T_s$ 区间内的部分；

图 3-17（c）为 $H(\omega-(-1)\times 2\pi i/T_s)$ 落在 $|\omega|\leqslant\pi/T_s$ 区间内的部分；

图 3-17（d）为 $H(\omega-(+1)\times 2\pi i/T_s)$ 落在 $|\omega|\leqslant\pi/T_s$ 区间内的部分；

其他的不会影响到 $|\omega|\leqslant\pi/T_s$ 区间，这里就不画了，可以看到叠加后其结果应当为一常数，如图 3-17（e）所示。需要注意的是无码间干扰传输指的是一定速率的数字信号在传输特性 $H(\omega)$ 为满足式（3-2）的信道中可以实现。如果传输速率变了，信道传输特性还是 $H(\omega)$，可能就不能实现无码间干扰传输了。

显然，满足式（3-2）的系统 $H(\omega)$ 并不是唯一的，理想低通滤波器是其中的一种。

理想低通滤波器的传输特性如图 3-18（a）所示，它的冲激响应如图 3-18（b）所示。

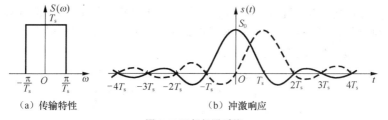

（a）传输特性　　　　（b）冲激响应

图 3-18 理想低通系统

如图 3-18（b）所示，$h(t)$ 在 $t=\pm kT_s$（$k\neq 0$）时有周期性零点，当发送序列的间隔为 T_s 时正好巧妙地利用了这些零点（见图 3-18（b）中虚线），实现了无码间串扰传输。

由图 3-18 可以看出，输入序列若以 $1/T_s$ 波特的速率进行传输时，所需的最小传输带宽为 $B=1/2T_s$。这是在抽样时刻无码间串扰条件下，基带系统所能达到的极限情况。此时基带系统所能提供的最高频带利用率为 $\eta=2$ Bd/Hz。通常，我们把 $1/2T_s$ 称为奈奎斯特带宽，记为 W_1，则该系统无码间串扰的最高传输速率为 $2W_1$(Bd)，称为奈奎斯特速率。

显然，如果该系统用高于 $1/T_s$ 波特的码元速率传送时，将存在码间串扰。

3.2.4 码间干扰的消除方法

码间干扰对通信产生不利的影响，而现实通信传输信道复杂多变不能达到完全理想的条件，消除或抑制码间干扰的方法有：（1）设计合计易于实现且能满足无码间干扰传输条件的传输信道；（2）使用均衡技术抑制码间干扰。

（1）设计易于实现的无码间干扰传输信道

① 升余弦滚降传输信道

升余弦滚降传输信道是满足无码间干扰传输条件且易于实现的一种信道。

从上面的讨论可知，理想低通传输特性的基带系统有最大的频带利用率。但令人遗憾的是，理想低通系统在实际应用中存在以下两个问题。

一是理想矩形特性的物理实现极为困难；二是理想的冲激响应 $h(t)$ 的"尾巴"很长，衰减很慢，当定时存在偏差时，可能出现严重的码间串扰。考虑到实际的传输系统总是可能存在定时误差的，因而，一般不采用 $Heq(\omega)=H(\omega)$，而只把这种情况作为理想的"标准"或者作为与别的系统特性进行比较时的基础。

考虑到理想冲激响应 $h(t)$ 的尾巴衰减慢的原因是系统的频率截止特性过于陡峭，这启发我们可以按图 3-19 所示的构造思想去设计 $H(\omega)$ 特性，只要图中的 $Y(\omega)$ 具有对 W_1 呈奇对称的振幅特性，则 $H(\omega)$ 即为所要求的。这种设计也可看成是理想低通特性按奇对称条件进行"圆滑"的结果，上述的"圆滑"，通常被称为"滚降"。

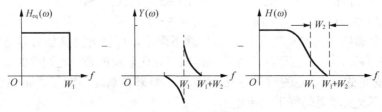

图 3-19 滚降特性构成

定义滚降系数为 $\alpha=W_2/W_1$。

其中 W_1 是无滚降时的截止频率，W_2 为滚降部分的截止频率。显然，$0\leqslant\alpha\leqslant1$，不同的 α 有不同的滚降特性。图 3-20（a）画出了按余弦滚降的三种滚降特性和冲激响应。具有滚降系数 $\alpha=1$ 的余弦滚降特性 $H(\omega)$ 可表示成

$$H(\omega)=\begin{cases}\dfrac{T_s}{2}\left[1+\cos\dfrac{\omega T_s}{2}\right], & |\omega|\leqslant\dfrac{2\pi}{T_s} \\[2mm] 0, & |\omega|>\dfrac{2\pi}{T_s}\end{cases}$$

$\alpha=1$ 的余弦滚降特性滤波器对应的 $h(t)$ 为

$$h(t) = \frac{\sin \pi t / T_s}{\pi t / T_s} \cdot \frac{\cos \pi t / T_s}{1 - 4t^2 / T_s}$$

对于一般的 α，$H(\omega)$ 表示为

$$H(\omega) = \begin{cases} T_s, & 0 \leqslant |\omega| < \dfrac{(1-\alpha)\pi}{T_s} \\ \dfrac{T_s}{2}\left[1 + \sin \dfrac{T_s}{2\alpha}\left(\dfrac{\pi}{T_s} - \omega\right)\right], & \dfrac{(1-\alpha)\pi}{T_s} \leqslant |\omega| < \dfrac{(1+\alpha)\pi}{T_s} \\ 0, & \dfrac{(1+\alpha)\pi}{T_s} \leqslant |\omega| \end{cases}。$$

而相应的 $h(t)$ 为

$$h(t) = \frac{\sin \pi t / T_s}{\pi t / T_s} \cdot \frac{\cos \alpha \pi t / T_s}{1 - 4\alpha^2 t^2 / T_s}$$

余弦滚降系统传输特性和冲激响应如图 3-20 所示。

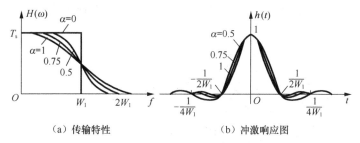

（a）传输特性　　　　　（b）冲激响应图

图 3-20 余弦滚降系统

由图 3-20 可知，升余弦滚降系统的 $h(t)$ 满足抽样值上无串扰的传输条件，且各抽样值之间又增加了一个零点，其尾部衰减较快（与 t^2 成反比），这有利于减小码间串扰和位定时误差的影响。$\alpha = 1$ 时，这种系统的频谱宽度是 $\alpha = 0$ 时的 2 倍，频带利用率为 12 Bd/Hz，是最高利用率的一半。若 $0 < \alpha < 1$ 时，带宽 $B=(1+\alpha)/2T_s$ Hz，频带利用率 $\eta=2/(1+\alpha)$Bd/Hz。应当指出，在以上讨论中并没有涉及 $H(\omega)$ 的相移特性。但实际上它的相移特性一般不为零，故需要加以考虑。

② 部分响应系统

上节中我们分析了两种无码间串扰的系统：理想低通系统和升余弦滚降系统。理想低通系统虽然达到了 2 Bd/Hz 的极限（最高）频带利用率，但实现困难，且 $h(t)$ "拖尾" 严重。升余弦滚降系统虽然克服了理想低通系统的缺点，但系统的频带利用率却下降了。那么能否找到一种既能消除码间串扰，又能达到最高频带利用率的系统呢？回答是肯定的。我们可以利用奈奎斯特脉冲 $\dfrac{\sin \pi t / T_s}{\pi t / T_s}$ 的延时加权组合得到部分响应波形来实现。这就是本节要讨论的部分响应编码方法，这种方法又称为波形的相关编码法。在部分响应基带传输系统中，通过有控制地引入一定的码间串扰，来达到压缩传输频带的目的。

我们已经熟知，波形 sin$x$/x"拖尾"严重，我们发现相距一个码元间隔的两个 sin$x$/x 波形的"拖尾"刚好正负相反，利用这样的波形组合肯定可以构成"拖尾"衰减很快的脉冲波形。根据这一思路，我们可用两个间隔为一个码元长度 T_s 的 sin$x$/x 的合成波形来代替 sin$x$/x，如图 3-19（a）所示。合成波形可表示为

$$g(t) = \frac{\sin\left[\frac{\pi}{T_s}\left(t - \frac{T_s}{2}\right)\right]}{\frac{\pi}{T_s}\left(t - \frac{T_s}{2}\right)} + \frac{\sin\left[\frac{\pi}{T_s}\left(t + \frac{T_s}{2}\right)\right]}{\frac{\pi}{T_s}\left(t + \frac{T_s}{2}\right)} = \frac{4}{\pi}\left[\frac{\cos\frac{\pi t}{T_s}}{1 - \frac{4t^2}{T_s^2}}\right]$$

$g(t)$ 称为部分响应波形，其频谱特性为

$$G(\omega) = \begin{cases} 2T_s\cos\frac{\omega T_s}{2}, & |\omega| \leqslant \frac{\pi}{T_s} \\ 0, & |\omega| > \frac{\pi}{T_s} \end{cases}$$

由图 3-21 可见，$g(t)$ 波形的振荡衰减加快了，这是因为相距一个码元的奈奎斯特脉冲的振荡正负相反而互相抵消。$g(t)$ 的"尾巴"按 $1/t^2$ 的速度变化，比 sin$x$/x 波形收敛快，衰减大。

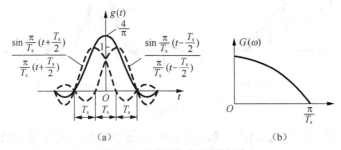

图 3-21 部分相应波形及其频谱

由于余弦谱特性的带宽 $B=1/2T$，而传输速率为 $R_B=1/T$，因而这种系统的频带利用率达到了 2 Bd/Hz。

（2）均衡技术

在信道特性 $C(\omega)$ 确知条件下，人们可以精心设计接收和发送滤波器以达到消除码间串扰和尽量减小噪声影响的目的。但在实际实现时，由于难免存在滤波器的设计误差和信道特性的变化，所以无法实现理想的传输特性，因而引起波形的失真从而产生码间干扰，系统的性能也必然下降。理论和实践均证明，在基带系统中插入一种可调（或不可调）滤波器可以校正或补偿系统特性，减小码间串扰的影响，这种起补偿作用的滤波器称为均衡器。

均衡可分为频域均衡和时域均衡。所谓频域均衡，是从校正系统的频率特性出发，使包括均衡器在内的基带系统的总特性满足无失真传输条件；所谓时域均衡，是利用均衡器产生的时间波形去直接校正已畸变的波形，使包括均衡器在内的整个系统的冲激响应满足无码间串扰条件。

频域均衡在信道特性不变，且在传输低速数据时是适用的。而时域均衡可以根据信道特

性的变化进行调整，能够有效地减小码间串扰，故在高速数据传输中得以广泛应用。

① 频域均衡

频域均衡是利用可调滤波器的频率特性去补偿系统的传输特性，使其满足无码间干扰的传输特性的条件，保证数字信号在传输过程中不会受到信道的影响。图 3-22 为基带传输系统模型图。

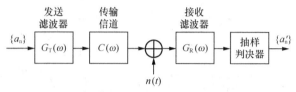

注：$n(t)$ 为传输过程中加到信号中的噪声。

图 3-22 基带传输系统模型

如图 3-22 所示，当信道 $C(\omega)$ 不能满足无码间干扰的条件时，通过发送滤波器 $G_T(\omega)$ 和接收滤波器 $G_R(\omega)$ 共同校正 $C(\omega)$，系统总体传输特性为

$$H(\omega) = G_T(\omega)C(\omega)G_R(\omega) \tag{3-3}$$

只要系统总体传输特性 $H(\omega)$ 满足无码间干扰传输特性，如图 3-23 频域均衡示意图，就可以消除无码间干扰的影响。

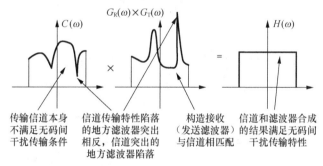

图 3-23 频域均衡示意图

② 时域均衡

频域均衡器适合于在信道特性不变且传送的数据速率较低的系统中使用。对信道特性不断变化及高数据率的传输系统来说，常采用时域均衡的方法来减小码间串扰。时域均衡的出发点与频域均衡不同，它不是为了获得信道平坦的幅度特性和群时延特性，而是要使包括时域均衡器在内的基带系统的总特性形成接近消除码间串扰的传输波形，即时域均衡时是用均衡器产生的响应波形去补偿已畸变了的传输波形，使得经均衡后的波形在抽样时刻上能有效地消除码间串扰。

时域均衡器是通过横向滤波器来实现的。所谓横向滤波器是指具有固定延迟时间间隔、增益可调整的多抽头滤波器。图 3-24 中给出了一个具有 2N+1 个抽头的横向滤波器的结构。

一般来说，横向滤波器插入在基带系统的接收滤波器和判决器之间。横向滤波器的输入来自接收滤波器的输出 $x(t)$，即 $x(t)$ 为被均衡的对象，其输出 $y(t)$ 为均衡结果，送至判决器进行判决，$x(t)$ 和 $y(t)$ 的波形如图 3-24 所示，波形的畸变得到了纠正。时域均衡器的实现方法

有多种，但从原理上分为预制式自动均衡和自适应式自动均衡两类。

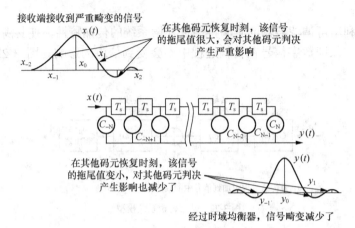

图 3-24　畸变波形及校正后的波形

预置式均衡是在实际数据传输之前，先传输预先规定的测试脉冲，然后按迫零调整原理或根据输出信号的眼图调整各抽头增益；而自适应式均衡是在数据传输过程中连续测出距最佳调整值的误差电压，并由该电压去调整各抽头增益，其原理如图 3-25 所示。一般地说，自适应式均衡除能自适应信道特性随时变化外还具有调整精度高的特点。

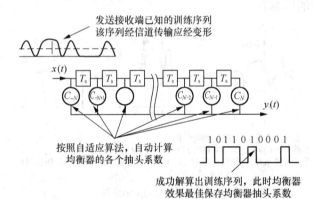

图 3-25　均衡器系数计算

3.2.5　眼图

由于滤波器部件调试不理想或信道特性的变化等因素，在码间串扰和噪声同时存在的情况下，系统性能的定量分析更是难以进行，因此在实际应用中需要用简便的实验方法来定性测量系统的性能，其中一个有效的实验方法是观察接收信号的眼图。

眼图是指利用实验手段方便地估计和改善（通过调整）系统性能时，在示波器上观察到的一种图形。观察眼图的方法：用一个示波器跨接在接收滤波器的输出端，然后调整示波器水平扫描周期，使其与接收码元的周期同步。此时可以从示波器显示的图形上，观察出码间干扰和噪声的影响，从而估计系统性能的优劣程度。在传输二进制信号波形时，示波器显示的图形很像人的眼睛，故名"眼图"。

图 3-26（a）是接收滤波器输出的无码间串扰的双极性基带波形，用示波器观察它，并

将示波器扫描周期调整到码元周期 T_s，由于示波器的余辉作用，扫描所得的每一个码元波形将重叠在一起，形成图 3-26（b）所示的迹线，如细而清晰的大"眼睛"；图 3-26（c）是有码间串扰的双极性基带波形，波形已经失真，示波器的扫描迹线就不完全重合，于是形成的眼图线迹杂乱，"眼睛"张开得较小，且眼图不端正，如图 3-26（d）所示。对比图（b）和（d）可知，眼图的"眼睛"张开得越大，且眼图越端正，表示码间串扰越小，反之，表示码间串扰越大。

当存在噪声时，眼图的线迹变成了比较模糊的带状的线，噪声越大，线条越宽，越模糊，"眼睛"张开得越小。不过，应该注意，从图形上并不能观察到随机噪声的全部形态，例如出现机会少的大幅度噪声，由于它在示波器上一晃而过，因而用人眼是观察不到的。所以，在示波器上只能大致估计噪声的强弱。

从以上分析可知，眼图可以定性反映码间串扰的大小和噪声的大小。眼图可以用来指示接收滤波器的调整，以减小码间串扰，改善系统性能。为了说明眼图和系统性能之间的关系，我们把眼图简化为一个模型，如图 3-27 所示。由该图可以获得以下信息。

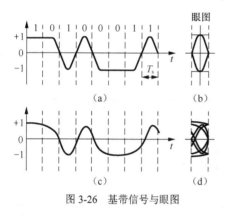 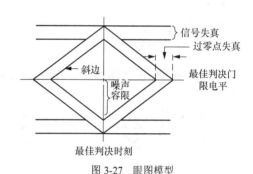

图 3-26　基带信号与眼图　　　　　　　图 3-27　眼图模型

（1）最佳抽样时刻应是"眼睛"张开最大的时刻；

（2）眼图斜边的斜率决定了系统对抽样定时误差的灵敏程度：斜率越大，对定时误差越灵敏；

（3）图的阴影区的垂直高度表示信号的畸变范围；

（4）图中央的横轴位置对应于判决门限电平；

（5）抽样时刻上，上下两阴影区的间隔距离的一半为噪声的容限，噪声瞬时值超过它就可能发生错误判决；

（6）图中倾斜阴影带与横轴相交的区间表示了接收波形零点位置的变化范围，即过零点畸变，它对于利用信号零交点的平均位置来提取定时信息的接收系统有很大影响。

3.2.6　基带传输仿真

本节将通过 SystemView 仿真软件仿真 AMI 码和 HDB3 码的编码过程及其功率谱；观察信号传输过程中的眼图。

1．AMI 码和 HDB3 码的功率谱仿真

（1）仿真模型

根据 AMI 编码规则构建 SystemView 编码仿真模型。打开仿真实例 6-1.svu，AMI 码编

码器的仿真模型如图 3-28 所示。

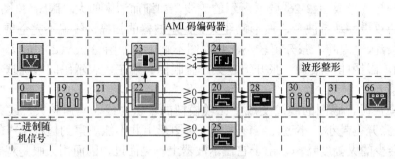

图 3-28　AMI 码仿真模型

图符 0 是二进制数字信源，产生幅度为 1V、频率为 10Hz（码元速率 10Bd）的单极性矩形随机序列。图符 19、21、22、23、24、20、25、28 完成 AMI 码编码，图符 30、31 产生矩形波形。图符 1 显示二进制随机序列波形，图符 66 显示 AMI 波形。

（2）仿真演示

① AMI 码波形

将系统运行时间设置为：样点数 512，取样速率 100Hz。运行系统，随机二进制序列和其对应的 AMI 码波形如图 3-29 所示。

图 3-29　二进制随机序列与其对应的 AMI 码波形

② AMI 码的功率谱

重新设置系统运行时间，将样点数设置为 4096。运行系统，进入分析窗。更新数据，得到的二进制随机序列和 AMI 码波形的幅度谱图。

同样可以设计 HDB3 编码器，并在 SystemView 建立其仿真模型，得到 HDB3 的频谱特性，它与 AMI 码的频谱特性类似。设计 HDB3 码的 SystemView 仿真系统可参考相关资料。

2．眼图仿真

（1）仿真模型

评价基带传输系统性能的一个简便方法就是眼图。为了在 SystemView 中观察基带系统眼图及信道干扰对眼图的影响，首先需要建立一个数字基带系统的 SystemView 仿真模型。打开仿真实例 6-2.svu，仿真模型如图 3-30 所示。

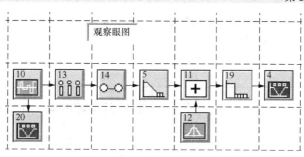

图 3-30　数字基带系统仿真模型

图 3-30 是从数字信源至接滤波器的数字基带传输系统模型。图符 10 产生码元速率为 10Bd、幅度为 1 的双极性二进制数字信号。图符 13、14 以 10Hz 的速率对数字基带信号进行取样并保持（保持 0），将信号转换成冲激序列。图符 5 是一个升余弦滤波器，滚降开始处的频率为 5Hz，滚降结束处的频率为 15Hz，等效低通带宽为 10Hz。图符 19 是接收滤波器，它是一个截止频率为 16Hz 的 FIR 低通滤波器。因此，整个系统的传输特性为图符 5 所对应的升余弦特性，它是个无码间干扰的系统，最大无码间干扰速率为 20 Bd，10 Bd 也是一个无码间干扰速率。图符 11 和图符 12 模拟加性高斯白噪声信道。

（2）仿真演示

系统时间设置：取样点数为 10000，取样频率为 1000Hz。

① 观察眼图

首先观察没有干扰时的眼图。双击高斯噪声图符 12，选择参数按钮，将噪声的标准偏差（StdDeviation）和均值（Mean）都设置为 0。

运行系统，进入分析窗，单击图标 $\sqrt{}$ 打开信宿计算器来绘制眼图。在 SystemView 的分析窗口中要绘制眼图，要用到信宿计算器的时间切片功能。在信宿计算器中，单击 Style 标签，再选择切片按钮（Slice），在后面的文本框中设置切片的开始时间（Start）为 0.956s，切片长度（Length）为 0.1s。

为了绘制眼图，时间切片的长度应该设为码元周期的整数倍，倍数较大时观察到的"眼睛"个数较多，反之则"眼睛"个数较少，本例中选择的时间长 0.1s，等于码元周期，因此眼图中只有一只"眼睛"。切片的开始时间也是一个重要参数，开始时间选择得不合适得不到完整的眼图。确定切片开始时间的简单办法是根据波形初步确定一个时间值，对比眼图再做适当调整。

选择要绘制眼图的波形，单击确定 OK 按钮，得到眼图如图 3-31 所示。

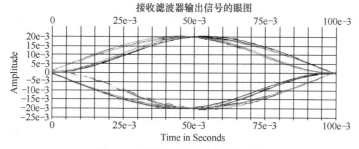

图 3-31　无码间干扰无噪声时的眼图

② 有噪声时的眼图

信道中加入噪声。将图符 12 的标准偏差设置为 0.03，重新运行系统仿真，进入分析窗，更新数据，可观察到信道有加性高斯噪声干扰时的眼图，如图 3-32 所示。由于噪声的影响，"眼图"张开的幅度明显减小。

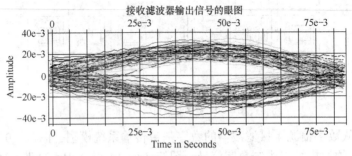

图 3-32　无码间干扰有噪声时的眼图

③ 有码间干扰无噪声时的眼图

将图符 10 的码元速率改为 12Bd，将图符 13 的取样速率也设置为 12Hz。12Bd 是此基带系统的一个有码间干扰速率。将噪声设置为 0。将切片开始时间设置为 0.915s，将切片长度设置为 0.08333s（码元周期）。得到有码间干扰接收信号的眼图如图 3-33 所示。

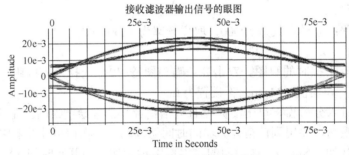

图 3-33　有码间干扰无噪声时的眼图

由图 3-33 可见，眼图由多条线交织在一起组成，不如无码间干扰时眼图那么清晰。这几条线越靠近，眼图越清晰，表示码间干扰越小，反之几条线越分散，表示码间干扰越大。

④ 有码间干扰有噪声时的眼图

再将噪声的标准偏差设置为 0.03。此时接收波形既有码间干扰又有噪声。运行系统，在分析窗中更新数据，得到的眼图如图 3-34 所示。

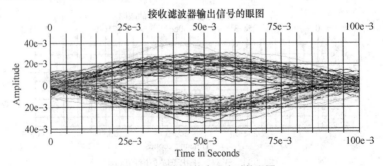

图 3-34　有码间干扰有噪声时的眼图

图 3-34 所示眼图已基本闭合，与图 3-33 对比，可见码间干扰对系统性能的影响。

3.3　实做项目与教学情境

实做项目一：用 SystemView 建立基带传输模型。

目的要求：理解基带传输模型，借助 SystemView 工具对基带传输系统的通信过程进行分析与认知。

小结

1．掌握的单极性归零码、单极性非归零码、双极性归零码、双极性非归零码、差分码、AMI 码、HDB3 码波形特点。

2．若想实现无码间干扰传输，必须选择合适的信道并以适合的传输速率传输数据。

3．消除码间干扰的方法有：设计无码间干扰传输信道，采用时域及频域均衡技术。

思考题与练习题

3-1　设二进制代码为 110010100100，分别画出相应的单极性非归零码、单极性归零码、双极性非归零码、双极性归零码。

3-2　设二进制代码为 110010100100，画出相应的差分码。

3-3　设二进制代码为 100000000011，求相应的 AMI 码和 HDB3 码。

3-4　系统频域特性如题图 3-4 所示，当发送速率为 $2/T_s$ 时，以下基带系统能否实现无码间干扰？若发送速率为 $1/T_s$ 呢？

3-5　码间干扰是由（　　　　）引起的。

3-6　均衡可分为（　　　　）和（　　　　）。所谓频域均衡，是从校正（　　　　）出发，使包括均衡器在内的基带系统的总特性满足无失真传输条件；所谓时域均衡，是（　　　　），使包括均衡器在内的整个系统的冲激响应满足无码间串扰条件。

3-7　有两路数字基带信号，分别用示波器观察它们的眼图，如题图 3-7 所示，请判断哪一路信号在传输时受到的干扰较少？

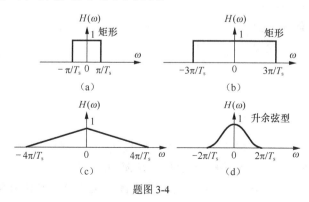

题图 3-4

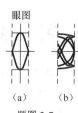

题图 3-7

调制与解调

本章教学说明

- 介绍调制与解调的概念、原理。
- 用 SystemView 仿真软件，对模拟调制系统和数字调制系统进行仿真。
- 重点介绍幅度调制、频率调制和相位调制的原理。

本章内容

- 常规幅度调制 AM。
- 频率调制 FM。
- 幅度键控技术。
- 频率键控技术。
- 相位键控技术。
- 现代数字调制技术。

本章重点、难点

- 频率调制 FM。
- 二进制频率键控 2FSK 技术。
- 二进制相位键控 2PSK 技术。

学习本章目的和要求

- 掌握模拟调制解调的基本原理。
- 掌握二进制数字调制技术的调制、解调方法。
- 理解二进制数字调制技术的带宽。
- 了解现代数字调制技术。

本章实做要求及教学情境

- 用 SystemView 建立 QAM 仿真模型。
- 用 SystemView 建立 OFDM 仿真模型。
- 用 SystemView 建立 GMSK 仿真模型。

本章建议学时数：16 学时

4.1 模拟调制与解调

平时，我们会用收音机收听电台新闻广播或英语听力，广播员的声音就是通过处理变换，在空间中传播，最后到达听众的耳朵里。这种处理变换就是调制。

如图 4-1 所示，在电台广播与收听过程中，广播员发出的声音，在话筒里振动引起话筒内部电流的变化从而产生了表示声音的电信号，这个语音信号的幅度跟随广播员声音大小变化而变化，可以是任意数值，且连续不断。在通信原理中，我们把这个幅度变化而且连续的信号称为模拟信号。与模拟信号相对应的是数字信号，数字信号的幅度只有有限个，比如只有高电平和低电平两个值，数字信号也称为离散信号。

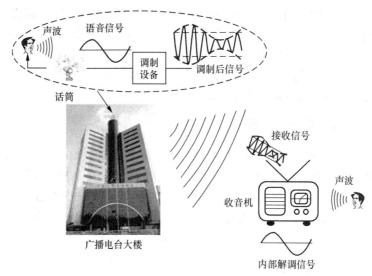

图 4-1　模拟调制解调过程示意图

通过对语音信号的研究，人们发现，语音信号主要集中在 0.3～3.4kHz 的频率范围内，属于低频信号。事实上，大多数信源产生的原始信号都有较低的频谱分量，我们称这种信号为模拟基带信号。人能够感知的也是这种模拟基带信号。

在图 4-1 中，在空间中传递广播语音信号的是 1MHz 到 100MHz 的电磁波，无线电磁波信道是频率非常高的信道，人发出的 0.3～3.4kHz 的声音信号无法直接在这个信道中传输。这就需要调制。比如在图 4-1 中，语音信号通过控制高频电磁波的幅度，使高频电磁波携带语音信号的特征，从而完成由低频信号向高频变换的过程。可以看出，在图 4-1 的已调信号中，信号的频率比语音信号快很多，但是如果把已调制信号的峰值点相连，这个形状和原始的语音信号是一样的。在接收端，通过天线将已调制信号接收下来，将它变换处理，就可以恢复出原来的语音信号，再通过扬声器将语音电信号还原成声波。我们把在接收端将高频的已调制信号还原成低频的语音信号的过程称为解调。解调是调制的逆过程。

基带信号不能在大多数信道中直接传输，因为大多数信道具有带通特性。因此，为了适宜在信道中传输和实现信道复用，基带信号在通信系统的发送端需要进行调制，再送入信道传输，在接收端则进行相反的变换，即解调。我们可以把图 4-1 的模拟调制过程简化为模拟调制通信模型，如图 4-2 所示。

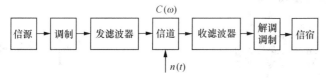

图 4-2　模拟调制系统模型

调制的定义：按调制信号（基带信号）的变化规律去改变载波的某些参数的过程。解调则是相反的变换过程，即由载波参数的变化去恢复基带信号。信号经过调制后，频率提高，波长减小，而信号波长直接关系到天线尺寸，信号用高频载波调制后，容易用尺寸较小的天线将信号辐射出去，因此调制过程特别适合无线通信系统。

本章讨论的调制系统是以正弦波为载波的模拟调制系统中应用最广泛的调制方式。正弦载波的参数有幅度、角度。角度参数又包括相位和频率。用基带信号控制载波幅度的调制方式叫作幅度调制，幅度调制系统的典型调制方式有常规幅度调制（AM）、抑制载波的双边带调制（DSB）、残留边带调制（VSB）及单边带（SSB）调制等；用基带信号控制载波角度的调制方式叫作角度调制，角度调制系统的典型调制方式有调频（FM）和调相（PM）。幅度调制属于线性调制，角度调制属于非线性调制。

4.1.1　幅度调制与解调

在我们用收音机收听的电台广播中，由于中波广播(MW，Medium Wave) 采用了调幅(AM，Amplitude Modulation) 的方式，在不知不觉中，MW 及 AM 之间就划上了等号。实际上 MW 只是诸多利用 AM 调制方式的一种广播。像在高频(3～30MHz)中的国际短波广播所使用的调制方式也是 AM，甚至比调频广播更高频率的航空导航通信(116～136MHz)也是采用 AM 的方式，只是我们日常所说的 AM 波段指的就是中波广播(MW)。

AM 因为其调制解调实现简单，曾经成为人们获取信息的重要方式，早期人们可以利用非常容易找到的材料自制 AM 收音机，如图4-3所示。

调幅是使高频载波信号的振幅随调制信号的瞬时变化而变化。也就是说，通过用调制信号来改变高频信号的幅度大小，使得调制信号的信息包含入高频信号之中，通过天线把高频信号发射出去，然后就把调制信号也传播出去了。这时候在接收端可以把调制信号解调出来，也就是把高频信号的幅度解读出来就可以得到调制信号了。

幅度调制是指：用信号 $f(t)$ 叠加一个直流分量后去控制载波 $C(t)$ 的振幅，使已调信号的包络按照 $f(t)$ 的规律线性变化，又称为调幅（AM）。

（1）幅度调制信号的表示方法

幅度调制信号的时间波形可用下式表示

$$S_{AM}(t) = [A_0 + f(t)]\cos\omega_c t \tag{4-1}$$

式（4-1）中，A_0 为外加的直流分量，如果 $A_0 \geqslant |f(t)|_{max}$，则称该调制为常规双边带调制。如果 $A_0 = 0$，则称该调制为抑制载波双边带调制，简称 DSB。

加直流分量的原因主要是方便接收端解调，否则就会在包络检波解调时出现失真，解调原理会在后面详细讲解。

图4-3　自制简易矿石收音机

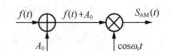

图4-4　常规幅度调制信号 AM 的产生模型

产生常规幅度调制信号的模型如图 4-4 所示，$f(t)$ 为基带信号，A_0 表示外加直流分量，$\cos \omega_c t$ 为载波。$f(t)$ 通过加法元件和直流 A_0 加在一起，相加后的信号又通过乘法元件相乘后就得到 AM 调制信号 $S_{AM}(t)$。

AM 调制过程可以通过图 4-5 表示出来，基带信号 $f(t)$ 是一个频率较低的随机信号，图 4-5 中的 $f(t)$ 是示意波形，实际的基带信号波形是任意形式的。$A_0 + f(t)$ 是在 $f(t)$ 的基础上电平提高了 A_0，要求 $A_0 + f(t)$ 的任意一点的值都大于 0。$\cos \omega_c t$ 是高频载波，和 $A_0 + f(t)$ 相乘后就得到 AM 调制信号 $S_{AM}(t)$。

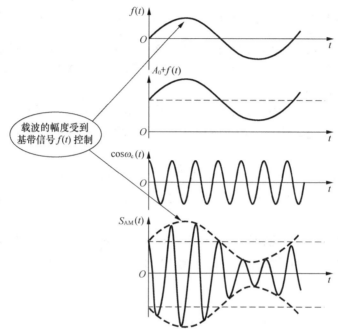

图 4-5　常规幅度调制信号波形

图 4-5 $S_{AM}(t)$ 波形图中实线表示已调信号，将其各个极值点连结在一起得到的曲线即信号的包络，已调信号 $S_{AM}(t)$ 的包络和原信号 $f(t)$ 是相似的，这说明 AM 调制信号中，包络携带了原始信号的信息。

我们定义 $m = \dfrac{|f(t)|_{max}}{A_0}$（$0 \leqslant m \leqslant 1$）为调幅指数。当出现过调制时，$m$ 值大于 1，将出现过调制现象，这时 AM 信号的包络不能反映 $f(t)$ 的变化规律，出现严重的失真。

如果调幅指数 m 值大于 1，就会出现过调制，如图 4-6（c）所示，调制信号的包络出现失真，这时使用包络检波器解调，解调后信号和原信号会不同。

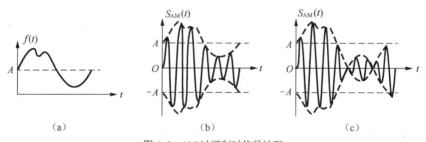

图 4-6　AM 过调制时信号波形

（2）AM 信号的频谱及带宽

前面看到的信号主要是从信号随时间变化的视角进行的描述，即信号的时域 $f(t)$ 表示；在通信技术中，信号的传输特性与其频率成分相关，因此，人们引入信号的频域表示，即从频率成分视角表示信号的变化，通常可用 $S(\omega)$ 或 $S(f)$ 来表示频谱。

AM 调制信号时域表达式为 $S_{\text{AM}}(t) = [A_0 + f(t)]\cos\omega_{\text{c}}t$ ，通过傅里叶变换，可以得到对应的频谱函数 $S_{\text{AM}}(\omega)$ 为

$$S_{\text{AM}}(\omega) = \pi A_0[\delta(\omega + \omega_{\text{c}}) + \delta(\omega - \omega_{\text{c}})] + \frac{1}{2}[F(\omega + \omega_{\text{c}}) + F(\omega - \omega_{\text{c}})] \qquad (4\text{-}2)$$

由式（4-2）可以画出调制前后的频谱，如图 4-7 所示。常规幅度调制信号的频谱 $S_{\text{AM}}(\omega)$ 中包括有位于 $\omega = \omega_{\text{c}}$ 和 $\omega = -\omega_{\text{c}}$ 处的载波频率，以及位于它们两旁的边频分量 $F(\omega - \omega_{\text{c}})$ （正频域）及 $F(\omega + \omega_{\text{c}})$ （负频域）。

由图 4-7 可看出，常规幅度调制信号的频谱 $S_{\text{AM}}(\omega)$ 是调制信号频谱 $F(\omega)$ 的线性搬移，调制的作用在这里是将基带信号频谱 $F(\omega)$ 搬移到载波频率 ω_{c} 和 $-\omega_{\text{c}}$ 的位置上，因而，AM 是一种线性调制方式。

$F(\omega)$ 的正频谱部分经搬移后称为上边带（USB，Upper Sideband），如图 4-7 中阴影部分，负频谱部分经搬移后称为下边带（LSB，Lower Sideband）。显然，当 $f(t)$ 为实信号时，上下边带是完全对称的。

此外，由图 4-7 还可以看出，若调制信号的频谱 $F(\omega)$ 最高角频率为 ω_{m} ，则已调信号的频谱 $S_{\text{AM}}(\omega)$ 的带宽扩展为了 $2\omega_{\text{m}}$ ，因而常规幅度调制信号的带宽为

$$B = 2f_{\text{m}} \text{（Hz）} \qquad (4\text{-}3)$$

式（4-3）中，$f_{\text{m}} = \omega_{\text{m}} / 2\pi$ 为 $F(\omega)$ 的最高频率。

（3）AM 信号的解调方式

AM 信号的解调可采用同步解调及包络解调两种方式。

① 相干解调也称为同步解调。

相干解调器由乘法器和低通滤波器组成，解调模型如图 4-8 所示。在这种解调方式中，接收端必须提供一个与发送端载波信号具有相同频率和相同相位的本地载波振荡信号，称之为相干载波。

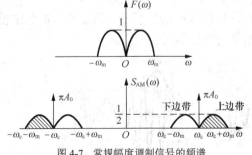

图 4-7　常规幅度调制信号的频谱

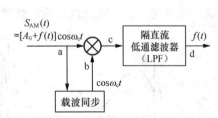

图 4-8　AM 信号相干解调模型

图 4-8 中，$\cos\omega_{\text{c}}t$ 为接收端产生的相干载波，它与发送端的载波信号是同频同相的。

LPF（Low Pass Filter）是指低通滤波器，其功能是：如果有信号输入到低通滤波器，低通滤波器会将输入信号中高频成分过滤掉，低频成分则可以无失真地输出。

常用的滤波器除低通滤波器之外，还有高通滤波器 HPF（Low Pass Filter）和带通滤波器 BPF（Low Pass Filter）。高通滤波器 HPF 的功能是滤掉信号中的低频成分，保留信号中高频成分；带通滤波器 BPF 的功能是只让信号中一定带宽内的频率成分通过。

从图 4-8 可以得到此 c 点的信号为

$$S_c(t) = S_{AM}(t)\cos\omega_c t = [A_0 + f(t)]\cos^2\omega_c t = \frac{1}{2}[A_0 + f(t)](1 + \cos 2\omega_c t) \qquad (4-4)$$

分析式（4-4）可知，它由两部分组成：$\frac{1}{2}[A_0 + f(t)]$ 及 $\frac{1}{2}[A_0 + f(t)]\cos 2\omega_c t$。第一部分为基带信号，能顺利通过低通滤波器，去除其中的直流分量 A_0 后（通过隔直电路），即为我们需要的调制信号 $f(t)$；第二部分是载波频率为 $2\omega_c$ 的常规幅度调制信号，通过低通滤波器后将被滤除。

② AM 信号的解调还可以采用非相干解调方法，即包络解调。

包络解调可由包络检波器来完成，其电路结构及其输入、输出波形如图 4-9 所示。由图可见，包络检波器是利用电容的充、放电原理来实现解调过程的，因此包络检波器的输出会出现频率为 ω_0 的波纹，需用低通滤波器加以平滑。包络检波器的最大优点是电路简单，同时不需要提取相干载波，因而，它是 AM 调制方式中最常用的解调方法。在抗噪声的能力上，AM 信号包络解调法不如相干解调法。

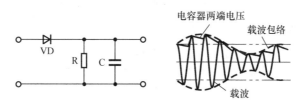

图 4-9　包络检波电路与波形

包络检波器的工作原理：当有 AM 信号输入到如图 4-9 所示的检波电路时，电路中电容会随输入信号幅度变化而充放电，电容上的电压正好和 AM 信号的包络相似，也就是说电路的输出近似为原基带信号。包络检波器的工作过程：当输入信号电压为正值且高于电容上的电压时，信号通过二极管 VD 为电容充电，二极管的导通电阻很小，所以充电速度快，电容上的电压很快可以达到信号的峰值。当信号从峰值下降时，信号电压低于电容上的电压，二极管 D 不导通，电容只能通过电阻 R 放电，电阻 R 阻值较大，所以电容上的电压下降较慢，到信号下一次达到峰值电容充电时，电容上电压很快又会和输入信号峰值的电压相同，可以看出电容上的电压总是和 AM 信号的峰值相同，而 AM 信号的峰值点即包络波形就是原始信号。RC 的取值要合理，能够和 AM 调制信号的包络变换相适应。

（4）AM 信号的功率分布和调制效率

在通信原理中，定义信号功率为：用该信号 $f(t)$ 在 1Ω 电阻上的平均功率表示，等于信号的均方值（对时域表达式先平方后，再求其平均值）。

例如：$f(t)$ 信号的功率 $P_f = \overline{f^2(t)}$，$f^2(t)$ 上的横线代表求统计平均，可以用 E 代替。

对于常规幅度调制 AM 调制信号，$S_{AM}(t)=[A_0 + f(t)]\cos\omega c t$，根据信号功率的定义，

$$P_{AM} = \overline{S_{AM}^2(t)}$$

$$= \overline{[A_0 + f(t)]^2 \cos^2 \omega_c t}$$

$$= \frac{1}{2} E\{[A_0^2 + f^2(t) + 2A_0 f(t)](1 + \cos 2\omega_c t)\}$$

$$= \frac{1}{2} E\{A_0^2 + f^2(t) + 2A_0 f(t) + A_0^2 \cdot \cos 2\omega_c t + f^2(t) \cdot \cos 2\omega_c t + 2A_0 \cdot f(t) \cdot \cos 2\omega_c t\} \quad (4\text{-}5)$$

常数的均值还是常数本身，即 $E\{A_0^2\} = \overline{A_0^2} = A_0^2$

$\cos\omega ct$ 的均值为零，即 $E\{\cos \omega_c t\} = \overline{\cos \omega_c t} = 0$

我们假设信号 $f(t)$ 正值部分和负值部分相当，$f(t)$ 的均值也为零：$E\{f(t)\} = \overline{f(t)} = 0$

当两个函数独立时，两个函数积的均值等于两个函数均值的积 $E\{A_0 \cdot f(t)\} = \overline{A_0 \cdot f(t)} = A_0 \cdot 0$

化简式（4-5）得

$$P_{AM} = \frac{1}{2}[A_0^2 + \overline{f^2(t)}] \quad (4\text{-}6)$$

式（4-6）中的 $\frac{1}{2}\overline{f^2(t)}$ 是有用功率，它包含原始信号中有用信息，我们把 $P_{fB} = \frac{1}{2}\overline{f^2(t)}$ 称为边带功率。

为了表征 AM 信号的功率利用程度，我们将 AM 信号的边带功率 P_{fB} 与平均功率 P_{AM} 之比定义为 AM 信号的调制效率，即

$$\eta_{AM} = \frac{P_{fB}}{P_{AM}} = \frac{\frac{1}{2}\overline{f^2(t)}}{\frac{1}{2}[A_0^2 + \overline{f^2(t)}]} = \frac{\overline{f^2(t)}}{A_0^2 + \overline{f^2(t)}} \quad (4\text{-}7)$$

当 $f(t)$ 为单频信号，即 $f(t)=A_m\cos\omega_m t$，调幅指数等于 1 时，调制效率有最大值

$$\eta_{AM} = \frac{1}{3} \approx 33\%$$

在实际的通信系统（如 AM 广播）中，调幅指数的取值远小于 1，约为 0.3，此时 $\eta_{AM} = 0.043 = 4.3\%$。可见，AM 信号的调制效率是非常低的，大部分发射功率消耗在不携带信息的载波上了。但由于载波的存在，使得 AM 信号的解调可以采用电路简单的包络检波器来完成，从而降低了接收机的造价，这对于拥有广大用户的广播系统来说，这样的功率消耗是非常值得的。因此，AM 调制方式目前还广泛应用于地面的无线广播系统中。

4.1.2 幅度调制与解调仿真

本节将利用 SystemView 软件仿真幅度调制的调制解调过程。

1. 仿真建模

打开 SystemView 程序，进入 SystemView 设计窗口，在该系统中需要的图标有 3 个正弦波信号图标、3 个相加器图标、2 个相乘器图标、1 个产生直流电压图标、2 个载波信号图标、2 个滤波器图标、1 个加入高斯噪声图标、6 个信号接收器图标，连接信号接收器图标

可以方便观察需要的波形。在这里为了说明 AM 系统调制和 DSB 系统调制解调过程中的波形变化，分别在调制信号、已调信号、接收信号、带通滤波后的信号、解调相乘后的信号、解调输出信号上加了一个信号接收器。然后将这些图标按照原理框图进行连接构建仿真模型，此仿真模型能演示 AM／DSB 调制解调过程。仿真模型如图 4-10 所示。

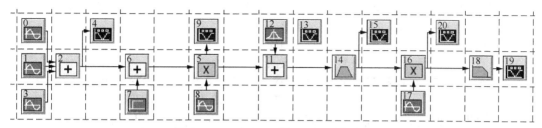

图 4-10　AM／DSB 调制解调原理仿真模型

在进行波形仿真前，我们要先进行系统参数的设置，其中图符 0、1、3 是三个幅度分别为 0.5V、0.4V 和 0.3V，频率分别为 10Hz、6Hz 和 2Hz 的正弦波产生器，三个正弦波通过图符 2 这个相加器相加，仿真调制信号，此调制信号的均值为 0。图符 6 是相加器，图符 7 产生一个直流电压，通过这两个图符，在调制信号中加入直流电压。图符 8 产生频率为 100Hz、幅度为 1V 的正弦载波信号，图符 5 是相乘器。图符 6、7、5、8 联合完成 AM／DSB 调制，产生 AM／DSB 调制信号。当图符 7 的幅度值设置为 0 时产生 DSB 调制信号，幅度值设置值大于调制信号的最大幅度时为 AM 调制。

图符 11 和图符 12 仿真加性高斯噪声信道。图符 14 是解调输入端的带通滤波器，它让信号通过的同时尽可能地滤除噪声，带通滤波器输出的信号在图符 16 中与图符 17 产生的本地相干载波相乘，最后经图符 18 这个低通滤波器滤波输出解调信号。

2．仿真演示

单击工具栏上的时钟图标，设置样点数（No．of Samples）为 1280，取样速度（Sample Rate）为 1000Hz。

（1）AM 调制波形

通过改变 AM 调制器中加入的直流电压的大小来演示不同调幅系数时的 AM 调制波形。用鼠标双击图符 7，进入 SystemView 信源库，单击参数（Parameter）按钮，将幅度设置为 2.5V。单击系统运行按钮，得到调制信号和调制系数较小时的已调信号波形图，如图 4-11 所示。

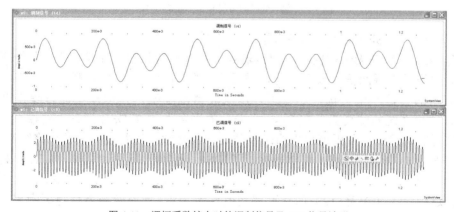

图 4-11　调幅系数较大时的调制信号及 AM 信号波形

重新设置图符 7 的幅度参数，将幅度参数改为 1.5V 以增大调幅系数。运行系统，得到调制信号和已调信号的波形如图 4-12 所示。

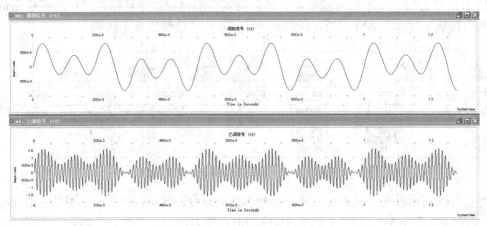

图 4-12　调幅系数较小时调制信号及 AM 信号波形

再将图符 7 的幅度参数设置为 0.86V，运行系统，满调幅时的调制信号及 AM 信号波形如图 4-13 所示。

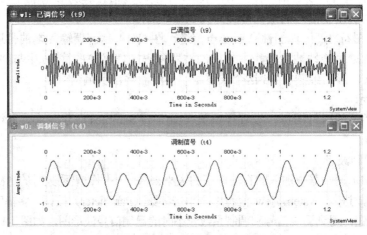

图 4-13　满调幅时的调制信号及 AM 信号波形

（2）双边带（DSB）调制与解调过程

DSB 通信系统在无干扰的信道中传输是一种理想的状态，在没有干扰的情况下，调制解调后的信号与调制信号波形一样，但是在实际的信道传输中，噪声是存在的，而噪声将对信道的传输产生干扰，尽管可以用滤波器滤除噪声，但却不能将噪声彻底消除掉。DSB 通信系统的仿真就是在 SystemView 的平台上建立 DSB 通信系统模型，然后进行参数设置等，然后在分析窗口中为所要仿真的信号波形进行观察。首先将图符 7 的幅度参数设置为 0，此时的 AM 调制器就成了 DSB 调制器。运行系统，得 DSB 调制波形如图 4-14 所示。

将信道中噪声（图符 12）的标准偏差值设为 0V，此时意味着信道无噪声，且带宽无限宽。运行系统，观察 DSB 调制解调过程中的各点波形，可以发现解调器输出的波形和调制波形是一样的，调制波形、解调相乘后的波形和最终解调器的输出波形如图 4-15 所示。

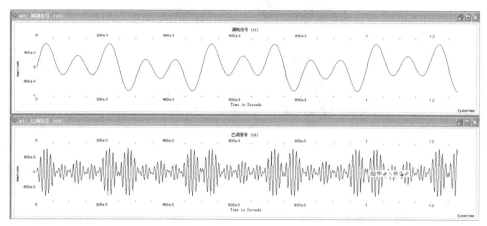

图 4-14　调制信号及 DSB 信号波形

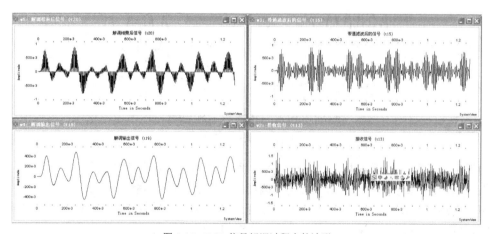

图 4-15　DSB 信号解调过程中的波形

4.1.3　角度调制与解调

人们平时所熟知的调频 FM 是另一种模拟调制方式，它的特点是频带宽，质量好，应用于音乐广播收听、第一代移动通信及对讲机通信，如图 4-16 所示。

角度调制分为频率调制和相位调制，它们是通过改变正弦载波的频率或相位来实现的。即载波的幅度保持不变，而载波的频率或相位随基带信号 $f(t)$ 而变化。因为频率或相位的变化都可以看成是载波角度的变化，故这种调制又称为角度调制，其波形特点如图 4-17 所示。

与幅度调制（线性调制）系统不同，角度调制中已调信号的频谱与调制信号的频谱之间不存在线性对应关系，而是产生出与频谱搬移过程不同的新的频率分量，呈现出非线性变换的特征，故角度调制又称为非线性调制。

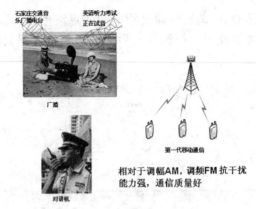

图 4-16　FM（调频）技术应用情境图

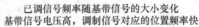

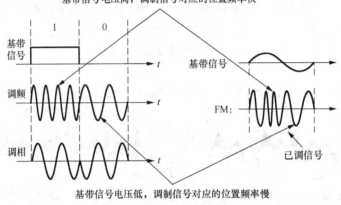

图 4-17　FM（调频）信号示意图

　　由于正弦信号的频率和相位是积分关系，所以调频与调相并无本质区别，两者之间可相互转换。在实际系统中，由于 FM 系统的抗噪声性能优于 PM 系统，因此在质量要求高或信道噪声大的通信系统（如调频广播、电视伴音、空间通信、移动通信及模拟微波中继通信系统）中，频率调制应用更为广泛，本节重点分析频率调制的原理。

　　（1）FM 信号时域表达式

　　频率调制（FM，Frequency Modulation）是已调信号的瞬时角频率受调制信号的控制。频率调制 FM 信号的一般表达式为

$$S_{\text{FM}}(t) = A\cos\left[\omega_c t + K_{\text{FM}} \int_{-\infty}^{t} f(\tau)\mathrm{d}\tau\right]$$

　　当基带信号 $f(t)$ 为单频信号，$f(t) = A_m \cos\omega_m t$ 时，可得此时的调频信号为

$$S_{\text{FM}}(t) = A\cos\left[\omega_c t + K_{\text{FM}} \int_{-\infty}^{t} A_m \cos\omega_m \tau \mathrm{d}\tau\right]$$

$$= A\cos[\omega_c t + \beta_{\text{FM}} \sin\omega_m t]$$

　　式中，$\beta_{\text{FM}} = K_{\text{FM}} A_m / \omega_m$ 为调频指数，一般来说调频指数越大，调频的抗干扰能力越强，通

信质量越好，同时需要占用的带宽就越大。

（2）FM 信号的频谱及带宽

现在我们分析一下频率调制信号的频谱和带宽，为了简化分析过程，假设信号为单音正弦信号，通过简化分析，我们可以得到调频信号的频谱密度函数为

$$S_{FM}(\omega) = \pi A \sum_{n=-\infty}^{\infty} J_n(\beta_{FM}) \left[\delta(\omega - \omega_0 - n\omega_m) + \delta(\omega + \omega_0 + n\omega_m) \right] \qquad (4\text{-}8)$$

图 4-18 所示为 $\beta_{FM} = 5$ 时简谐信号调制的调频波频谱结构示意图。

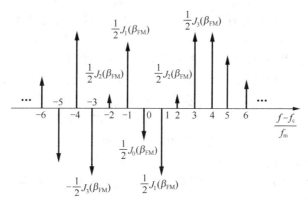

图 4-18 单频信号调制时调频波的频谱结构

从理论上说，FM 波具有无穷多个边频分量，频带为无穷宽。因此，无失真地传输 FM 信号，系统带宽应该无穷宽。但这在实际上是做不到的，也没有必要。下面我们将从工程的观点出发，找出 FM 信号的有效频带宽度。

当 $n > \beta_{FM} + 1$ 时，$J_n(\beta_{FM}) \approx 0$。因此，当计算 FM 波的边频分量时，只需考虑 $(\beta_{FM} + 1)$ 个边频就可以了。这样 FM 信号的有效频带宽度 B_{FM} 就为

$$B_{FM} = 2(\beta_{FM} + 1)f_m = 2(\Delta f_{max} + f_m) \text{（Hz）} \qquad (4\text{-}9)$$

上式（4-9）就是著名的计算调频信号带宽的卡森公式。式中，f_m 为简谐基带信号的频率，$\Delta f_{max} = 2\beta_{FM} f_m$ 为最大频率偏移。

由此看出，调频 FM 的带宽比 AM 大很多倍，FM 通信品质的提升是以占用跟多的带宽换来的。

【例 4-1】 已知某调频波 $S(t) = 20\cos[2 \times 10^8 \pi t + 8\cos 4000\pi t]$，试确定已调信号调制指数、最大频偏和信号带宽。

基带信号为单频时，FM 信号一般形式： $= A\cos[\omega_0 t + \beta_{FM} \sin \omega_m t]$

与本题 FM 信号表达式：$S(t) = 20\cos[2 \times 10^8 \pi t + 8\cos 4000\pi t]$ 对照

调频指数：$\beta_{FM} = 8$

基带信号带宽：$f_m = 2000 \text{ Hz}$

FM 信号频偏：$\Delta f_{max} = \beta_{FM} \times f_H = 8 \times 2 \times 10^3 = 16 \text{kHz}$

FM 信号带宽：$B = 2(\Delta f + f_m) = 2(\beta_{FM} + 1) \times f_m = 2 \times 9 \times 2 \times 10^3 = 36\text{kHz}$

（3）频率调制 FM 的调制、解调的实现

产生调频波的方法通常有两种：直接法和间接法。

直接法就是用调制信号直接控制振荡器的频率，使其按调制信号的规律线性变化。

振荡频率由外部电压控制的振荡器叫做压控振荡器（VCO）。每个压控振荡器自身就是一个 FM 调制器，因为它的振荡频率正比于输入控制电压，即

$$\omega(t) = \omega c + K_{FM} f(t)$$

若用调制信号做控制信号，就能产生 FM 波。

控制 VCO 振荡频率的常用方法是改变振荡器谐振回路的电抗元件 L 或 C。L 或 C 可控的元件有电抗管、变容管。变容管由于电路简单，性能良好，目前在调频器中广泛使用。

直接法的主要优点是在实现线性调频的要求下，可以获得较大的频偏。缺点是频率稳定度不高。因此往往需要采用自动频率控制系统来稳定中心频率。

采用如图 4-19 所示的锁相环（PLL）调制器，也可以获得高质量的 FM 或 PM 信号。其载频稳定度很高，可以达到晶体振荡器的频率稳定度。它由鉴相器（PD）、环路滤波器（LF）和压控振荡器（VCO）组成。PLL 是一个能够跟踪输入信号相位的闭环自动控制系统，它既可以用于 FM 信号调制，还可以用来解调 FM 信号，由于 PLL 具有引人注目的特性，如载波跟踪特性、调制跟踪特性和低门限特性，有许多锁相环 PLL 集成电路可供使用，因而使得它在无线电通信的各个领域得到了广泛的应用。锁相环（PLL）的工作原理本书后面的章节中详细研究。

间接调频法又称为阿姆斯特朗（Armstrong）法，间接调频法调制器结构如图 4-20 所示，它不是直接用基带信号去改变载波振荡的频率，而是先将基带信号进行积分，然后去实施窄带调相，从而间接得到窄带调频信号。再对窄带调频信号倍频得到宽带调频信号。倍频通常借助于倍频器完成，倍频器可用非线性器件实现。

图 4-19　直接法调频　　　　　　　　图 4-20　间接调频法

间接法的优点是频率稳定度好。缺点是需要多次倍频和混频，因此电路较复杂。

调频信号的解调有相干解调和非相干解调两种。相干解调仅适用于窄带调频信号，且需同步信号；而非相干解调适用于窄带和宽带调频信号，而且不需同步信号，因而是 FM 系统的主要解调方式。由于调频信号的瞬时频率正比于调制信号的幅度，因而调频信号的解调器必须能产生正比于输入频率的输出电压，最简单的解调器是具有频率-电压转换特性的鉴频器。图 4-21 所示为理想鉴频特性和鉴频器的方框图。

理想鉴频器可看成是带微分器的包络检波器，调频信号通过频率快慢携带着原始信号的信息。解调时，FM 信号输入到鉴频器，由于鉴频器的特性，输出时对不同频率的信号放大幅度不同，这样 FM 信号频率的快慢转化成为幅度的大小，再通过包络检波得到信号的包络，而这个包络就是原始信息。此外，利用 PLL 也可以解调 FM 信号。

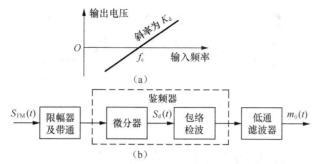

图 4-21　理想鉴频特性和鉴频器的方框图

4.2 数字调制与解调

　　在第 4 章第 1 节我们已经了解了模拟信号的各种调制解调方式，并完成了把低频信号"搬移"到高频处或指定频段（为了频分复用或无线电发射）的任务（解调则完成相反的操作）。同样的概念依然适用于对数字信号的处理。在数字信号的远距离传输中，数字基带信号不能直接通过带通信道传输，需将数字基带信号变换成数字频带信号。

　　基带信号指基本的、固有的信号，即数字终端设备发往信道的"0"、"1"信号，这些"0"、"1"信号是频带分布在低频段、未经调制的信号。频带信号指分布于某段频带的信号（也可称为带通信号），这段频带应该大于或等于要传输的信号的信道的带宽（这样信号才能畅通无阻地在信道中传输），所以频带信号指经过调制后的信号，频带传输指数字基带信号经调制后在信道中传输。

　　这就好比一个人要去某地，如果要去的地方离出发的地方很近，步行就可以到达，这就是基带传输，不改变人（即基带传输系统的信号）的形式（如图 4-22（a）所示）；如果要去的地方离出发的地方较远，步行就很难到达了，只能借助某种交通工具，如飞机、火车、汽车、自行车等交通工具，其实，人乘坐交通工具去某地，就是频带传输系统的调制技术，交通工具就是频带传输系统的载波，选用不同的交通工具则是采用不同的调制技术，根据实际需要采用不同的交通工具，在频带传输系统中则根据实际需要采用不同的调制技术（如图 4-22（b）所示）。到达目的地后，人要从交通工具上走下来并去往每个人自己要去的地方，这就是解调技术。采用某种调制技术，接收端就要采用相应的解调技术，最终把信号从载波上解调出来。因此近距离传输一般采用基带传输（好比人的步行），远距离传输一般采用频带传输（好比人乘坐交通工具出行）。

　　在远距离传输过程中，通信系统用到的"交通工具"就是正弦信号，因为正弦信号有幅度、频率和相位三个参数，所以可以用数字基带信号去控制高频载波的幅度、频率或相位，称为数字调制。相应的传输方式称为数字信号的调制传输、载波传输或频带传输。数字调制完成基带信号功率谱的搬移（"搬上"），接收端从已调高频载波上将数字基带信号恢复出来（"搬下"），称为数字解调。也就是说，低通型信道采用数字信号的基带传输，带通型信道采用数字信号的调制传输。

（a）基带传输   （b）频带传输

图 4-22　基带传输（"步行"）和频带传输（"乘坐交通工具"）

模拟调制的过程，载波参数连续变化；数字调制的过程，载波参数离散变化，所以数字调制也称键控。考虑到载波信号（一般采用正余弦信号）有幅度、频率和相位三个参数，数字调制方式主要有三种：幅度调制，称为幅度键控（也称幅移键控），记为 ASK（Amplitude Shift Keying）；频率调制，称为频率键控（也称频移键控），记为 FSK（Frequency Shift Keying）；相位调制，称为相位键控（也称相移键控），记为 PSK（Phase Shift Keying）。而这三种方式在模拟调制时分别称为幅度调制（AM）、频率调制（FM）和相位调制（PM）。

所谓"键控"是指一种如同"开关"控制的调制方式。比如对于二进制数字信号，由于调制信号只有两个状态，调制后的载波参量也只能具有两个取值，其调制过程就像用调制信号去控制一个开关，从两个具有不同参量的载波中选择相应的载波输出，从而形成已调信号。"键控"就是这种数字调制方式的形象描述。

二进制是数字调制最简单的情况，它改变载波的幅度、频率、相位只有两种状态。2ASK、2FSK、2PSK 的波形如图 4-23 所示。

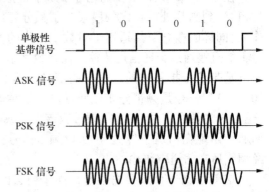

图 4-23　2ASK、2FSK、2PSK 波形

调制就好比人乘坐交通工具：

"人"是基带信号；

"交通工具"是载波信号；

"乘坐交通工具的人"是已调信号。

归　　纳

第 4 章第 2 节主要介绍 2ASK、2FSK、2PSK（含 2DPSK）的调制、带宽和解调。

4.2.1　二进制幅度调制 2ASK 及仿真

幅度键控 ASK，即用基带信号控制载波的幅度。

4.2.1.1　2ASK 信号的调制

2ASK 用二进制数字基带信号控制载波的幅度，二进制数字序列只有"1"、"0"两种状态，因此调制后的载波也只有两种状态：有载波输出传送"1"，无载波输出传送"0"。如图 4-24 所示，假定调制信号是单极性非归零的二进制序列，发"1"码时，输出载波 $A\cos\omega_c t$；发"0"码时，无输出。

2ASK 具体实现及各点波形如图 4-24 所示。

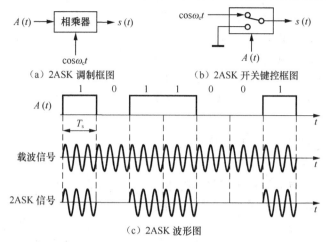

（a）2ASK 调制框图　　　　（b）2ASK 开关键控框图

（c）2ASK 波形图

图 4-24　2ASK 具体实现及波形图

图 4-24 中，(a)是 2ASK 模拟调制框图，乘法器完成调制功能，其已调信号（相乘器）输出信号 $s(t)$ 表达式如式（4-10）所示。

$$s(t) = A(t)\cos(\omega_c t + \theta) \tag{4-10}$$

图 4-24 中，(c)是 2ASK 已调信号波形图，发"1"码时，有信号即载波信号，发"0"码时无信号，实现了幅度调制。对于 2ASK 来说，就是用基带信号（"0"或"1"）控制载波的幅度。传"0"信号时，0 电平与载波相乘，结果为 0；传"1"信号时，高电平与载波相乘，结果为载波本身（幅度可能会增大或减小）。

2ASK 形象比喻如图 4-25 所示。图中，"1"码的已调信号即为载波信号，这里的载波就是汽车；"0"信号的已调信号为 0 电平。

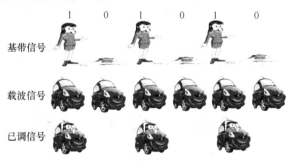

图 4-25　2ASK 调制示例

4.2.1.2　2ASK 信号的带宽

带宽就好像人或者交通工具的速度，人步行的速度是有限的，人要去比较远的地方，就要借助于交通工具（调制、解调），而交通工具的速度就是已调信号的带宽，即人乘坐交通工具后，人的速度就是交通工具的速度，比如乘坐汽车就可以在高速公路上行驶，乘坐飞机就可以在太空行驶，带宽（也就是"速度"）自然就增大了。

若二进制序列的功率谱密度为 $P_B(f)$，2ASK 信号的功率谱密度为 $P_{ASK}(f)$，则有

$$P_{ASK}(f) = \frac{1}{4}[P_B(f+f_c) + P_B(f-f_c)] \tag{4-11}$$

由式（4-11）可知，2ASK 信号的功率谱是基带信号功率谱的线性搬移（线性搬移即没有新的频率成分出现，仅仅是原有频谱的左右平移），所以 2ASK 调制为线性调制，其频谱宽度是二进制基带信号的两倍，也即带宽为 f_s 的基带信号调制后带宽变成了 $2f_s$。图 4-26 给出了 2ASK 信号的功率谱示意图。

由于基带信号是矩形波，其频谱宽度从理论上来说为无穷大，以载波 f_c 为中心频率，在功率谱密度的第一对过零点之间集中了信号的主要功率，因此，通常取第一对过零点的带宽作为传输带宽，称之为谱零点带宽。

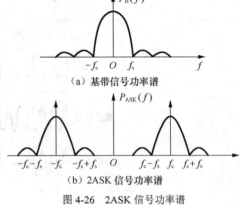

(a) 基带信号功率谱

(b) 2ASK 信号功率谱

图 4-26　2ASK 信号功率谱

2ASK 信号带宽

$$B = 2f_s = \frac{2}{T_s} \tag{4-12}$$

式（4-12）中，f_s 是基带脉冲的速率，T_s 是基带脉冲周期。f_s 为基带信号的谱零点带宽，在数量上与基带信号的码元速率 f_s 相同，这说明 2ASK 信号的传输带宽是码元速率的 2 倍。

 带宽就好比运动速度：
"人"的步行速度较低，固有频带（即基带）带宽低；
乘坐"交通工具"后，运动速度就是交通工具的行驶速度，频带带宽也就提高了。

归　纳

4.2.1.3　2ASK 信号的解调

解调指的是接收端把信号从载波上恢复下来，即把乘坐交通工具的人从交通工具上接收下来。

在图 4-27 中，"1"信号的已调信号即为载波信号，"0"信号的已调信号为 0 电平。在接收端，如果收到的是汽车（载波），则恢复为"1"，如果收到的是 0 电平（无载波），则恢复为"0"。

图 4-27　2ASK 解调示例

对于 2ASK 调制方式，用到的解调方式有两种：相干解调和非相干解调。

1. 相干解调

相干解调也称为同步检测法，指的是在接收端用和发送端同频同相的载波信号与信道中接收的已调信号相乘，实现 2ASK 频谱的再次搬移，使数字调制信号的频谱搬回到零频附近。2ASK 相干解调框图如图 4-28 所示。

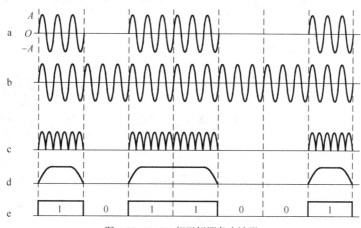

图 4-28　2ASK 相干解调框图

2ASK 相干解调各点波形如图 4-29 所示。

图 4-29　2ASK 相干解调各点波形

（1）带通滤波器 BPF

BPF 取出已调信号，滤除接收信号频带以外的噪声干扰，即抑制带外频谱分量，保证信号完整地通过。

（2）乘法器

乘法器实现 2ASK 频谱的再次搬移，使数字调制信号的频谱搬回到零频附近。

（3）低通滤波器 LPF

LPF 去除乘法器产生的高频分量，滤出数字调制信号。

（4）采样判决

由于噪声及信道特性的影响，LPF 输出的数字信号是不标准的，通过对信号再采样，利用判决器对采样值进行判决，便可以恢复原"1"、"0"数字序列。

判决准则：大于判决门限判为"1"，否则判为"0"。

相干解调的优点是稳定，有利于位定时的提取。但是必须保证本地载波要与发送载波同频同相，以确保数据的正确解调，这在实际应用中较难实现。

2．非相干解调

将一段时间长度的高频信号的峰值点连线，就可以得到上方（正的）一条线和下方（负的）一条线，这两条线就叫包络线。包络线就是反映高频信号幅度变化的曲线。包络线示意图如图 4-30 所示。

当用一个低频信号对一个高频信号进行幅度调制（即调幅）时，低频信号就成了高频信号的包络线。这就是我们讲的幅度调制信号。

从幅度调制信号中将低频信号解调出来的过程，就叫做包络检波。也就是说，包络检波是幅度检波，是一种非相干解调，即不需要和发送端同频同相的本地载波。

利用包络检波器实现非相干解调框图如图 4-31 所示，LPF 滤除包络信号中的高频成分，平滑包络信号。可以看出，非相干解调较容易实现。

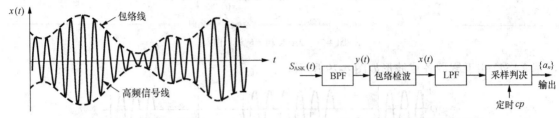

图 4-30　包络线示意图　　　　图 4-31　2ASK 非相干解调框图

2ASK 非相干解调各点波形如图 4-32 所示。

（1）带通滤波器 BPF

BPF 取出已调信号，即抑制带外频谱分量，保证信号完整地通过。

（2）包络检波

包络检波从 2ASK 信号中将低频信号解调出来。

（3）低通滤波器 LPF

LPF 去除乘法器产生的高频分量，滤出数字调制信号。

（4）采样判决

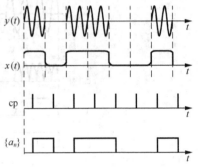

图 4-32　2ASK 非相干解调各点波形图

由于噪声及信道特性的影响，LPF 输出的数字信号是不标准的，通过采样判决恢复原"1"、"0"数字序列。

2ASK 信号早期用于无线电报，由于抗噪声性能差现在已较少使用，但 2ASK 信号是其他数字调制的基础。

4.2.1.4　2ASK 系统仿真

由于 2ASK 系统解调有相干解调和非相干解调两种，所以 2ASK 系统仿真也相应地分为相干解调和非相干解调两种方式进行介绍。

1．2ASK 相干解调

（1）2ASK 相干解调仿真模型图

2ASK 相干解调仿真模型图如图 4-33 所示，系统采样频率设为 2000Hz。

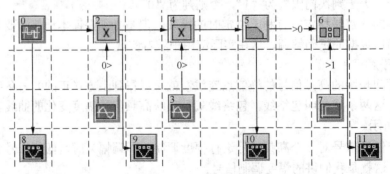

图 4-33　2ASK 相干解调仿真模型

该模型中，调制部分由图符 0、1、2、8、9 组成，解调部分由图符 3、4、5、10 组成，判决再生部分由图符 6、7、11 组成。

2ASK 相干解调仿真模型中各图符参数设置如表 4-1 所示。

表 4-1   2ASK 相干解调仿真模型中各图符参数配置表

图符编号	库/名称	参　数
0	Source/PN Seq	Amp=0.5V，Offset=0.5，Rate=50Hz，Phase=0deg，No levels=2
1、3	Source/Sinusoid	Amp=1V, Freq=150Hz, Phase=0deg
5	Operator/Liner Sys Filters/Analog/Lowpass	Low Cuttoff=55Hz
6	Operator/Logic/Compare	Select Comparison=a>=b, True Output=1, False Output=0
7	Source/Aperiodic/Step Fct	Amplitude=0.25V, Start Time=0, Offset=0V

（2）观察并分析 2ASK 相干解调仿真模型图中各示波器的波形

2ASK 相干解调各点波形如图 4-34 所示。

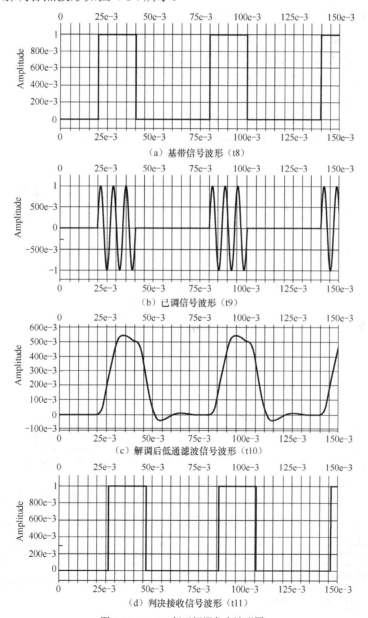

（a）基带信号波形（t8）

（b）已调信号波形（t9）

（c）解调后低通滤波信号波形（t10）

（d）判决接收信号波形（t11）

图 4-34　2ASK 相干解调各点波形图

图 4-34 中各点波形分析如下。

（a）图符 8 观察的波形

图符 8 观察的是输入的二进制基带波形，输入的基带信号是二进制单极性伪随机码（即 PN 序列），可看出输入的序列为"01001001"。

（b）图符 9 观察的波形

图符 9 观察的是 2ASK 已调信号波形。

可以看出 2ASK 调制的结果，当发送的基带的码元为"1"时有载波进行调制，为"0"时则没有，相应输出的调制信号为"0"，因为 2ASK 是单极性码。

（c）图符 10 观察的波形

图符 10 观察的是 2ASK 相干解调的低通滤波输出波形。

（d）图符 11 观察的波形

图符 11 观察的是 2ASK 相干解调判决输出波形。

可以看出 2ASK 相干解调出来的波形与输入的原基带信号基本保持一致，虽有一点延迟，但在允许范围内，仿真正确。

2．2ASK 非相干解调（即 2ASK 包络检波）

2ASK 非相干解调仿真模型如图 4-35 所示，系统采样频率为 2000Hz。

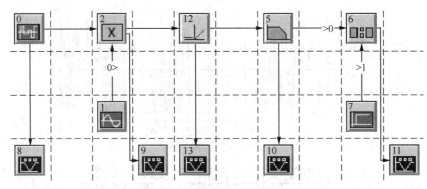

图 4-35　2ASK 包络检波仿真模型图

2ASK 非相干解调模型图各图符参数设置如表 4-2 所示。

表 4-2　　　　　　　　　　2ASK 包络检波各图符参数设置表

图符编号	库/名称	参数
0	Source/PN Seq	Amp=0.5V, Offset=0.5, Rate=50Hz, Phase= 0deg , No levels=2
1	Source/Sinusoid	Amp=1V, Freq = 150Hz, Phase = 0deg
5	Operator/Liner Sys Filters/Analog/Lowpass	Low Cuttoff=55Hz
6	Operator/Logic/Compare	Select Comparison=a>=b, True Output=1, False Output=0
7	Source/Aperiodic/Step Fct	Amplitude=0.25V, Start Time=0, Offset=0V
12	Function/Half Rctfy	Zero Ponit=0V

2ASK 包络检波各点波形如图 4-36 所示。

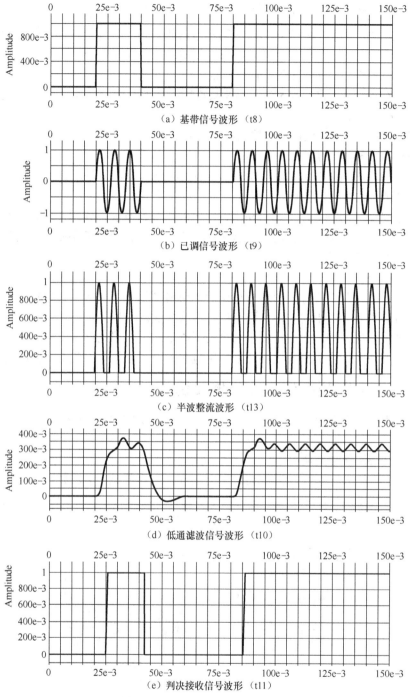

（a）基带信号波形（t8）

（b）已调信号波形（t9）

（c）半波整流波形（t13）

（d）低通滤波信号波形（t10）

（e）判决接收信号波形（t11）

图 4-36　2ASK 包络检波各点波形图

图 4-36 中各点波形分析如下。

（a）输入的二进制基带波形

输入的基带信号是二进制单极性伪随机码（即 PN 序列），可看出输入的序列为
"0100111"。

（b）2ASK 调制信号（即已调信号）

可以看出 2ASK 调制的结果，当发送的基带的码元为"1"时有载波进行调制，为"0"时则没有，相应输出的调制信号为"0"，因为 2ASK 是单极性码。

（c）2ASK 包络检波的半波整流输出波形

从图 4-36(c)中可以看出 2ASK 的半波整流输出波形是对 2ASK 调制信号进行整流，变成幅度全是正的正弦波。

（d）2ASK 包络检波的低通滤波输出波形

（e）2ASK 包络检波的判决输出波形

可以看出 2ASK 包络检波出来的波形与输入的原基带信号基本保持一致，虽有一点延迟，但在允许范围内，仿真正确。

2ASK 包络检波判决器在最后的输出判决时起着非常重要的作用，最佳判决电压是必须要考虑的，在仿真时我们取峰值的一半就是判决电压。判决电压把不是矩形的波去掉，得到我们原始输入的基带信号。

系统仿真结果分析如下。

如图 4-36 所示调制信号的图形与解调后的信号图形基本一致，在每段的起始，因为信号不稳定，所以出现了微小的波动。这与滤波器滤波误差也相关。

相干解调需要插入相干载波，而包络检波不需要载波，因此包络检波时设备较简单。

对于 2ASK 系统，在大信噪比条件下使用包络检波，小信噪比条件下使用相干解调。

4.2.2　二进制频率调制 2FSK 及仿真

2FSK 是用二进制数字信号改变载波的频率，即分别用不同频率的载波承载"0"信号和"1"信号。

4.2.2.1　2FSK 信号的调制

2FSK 信号可看作是两个交错的 ASK 信号之和，一个载频为 f_1，另一个载频为 f_2。

2FSK 是利用载波的频率变化来传递数字信息的。例如，1 对应于载波频率 f_1，0 对应于载波频率 f_2。2FSK 的调制及波形如图 4-37 所示。

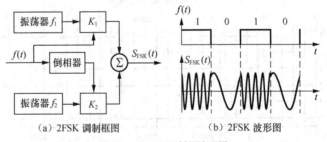

（a）2FSK 调制框图　　　　（b）2FSK 波形图

图 4-37　2FSK 调制及波形图

2FSK 信号的波形及分解如图 4-38 所示。由图可见，2FSK 信号可分解为"1"码时用载波 f_1 调制和"0"码时用载波 f_2 调制的 2 个 2ASK 信号之和。

对于 2FSK 信号来说，就是用基带信号（"0"或"1"）控制载波的频率。在 2FSK 调制中，有频率为 f_1 和 f_2 的两路载波（可以理解为两种不同的交通工具）。2FSK 调制示例如图 4-39 所示。

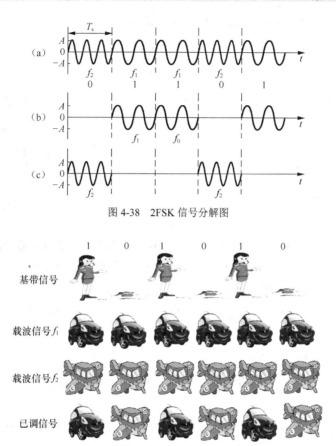

图 4-38　2FSK 信号分解图

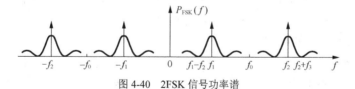

图 4-39　2FSK 示例

4.2.2.2　2FSK 信号的带宽

2FSK 信号功率谱如图 4-40 所示。

图 4-40　2FSK 信号功率谱

由图可见，2FSK 信号带宽

$$B = |f_2 - f_1| + 2f_s \qquad (4\text{-}13)$$

功率谱分析：功率谱以 f_c 为中心，对称分布。

设 2FSK 两个载频的中心频率为 f_c，频差为 Δf，则

$$\Delta f = f_2 - f_1 \qquad (4\text{-}14)$$

频偏

$$f_D = \frac{\Delta f}{2} = \frac{f_2 - f_1}{2} \qquad (4\text{-}15)$$

中心频率

$$f_c = (f_1 + f_2)/2 \qquad (4\text{-}16)$$

定义调频指数（频移指数）h 为（R_s 为基带信号码元速率）

$$h = \frac{f_2 - f_1}{R_s} = \frac{\Delta f}{R_s} = \frac{2f_D}{R_s} \qquad (4\text{-}17)$$

在调频指数较小时功率谱为单峰，随着调频指数的增大（f_1 与 f_2 之差增大），功率谱出现双峰，如图 4-41 所示。

当出现双峰时，带宽可近似为

$$B_{2FSK} \approx 2f_s + |f_2 - f_1| \qquad (4\text{-}18)$$

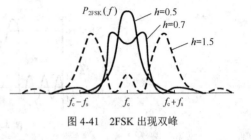

图 4-41　2FSK 出现双峰

从以上分析可得出以下结论。

（1）2FSK 信号的功率谱与 2ASK 信号的功率谱相似，同样由离散谱和连续谱两部分组成。其中，连续谱由两个双边谱叠加而成，而离散谱出现在两个载频位置上，这表明 2FSK 信号中含有载波 f_1、f_2 的分量。

（2）连续谱的形状随着 $|f_2 - f_1|$ 的大小而异。$|f_2 - f_1| > f_s$ 出现双峰；$|f_2 - f_1| < f_s$ 出现单峰。

（3）2FSK 信号的频带宽度

$$B_{2FSK} = |f_2 - f_1| + 2f_s = 2f_D + 2f_s = (2+h)f_s \qquad (4\text{-}19)$$

式（4-19）中，$f_s = \frac{1}{T_s} = R_s$ 是基带信号的带宽；$f_D = \frac{\Delta f}{2} = \frac{f_2 - f_1}{2}$ 为频偏；$h = \frac{f_2 - f_1}{R_s} = \frac{\Delta f}{R_s}$ 为偏移率（或频移指数）。

可见，当码元速率 f_s 一定时，2FSK 信号的带宽比 2ASK 信号的带宽要宽 $2f_D$。通常为了便于接收端检测，又使带宽不致过宽，可选取 $f_D = f_s$，此时 $B_{2FSK} = 4f_s$，是 2ASK 带宽的两倍，相应地，系统频带利用率只有 2ASK 系统的 1/2。

4.2.2.3　2FSK 信号的解调

如图 4-42 所示，"0"、"1" 信号分别用不同的载波承载（即分别乘坐不同的交通工具），在接收端，如果收到的是"汽车"（载波 f_1），则接收为信号"1"；如果收到的是"飞机"（载波 f_2），则接收为信号"0"。

图 4-42　2FSK 解调示例

2FSK 解调思路是将二进制频率键控信号分解成两路 2ASK 信号分别进行解调，有相干解调和非相干解调两种方式。

1．相干解调

2FSK 相干解调框图如图 4-43 所示。

设 ω_1 代表 "1" 码，ω_2 代表 "0" 码。BPF1 和 BPF2 可将两者分开，把代表 "1" 码的 $y_1(t)$ 和代表 "0" 码的 $y_2(t)$ 分成两路 ASK 信号，采用相干解调方式解调。采样判决可恢复原数据序列。

判决准则：$x_1 > x_2$ 判为 "1"，$x_1 < x_2$ 判为 "0"。

2．非相干解调

包络检波器取出两路的包络 $x_1(t)$ 和 $x_2(t)$。对包络采样并判决，可恢复原数字序列。判决准则：$x_1 > x_2$ 判为 "1"，$x_1 < x_2$ 判为 "0"。2FSK 非相干解调框图如图 4-44 所示。

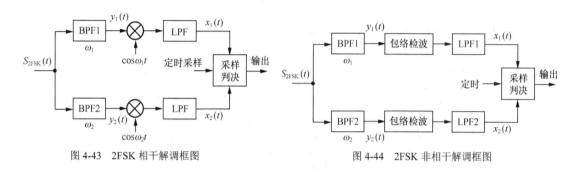

图 4-43　2FSK 相干解调框图　　　　　　图 4-44　2FSK 非相干解调框图

非相干解调各点波形如图 4-45 所示。

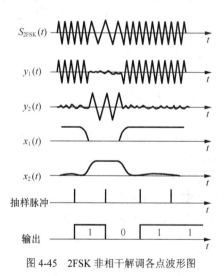

图 4-45　2FSK 非相干解调各点波形图

4.2.2.4　2FSK 系统仿真

1．2FSK 相干解调

（1）2FSK 相干解调仿真模型图。

2FSK 相干解调仿真模型如图 4-46 所示。

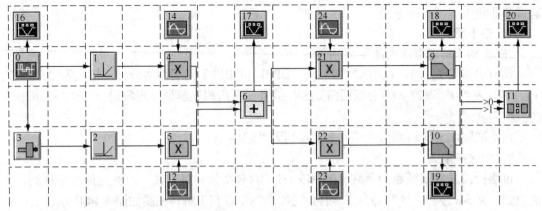

图 4-46 2FSK 相干解调仿真模型图

2FSK 相干解调各图符参数设置如表 4-3 所示。

表 4-3　　　　　　　　　　　2FSK 相干解调仿真各图符参数设置表

图符编号	库/名称	参　数
0	Source/PN Seq	Amp=1V, Offset=0V, Rate=10Hz, Phase=0deg, No levels=2
1、2	Function/Non Linear/Half Rctfy	Zero Point=0V
3	Operator: Logic/Not	Threshold=0.5V, True Output=1, False Output=−1
9、10	Operator: Liner Sys Filters/Analog/Lowpass	Low Cuttoff=15Hz
11	Operator: Logic/Compare	Select Comparison=a>=b, True Output=1 False Output=−1
12、13	Source: Sinusoid	Amp=1V, Req=100Hz, Phase=0deg
14、15	Source: Sinusoid	Amp=1V, Freq=50Hz, Phase =0deg

2FSK 相干解调各点波形如图 4-47 所示。

（2）2FSK 相干解调各点波形分析

图 4-47 中 2FSK 相干解调各点波形分析如下。

（a）输入的二进制基带波形

输入的基带信号是二进制双极性伪随机码（即 PN 序列），频率为 10Hz，图 4-46 中可看出输入的序列为"1-1111-1-1111"。

（b）2FSK 调制信号（即已调信号）

从图 4-47(b)中可以看出 2FSK 调制的结果，当发送的双极性基带的码元为"1"时有频率 50Hz 的载波为其进行调制，当发送的双极性基带的码元为"−1"时有频率 100Hz 的载波为其进行调制。

（c）2FSK 相干解调"1"码低通滤波输出波形

图 4-47(c)是发送双极性码元"1"时对应的低通滤波输出波形。

（d）2FSK 相干解调"0"码低通滤波输出波形

图 4-46(d)是发送双极性码元"−1"时对应的低通滤波输出波形。

（e）2FSK 相干解调判决输出波形

(c)、(d)波形判决后的输出波形，判决规则是(c)波形取值大于(d)波形取值输出"1"，否则输出"0"（即-1）。

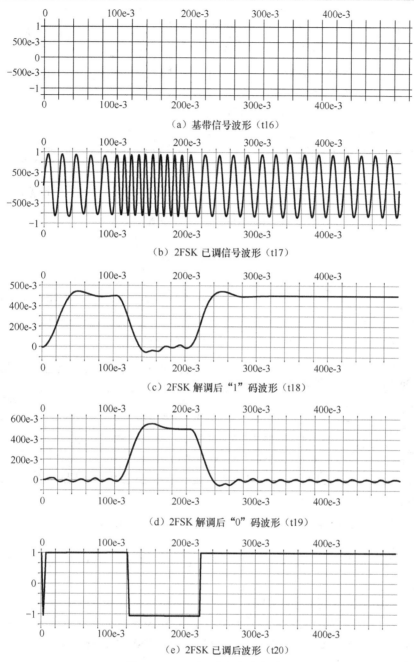

（a）基带信号波形（t16）

（b）2FSK 已调信号波形（t17）

（c）2FSK 解调后"1"码波形（t18）

（d）2FSK 解调后"0"码波形（t19）

（e）2FSK 已调后波形（t20）

图 4-47 2FSK 相干解调各点波形图

由图 4-47 可以看出 2FSK 相干解调出来的波形与输入的原基带信号基本保持一致，虽有一点延迟，但在允许范围内，仿真正确。

2．2FSK 非相干解调

（1）2FSK 非相干解调仿真模型图

2FSK 非相干解调波形仿真模型图如图 4-48 所示，时钟频率为 500Hz。

2FSK 非相干解调各图符参数设置如表 4-4 所示。

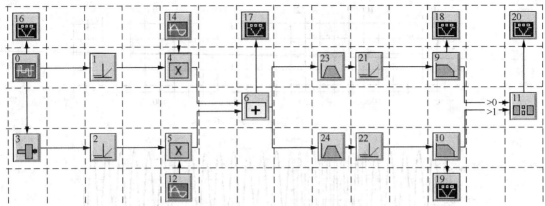

图 4-48　2FSK 非相干解调仿真波形

表 4-4　　　　　　　　　　　2FSK 非相干解调各图符参数设置表

图符编号	库/名称	参　数
0	Source/PN Seq	Amp=1V, Offset=0V, Rate=10Hz, Phase=0deg No levels=2
1、2、 21、22	Function/Non Linear/Half Rctfy	Zero Point=0V
3	Operator/Logic/Not	Threshold=0.5V, True Output=1, False Output=−1
9、10	Operator/Liner Sys Filters/Analog/Lowpass	Low Cuttoff=15Hz
11	Operator/Logic/Compare	Select Comparison=a>=b, True Output=1, False Output= −1
12	Source/Sinusoid	Amp=1V, Freq=100Hz, Phase=0deg
14	Source/Sinusoid	Amp=1V, Freq=50Hz, Phase=0deg
23	Operator/ Liner Sys Filters/Analog/Bandpass	Low Cuttoff=40Hz, Hi Cuttoff=60Hz
24	Operator/Liner Sys Filters/Analog/Bandpass	Low Cuttoff=90Hz, Hi Cuttoff=110Hz

（2）2FSK 非相干解调各点波形分析

2FSK 非相干解调各点波形如图 4-49 所示，各点波形分析如下。

（a）输入的二进制基带波形

输入的基带信号是二进制双极性伪随机码（即 PN 序列），从图 4-49（a）可看出输入的序列为 "−1+1+1−1−1"。

（b）2FSK 调制信号（即已调信号）

图 4-49（b）中可以看出 2FSK 调制的结果，当发送的基带码元为 "1" 时有载波 1 进行调制，发送码元为 "-1" 时有载波 2 进行调制，因为 2FSK 是双极性码。

（c）解调后 1 码波形

2FSK 的调制信号经过带通滤波器、半波整流电路、低通滤波器后，得到低通滤波输出波形。此图是发送码元 "1" 对应的低通滤波输出波形。

（d）解调后 0 码波形

图 4-49（d）是发送码元 "0" 对应的低通滤波输出波形。

（e）2FSK 非相干解调的判决输出波形

图 4-49（e）中可以看出 2FSK 非相干解调出来的波形与输入的原基带信号基本保持一致，虽有一点延迟，但在允许范围内，仿真正确。

　　2FSK 的非相干解调的判决器在最后的输出判决时起着非常重要的作用，最佳判决电压是需要考虑的，在仿真时取峰值的一半为判决电压。

　　相干解调需要插入两个相干载波，而非相干解调不需要载波，因此包络检波时设备较简单。

　　对于 2FSK 系统，大信噪比条件下使用包络检波，小信噪比条件下使用相干解调。

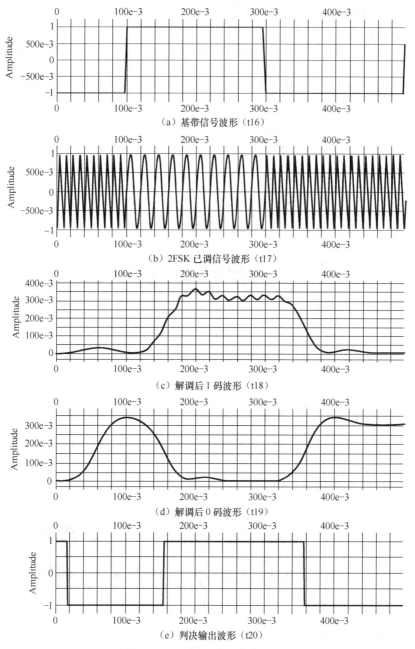

（a）基带信号波形（t16）

（b）2FSK 已调信号波形（t17）

（c）解调后 1 码波形（t18）

（d）解调后 0 码波形（t19）

（e）判决输出波形（t20）

图 4-49　2FSK 非相干解调各点波形图

4.2.3 二进制相位调制 2PSK 及仿真

2PSK 用二进制数字基带信号控制高频载波的相位，使载波的相位随着数字基带信号变化而变化。例如，"1"码用载波的 0 相位表示，"0"码用载波的 π 相位表示，反之亦可。利用载波相位的绝对数值传送数字信息。

2PSK 包括绝对调相和相对（差分）调相。

4.2.3.1 2PSK 信号的调制

绝对调相 2PSK 利用载波初相位的绝对值（即固定的某一相位）来表示数字信号"1"或"0"。

2PSK 调制框图及 2PSK 信号波形图如图 4-50 所示。

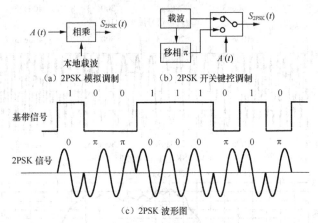

（a）2PSK 模拟调制　　（b）2PSK 开关键控调制

（c）2PSK 波形图

图 4-50　2PSK 调制框图及波形图

图中，"1"用 0 相位调制，"0"用 π 相位调制。

对于 2PSK 信号来说，就是用基带信号（"0"或"1"）控制载波的相位。由于整个圆周为 2π，对于二进制调制，即把 2π 分为 2 份，1 份相位选 0 相位，另一份相位则选 π 相位。如图 4-51 所示，"1"信号选用 0 相位，"0"信号选用 π 相位（即反相）。

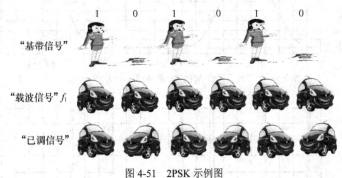

图 4-51　2PSK 示例图

4.2.3.2 2PSK 信号的带宽

2PSK 信号是双极性脉冲序列的双边带调制，而 2ASK 信号是单极性脉冲序列的双边带调制，因而 2PSK 带宽与 2ASK 相同。

2PSK 功率谱如图 4-52 所示。

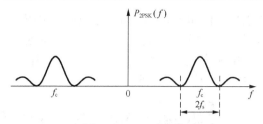

图 4-52　2PSK 功率谱

2PSK 信号带宽为
$$B_{2PSK} = 2f_s = \frac{2}{T_s} \tag{4-20}$$

4.2.3.3　2PSK 信号的解调

2PSK 信号相当于 DSB-SC 信号，只能采用相干解调方式解调。

由于 PSK 信号的解调必须用相干解调方法，功率谱中没有载频，而此时如何获得同频同相的载频就成了关键问题。采用相干载波，必须具有和发送端载波同频同相的本地载波，但本地相干载波的提取较为困难。

图 4-53 是 2PSK 相干解调框图及各点波形图，图中假定用于解调的本地载波与发送端的载波同频同相。

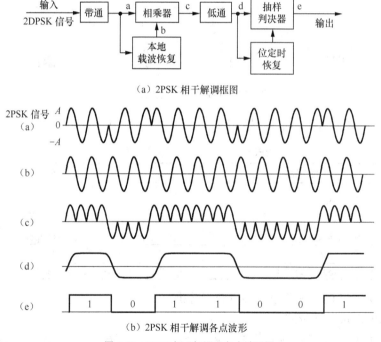

（a）2PSK 相干解调框图

（b）2PSK 相干解调各点波形

图 4-53　2PSK 相干解调及各点波形图

在图 4-54 中，"0"、"1" 信号分别用载波的不同相位来表示，可以理解为交通工具的反向，在接收端，如果收到的是正向汽车（0 相位载波），则接收为 "1"，如果收到的是反向汽车（π 相位载波），则接收为 "0"。

2PSK 信号相干解调，如果本地载波与发送载波不同相，会造成错误判决，这种现象称为相位模糊或者"倒 π"现象。例如本地载波与发送载波相位相反，采样判决器输出将与发送的数字序列相反，造成错误。一般本地载波从接收信号中提取，发送信号在传输过程中会受到噪声的影响，使其相位随机变化而产生相位误差，这种相位误差难以消除。因而 2PSK 信号容易产生误码，实际中 2PSK 信号不常被采用。

图 4-54　2PSK 解调示例

4.2.3.4　2PSK 系统仿真

2PSK 相干解调

（1）2PSK 相干解调仿真模型图

2PSK 相干解调仿真模型图如图 4-55 所示。

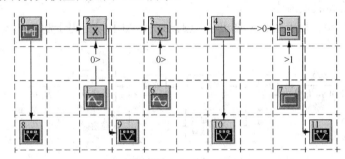

图 4-55　2PSK 相干解调仿真模型图

2PSK 相干解调仿真模型中各图符参数设置表如表 4-5 所示。

表 4-5　　　　　　　　　　　　　2PSK 相干解调各图符参数设置表

图符编号	库/名称	参数
0	Source/PN Seq	Amp=1V, Offset=0V, Rate=10Hz, Phase=0deg No levels=2
4	Operator/Liner Sys Filters/Analog/Lowpass	Low Cuttoff=12Hz
5	Operator/Logic/Compare	Select Comparison=a>=b, True Output=1, False Output=−1
1、6	Source/Sinusoid	Amp=1V, Freq=20Hz, Phase=0deg
7	Source/Aperiodic/Step Fct	Amp=0V, Start Time=0sec, Offset=0V

（2）图 4-56 中 2PSK 相干解调各点波形分析

（a）输入的二进制基带波形

输入的基带信号是二进制双极性伪随机码（即 PN 序列），频率为 10Hz，从图 4-56（a）中可看出输入的序列为"−1+1+1+1−1−1−1−1+1"。

（b）2PSK 调制信号（即已调信号）

从图 4-56（b）中可以看出 2PSK 调制的结果，当发送的双极性基带的码元为"1"时有相位为 0 的载波为其进行调制，当发送的双极性基带的码元为"−1"时有相位为 π 的载波为其进行调制。

（c）2PSK 相干解调的低通滤波输出波形

从图 4-56（b）中可以看出 2PSK 相干解调中已调信号与载波相乘输出的波形中含有很多高频成分，我们需要用低通滤波器将这些高频成分滤除，得到需要的直流分量。

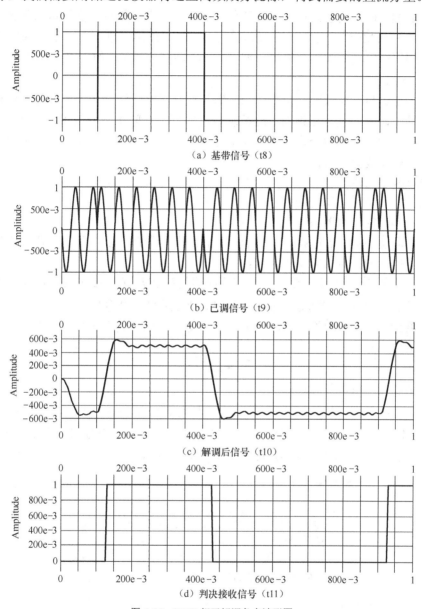

（a）基带信号（t8）

（b）已调信号（t9）

（c）解调后信号（t10）

（d）判决接收信号（t11）

图 4-56　2PSK 相干解调各点波形图

从图 4-56（c）中可以看出经过低通滤波器后大部分高频成分已经滤除，这样再进行抽样判决就可以解调出原始基带信号。

（d）2PSK 相干解调判决输出波形

在仿真时我们取"0"作为判决电压，从图 4-56 可以看出 2PSK 相干解调出来的波形与输入的原基带信号基本保持一致，虽有一点延迟，但在允许范围内，仿真正确。Sink1、sink10 分别为调制信号、解调信号。它们波形整体一致，但是每段的起点处存在一定的波动误差，产生的主要原因是调制系统的误差。仿真结果准确。同样，由于载波频率太高，已调信号也不是很清楚。

4.2.3.5　2DPSK 信号的调制

二进制相对调相（差分调相）2DPSK 利用相邻码元载波相位的相对变化来表示数字信号，利用前后相邻码元的载波相对相位变化传递数字信息。相对相位指本码元载波初相与前一码元载波终相的相位差。由于整个圆周相位为 2π，采用二进制时，把圆周二等分，相位差应选 π。相位对可以选 0、π 组合；$\pi/2$、$3\pi/2$ 组合；$\pi/4$、$5\pi/4$ 组合等。简单起见，一般选相位 0、π 组合。

例如，规定，"1"码载波相位变化 π，即与前一码元载波终相差 π，"0"码载波相位不变化，即与前一码元载波终相相同。这种规则也称为"1变0不变"规则。另外就是"0变1不变"规则，"0"码载波相位变化 π，即与前一码元载波终相差 π，"1"码载波相位不变化，即与前一码元载波终相相同。

1. 2DPSK 信号的产生

2DPSK 信号的产生有以下两种方式。

（1）差分编码后绝对调相。

由于初始相位不同，2DPSK 信号的相位可以不同；2DPSK 信号的相位并不直接代表基带信号，前后码元的相对相位才决定信息符号。

把 DPSK 波形看作 PSK 波形，所对应的序列是 b_n。b_n 是相对（差分）码，而 a_n 是绝对码，这里是"1"差分码。2DPSK 信号对绝对码来说是相对相移键控，对差分码来说是绝对相移键控。将绝对码变换为相对码，再进行 PSK 调制，就可得到 DPSK 信号。

差分码编码规则为

$$bn = a_n \oplus b_{n-1} \tag{4-21}$$

其中，b_{n-1} 的初始值可以任意设定。

图 4-57 是绝对码"101100101"的二进制相对调相 2DPSK 波形，图中假设 $b_{n-1}=0$。$a_n =101100101$，则按式（4-12）得到 $b_n =110111001$，然后对 b_n 绝对调相，即 $b_n =1$ 时用 0 相位，$b_n =0$ 时用 π 相位，得到图 4-57 最终的 $S_{2DPSK}(t)$ 波形。

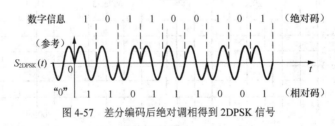

图 4-57　差分编码后绝对调相得到 2DPSK 信号

（2）1 变 0 不变规则。

对 2DPSK 信号用载波相位变化 π，即与前一码元载波终相差 π 表示"1"；载波相位不变，即与前一码元载波终相相同表示"0"（1 变 0 不变），即传"1"码时相位翻转，传"0"码时相位不变。

这里需注意：由于初始相位不同，2DPSK 信号的相位可以不同；2DPSK 信号的相位并不直接代表基带信号；前后码元的相对相位才决定信息符号。

2DPSK 信号的具体实现框图及各点波形如图 4-58 所示。

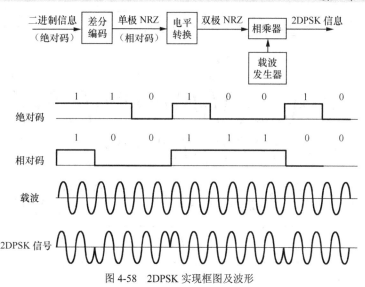

图 4-58　2DPSK 实现框图及波形

表 4-6 以码序列"111001101"为例对 2PSK 和 2DPSK 进行了比较。

表 4-6　　　　　　　　　　　　用实例比较 2PSK、2DPSK

基带信号	1　0　1　0				1　0　1　0			
初始相位 θ	0				π			
2PSK 码元相位 $\Delta\theta$	π	0	π	0	π	0	π	0
2DPSK 码元相位（$\theta+\Delta\theta$）	π	π	0	π	0	0	π	0

2DPSK 中，码元的相位并不直接代表基带信号，相邻码元的相位差才代表基带信号。

4.2.3.6　2DPSK 信号的带宽

2PSK 和 2DPSK 信号应具有相同形式的表达式，不同的是，2PSK 的调制信号是绝对码数字基带信号，2DPSK 的调制信号是原数字基带信号的差分码。2DPSK 信号和 2PSK 信号的功率谱密度是完全一样的。

2DPSK 和 2PSK 信号带宽一样，均为

$$B_{2PSK} = 2f_s = \frac{2}{T_s} \qquad (4-22)$$

与 2ASK 带宽相同，也是码元速率的两倍。

4.2.3.7　2DPSK 信号的解调

由于 2DPSK 信号的产生有一种方法是先差分编码再绝对调相，借鉴这种思想，2DPSK 信号的解调可以先绝对解调再差分译码完成。

（1）相干解调（极性比较法）

2DPSK 信号相干解调出来的是差分调制信号，2PSK 相干解调器之后再接一差分译码器，将差分码变换为绝对码，就可得原调制信号序列。2DPSK 极性比较法解调框图及各点波形如图 4-59 所示。

从图 4-59 可以看出，2DPSK 信号解调不存在"倒 π"现象，即使相干载波出现倒相，使 b_n 变为 $\overline{b_n}$，差分译码器能使 $a_n = b_n \oplus b_{n-1}$ 恢复出来。

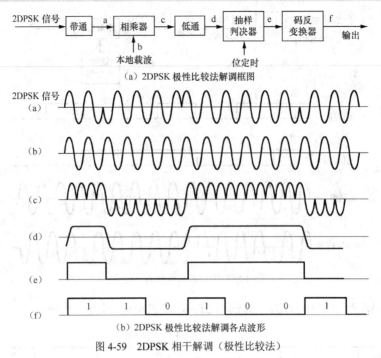

(a) 2DPSK 极性比较法解调框图

(b) 2DPSK 极性比较法解调各点波形

图 4-59　2DPSK 相干解调（极性比较法）

（2）差分相干解调（相位比较法）

通过比较前后码元载波的初相位来完成解调，用前一码元的载波相位作为解调后一码元的参考相位，解调器输出所需要的绝对码。要求载波频率为码元速率的整数倍，这时载波的初始相位和末相相位相同。BPF 输出分成两路，一路加到乘法器，另一路延迟一个码元周期，作为解调后一码元的参考载波。差分相干解调框图如图 4-60 所示。

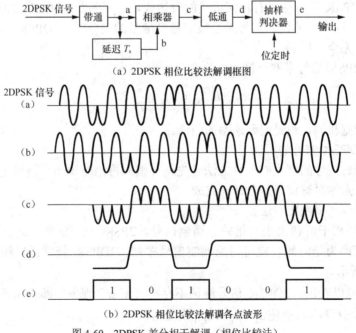

(a) 2DPSK 相位比较法解调框图

(b) 2DPSK 相位比较法解调各点波形

图 4-60　2DPSK 差分相干解调（相位比较法）

相乘器完成鉴相器的功能，即比较 a_n 与 b_n（即 a_{n-1}）的相位，如相同得到正的输出，如相反得到负的输出，实际上，相乘器完成的是同或功能，图中 c 的波形是 a_n 与 a_{n-1} 同或的结果，最后经过判决（判决准则：$x<0$ 判为"1"，$x>0$ 判为"0"），得到的输出序列与发送的序列 a_n 相同。

差分相干解调法不需要差分译码器和专门的本地相干载波发生器，只需要将 2DPSK 信号延迟一个码元时间，然后与接收信号相乘，再通过低通滤波和采样判决就可以解调出原数字调制序列。

2DPSK 信号产生时是用差分码对载波进行调制，在解调时只要前后码元的相对相位关系不被破坏，即使出现了"倒 π"现象，只要能鉴别码元之间的相对关系，就能恢复原二进制绝对码序列，避免了相位模糊问题，应用广泛。

4.2.3.8　2DPSK 系统仿真

（1）2DPSK 相干解调仿真模型图

2DPSK 相干解调仿真模型图如图 4-61 所示，系统抽样频率为 1000Hz。

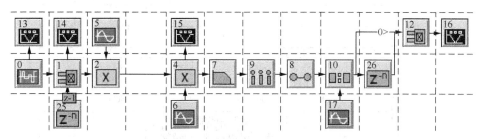

图 4-61　2DPSK 相干解调仿真模型

2DPSK 相干解调模型中各图符参数设置表如表 4-7 所示。

表 4-7　2DPSK 相干解调各图符参数设置表

编号	图符块属性	类型	参数
0	Source	PN Seq	Amp=1V, Offset=0V, Rate=10Hz, Levels=2, Phase=0deg
25, 26	Operator	Smpl Delay	Delay=100Samples, Initial Condition=0V Fill Last Register
1、12	Operator	XOR	Threshold=0, Ture=1, False=−1
9	Operator	Sampler	Interpolating,Rate=1000Hz, Aperture=0sec, Aperture Jitter=0sec,
8	Operator	Hold	Last Value ,Gain=1
5、6	Source	Sinusoid	Amp=1V, Freq=100Hz, Phase=0deg
17	Source	Sinusoid	Amp=1V, Freq=1000Hz, Phase=0deg
1	Logic	XOR	Threshold=0, Ture=1, False=−1
10	Operator	Logic/Compare	Select Comparison=a>=b, True Output−1, Falsc Output=-1
7	Operator	Liner Sys Filters/Analog/Lowpass	Low Cuttoff=10Hz

（2）图 4-62 中 2DPSK 相干解调各点波形分析

（a）输入的二进制基带波形（绝对码）

输入的基带信号（绝对码）是二进制双极性伪随机码（即 PN 序列），频率为 10Hz，图 4-62（a）中可看出输入的序列为"+1-1-1-1-1+1-1-1-1+1-1-1-1"。

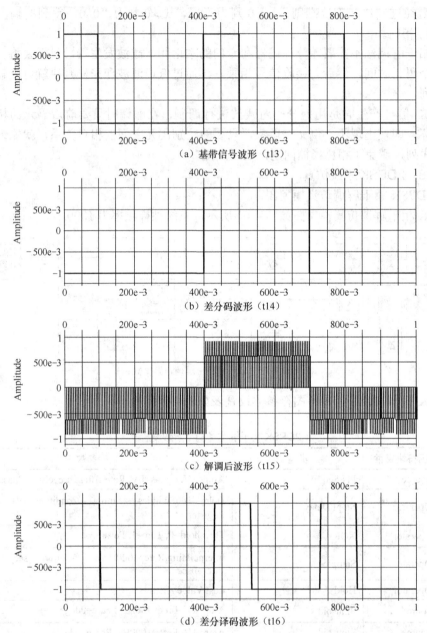

（a）基带信号波形（t13）

（b）差分码波形（t14）

（c）解调后波形（t15）

（d）差分译码波形（t16）

图 4-62　2DPSK 相干解调各点波形图

（b）2DPSK 调制中输出的相对码

输入的基带绝对码经过差分编码器转换成相对码。

（c）2DPSK 相干解调后信号波形

可以看出 2DPSK 相干解调中已调信号与载波相乘输出的波形中含有很多高频成分，需要用低通滤波器将这些高频成分滤除，得到需要的直流分量。

（d）2DPSK 相干解调输出波形

在仿真时当得到已调信号与载波相乘的波形后，再经过低通滤波器、采样器、保持电路、抽样判决器，得到解调出的相对码。最后经过差分译码器，就可以得到解调出的绝对码（即输入的原始基带信号），从图 4-62 中可以看出 2DPSK 相干解调出来的波形与输入的原基带信号基本保持一致，虽有一点延迟，但在允许范围内，仿真正确。

4.2.4　二进制数字调制系统的比较

（1）误码率

二进制数字调制系统误码率比较如表 4-8 所示，表中 r 代表信噪比。

表 4-8　　　　　　　　　　　　　　二进制系统误码率统计表

调制方式	误码率	
	相干解调	非相干解调
2ASK	$\dfrac{1}{2}erfc\left(\sqrt{\dfrac{r}{4}}\right)$	$\dfrac{1}{2}e^{-r/4}$
2FSK	$\dfrac{1}{2}erfc\left(\sqrt{\dfrac{r}{2}}\right)$	$\dfrac{1}{2}e^{-r/2}$
2PSK/2DPSK	$\dfrac{1}{2}erfc\left(\sqrt{r}\right)$	$\dfrac{1}{2}e^{-r}$

从表 4-8 可以总结如下。

① 对同一种数字调制系统，采用相干解调的误码率低于采用非相干解调的误码率；

② 在误码率一定的情况下，2PSK 所需信噪比最大，2FSK 居中，2ASK 所需信噪比最小；

③ 信噪比一定的情况下，2PSK 系统的误码率低于 2FSK，2FSK 系统的误码率低于 2ASK。

（2）频带宽度

2FSK 系统频带最宽，而 2ASK 系统和 2PSK(2DPSK)系统的频带宽度相同。

（3）对信道特性变化的敏感性

在 2FSK 系统中，判决器根据上下两个支路解调输出样值的大小来做出判决，不需要人为地设置判决门限，因而对信道的变化不敏感。

在 2PSK 系统中，判决器的最佳判决门限为零，与接收机输入信号的幅度无关。因此，接收机总能保持工作在最佳判决门限状态。

对于 2ASK 系统，判决器的最佳判决门限与接收机输入信号的幅度有关，对信道特性变化敏感，性能最差。

对于二进制数字调制系统总结如下。

（1）同类键控系统中，相干方式略优于非相干方式，但相干方式需要本地载波，所以设备较为复杂；

（2）在相同误比特率情况下，对接收峰值信噪比的要求：2PSK 比 2FSK 低 3dB，2FSK 比 2ASK 低 3dB，所以 2PSK 抗噪性能最好；

（3）在码元速率相同条件下，FSK 占有频带高于 2PSK 和 2ASK。

所以得到广泛应用的是 2DPSK 和非相干的 FSK。

4.2.5 多进制数字调制及仿真

4.2.5.1 多进制调制系统

二进制调制系统中，1 个码元携带 1bit 的信息量，而多进制调制系统中，1 个码元携带若干比特的信息量，进一步提高了频带利用率，因此在实际系统中，大多采用多进制调制系统。下面以多进制相位调制 MPSK 系统为例，介绍多进制调制系统。

MPSK 用具有多个相位状态的正弦波来表示多进制数字基带信号的不同状态。M 进制信号与二进制信号之间的关系：$M=2^k$。载波的一个相位对应 k 位二进制码元。如果载波有 2^k 个相位，可代表 k 位二进制码元的 M 种组合。

MPSK 分为多进制绝对相移键控（MPSK）和多进制相对（差分）相移键控（MDPSK）。MPSK 信号表达式为

$$S_{\mathrm{MPSK}}(t) = A_0 \cos(\omega_c t + \theta_n) \tag{4-23}$$

式（4-23）中，$\theta_n = \dfrac{2\pi}{M}n$，$n=0$，1，…，$M-1$。

MPSK 信号可等效为两个正交载波进行多电平双边带调幅所得已调波之和。带宽与 MASK 信号一样，是调制信号带宽的两倍。

(a) π/2 相移系统

MPSK 信号的 M 个相位与其代表的 k 位二进制码元之间的对应关系：各相位值都是相对于参考相位而言的，通常取 0 相位作为参考相位。对绝对调相，参考相位为未调载波的初相；对相对调相，参考相位为前一码元载波的末相，正为超前，负为落后。采用等间隔的相位差，相位间隔是 $2\pi / M$。

随着 M 的增大，相位间隔会减小，系统可靠性下降，所以 M 不能太大。最常使用的是四相 PSK（4PSK）和八相 PSK（8PSK）。

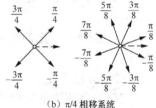

(b) π/4 相移系统

图 4-63　π/2 和 π/4 相移系统

在图 4-23 中，（a）是 π/2 相移系统，(b)是 π/4 相移系统，虚线为参考相位。

4.2.5.2 多进制调制系统仿真

下面以 QPSK（即 4PSK）系统为例进行 SystemView 仿真。QPSK 仿真模型如图 4-64 所示。在图 4-64 中，开始时间为 0s，采样频率为 9.6kHz，采样点数为 8192 个。

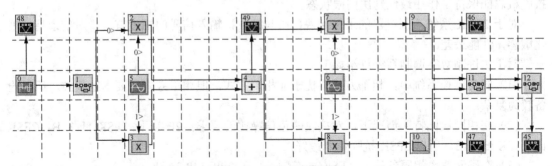

图 4-64　4PSK 仿真模型图

在图 4-64 中，图符 1 代表"串并变换子系统"，其仿真模型如图 4-65 所示。

在图 4-64 中，图符 11 代表"波形恢复子系统"，其仿真模型如图 4-66 所示。

在图 4-64 中，图符 12 代表"并串变换子系统"，其仿真模型如图 4-67 所示。

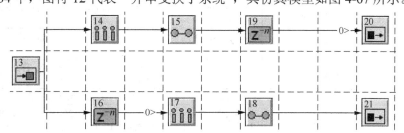

图 4-65　串并变换子系统仿真模型图

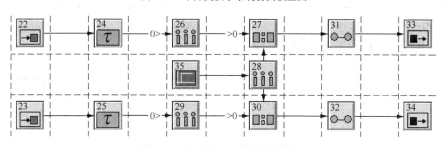

图 4-66　波形恢复子系统仿真模型图

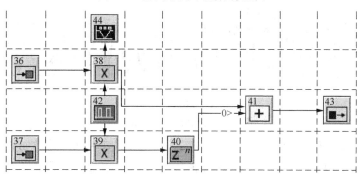

图 4-67　并串转换子系统仿真模型图

QPSK 调制系统各图符参数设置表如表 4-9 所示。

表 4-9　　　　　　　　　　QPSK 仿真模型各图符参数设置表

编号	图符块属性	类型	参数
0	Source	PN Seq	Amp=1V, Offset=0v, Rate=2400Hz, Levels=2, Phase=0 deg
1、11、12	MetaSys		1 为串并变换子系统，11 为波形恢复子系统，12 为并串变换子系统
9、10	Operator	Liner Sys Filters/Analog/Lowpass	Low Cuttoff=1200Hz
5、6	Source	Sinusoid	Amp=1V，Freq=1800Hz，Phase=0deg
13、22、23、36、37	Meta I/O		input
20、21、33、34、43	Meta I/O		output
14、17、26、28、29	Operator	Sampler	Interpolating,Rate=1200Hz，Aperture=0 sec, Aperture Jitter=0 sec

编号	图符块属性	类型	参数
15、18、31、32	Operator	Hold	Last Value, Gain=1
16、40	Operator	Delays/Smpl Delay	Delay=4Samples, Initial Condition=0V, Fill Last Register
19	Operator	Delays /Smpl Delay	Delay=8Samples, Initial Condition=0V, Fill Last Register
27、30	Operator	Logic/Compare	Select Comparison=a>=b, True Output=1, False Output=−1
35	Source	Aperiodic/Step Fct	Amp=0V, Start Time=0, Offset=0V
42	Source	Periodic/Pulse Train	Amp=1V, Freq=1200Hz, Pulse Width=416.7us, Offset=0V, Phase=0deg
24、25	Operator	Delays/Delay	Delay Type=Non-interpolating, Delay=383us

QPSK 仿真部分波形分析如下。

原始信号及 QPSK 信号波形如图 4-68 所示。

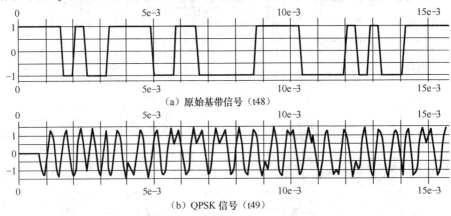

（a）原始基带信号（t48）

（b）QPSK 信号（t49）

图 4-68　原始信号和 QPSK 信号

图 4-68（a）是原始码元数字数列（频率为 R），经过串并子程序生成两个频率为 $R/2$ 的并行码元（抽样延迟），然后分别与两载波相乘（此 2 载波由一正弦信号发生器产生，因为其本身就提供同相和正交两种载波，故不需要相移器）进行 ASK（幅度键控）调制后得到两路 BPSK 信号，其相加得 QPSK 信号，如图 4-68（b）所示。

解调部分的波形如图 4-69 所示。

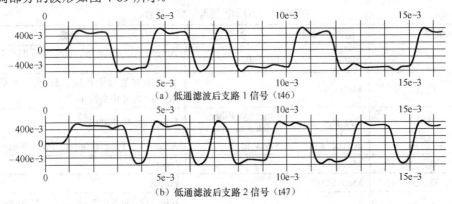

（a）低通滤波后支路 1 信号（t46）

（b）低通滤波后支路 2 信号（t47）

图 4-69　解调波形

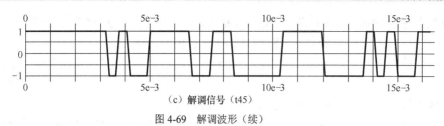

(c) 解调信号（t45）

图 4-69　解调波形（续）

相干解调，QPSK 与同相同频正弦波相乘，再经接收低通滤波器滤除高频分量得到同相和正交两路码元，再恢复，两路采样器分别以 1.2kHz 的采样频率对原采样序列采样。其中一路先经过一个码元宽度的时间延迟，这样一路采第奇数个码元；另一路采第偶数个码元，完成串并变换。为了使两路信号采样后在相位上对齐，采奇数个码元的支路也加入了相应的时间延迟。

4.3　新一代调制技术

新一代调制技术主要有正交频分复用技术 OFDM、正交振幅调制技术 QAM、高斯最小频移键控 GMSK 等，这些技术在微波通信、高速数据传输、移动通信中有广泛的应用。

正交频分复用技术 OFDM(Orthogonal Frequency Division Multiplexing)，实际上是多载波调制 MCM（Multi-CarrierModulation）的一种。其主要思想：将信道分成若干正交子信道，将高速数据信号转换成并行的低速子数据流，调制到在每个子信道上进行传输。正交信号可以通过在接收端采用相关技术来分开，这样可以减少子信道之间的相互干扰 ICI。每个子信道上的信号带宽小于信道的相关带宽，因此每个子信道上的信号可以看成平坦性衰落，从而可以消除符号间干扰。而且由于每个子信道的带宽仅仅是原信道带宽的一小部分，信道均衡变得相对容易。

正交振幅调制（QAM）指用两路基带信号对两个正交同频载波进行抑制载波双边带调幅。QAM 是一种矢量调制，是幅度和相位联合调制的技术，它同时利用了载波的幅度和相位来传递信息比特，不同的幅度和相位代表不同的编码符号。因此在一定的条件下可实现更高的频带利用率，而且抗噪声能力强，实现技术简单。QAM 是用两个独立的基带数字信号对两个相互正交的同频载波进行抑制载波的双边带调制，利用这种已调信号在同一带宽内频谱正交的性质来实现两路并行的数字信息传输，主要用于高速传输场合。QAM 在中、大容量数字微波通信系统、有线电视网络高速数据传输、卫星通信系统等领域得到广泛应用。

一般的移频键控信号由于相位不连续、频偏较大等原因，其频谱利用率较低。为了减小已调波带宽和对邻道的干扰，调制前对基带信号进行高斯滤波，再进行最小频移键控调制，称为高斯最小频移键控 GMSK（Gaussian minimum shift keying）。GMSK 也称为快速移频键控，是二进制连续相位 FSK 的一种特殊形式。基带信号先经过高斯滤波器(低通滤波器)，形成高斯脉冲，再进行 MSK 调制。高斯脉冲无陡峭的边沿，亦无拐点，已调波相位在 MSK 的基础上进一步平滑。其频谱特性优于 MSK。GMSK 使用高斯预调制滤波器进一步减小调制频谱的最小相位频移键控，可以降低频率转换速度。

4.4　实做项目与教学情境

实做项目一：用 SystemView 建立 QAM 仿真模型。

目的要求：理解 QAM 原理，通过 System View 仿真软件对 QAM 信号处理过程进行仿真。

实做项目二：用 SystemView 建立 OFDM 仿真模型。

目的要求：理解 OFDM 原理，通过 System View 仿真软件对 OFDM 信号处理过程进行仿真。

实做项目三：用 SystemView 建立 GMSK 仿真模型。

目的要求：理解 GMSK 原理，通过 System View 仿真软件对 GMSK 信号处理过程进行仿真。

 小结

1．调制是指按调制信号（基带信号）的变化规律去改变载波的某些参数的过程。解调则是相反的变换过程，即由载波参数的变化去恢复基带信号。

2．幅度变化而且连续的信号称为模拟信号。数字信号的幅度只有有限个，比如只有高电平和低电平两个值，数字信号也称为离散信号。

3．AM 调制信号时域表达式为 $S_{AM}(t) = [A_0 + f(t)]\cos\omega_c t$，对应的频谱函数 $S_{AM}(\omega)$ 为 $S_{AM}(\omega) = \pi A_0[\delta(\omega + \omega_c) + \delta(\omega - \omega_c)] + \dfrac{1}{2}[F(\omega + \omega_c) + F(\omega - \omega_c)]$，常规幅度调制信号的带宽为 $B = 2f_m$（Hz）。

4．频率调制（Frequency Modulation，FM）是已调信号的瞬时角频率受调制信号的控制。频率调制 FM 信号的一般表达式为 $S_{FM}(t) = A\cos[\omega_c t + K_{FM}\int_{-\infty}^{t} f(\tau)d\tau]$。当基带信号 $f(t)$ 为单频信号，$f(t) = A_m\cos\omega_m t$ 时，可得此时的调频信号为 $= A\cos[\omega_c t + \beta_{FM}\sin\omega_m t]$。FM 信号的有效频带宽度 B_{FM} 就为 $B_{FM} = 2(\beta_{FM} + 1)f_m = 2(\Delta f_{max} + f_m)$（Hz）

5．数字基带信号不能直接通过带通信道传输，需将数字基带信号变换成数字频带信号。频带信号（带通信号）指经过调制后的信号，频带传输指数字基带信号经调制后在信道中传输。

6．用数字基带信号去控制高频载波的幅度、频率或相位，称为数字调制。相应的传输方式称为数字信号的调制传输、载波传输或频带传输。

7．数字调制方式主要有三种：幅度调制，称为幅度键控，记为 ASK；频率调制，称为频率键控，记为 FSK；相位调制，称为相位键控，记为 PSK。

8．所谓"键控"是指一种如同"开关"控制的调制方式。

9．2ASK 信号，其幅度按调制信号取 0 或 1 有两种取值，最简单的形式为通断键控（OOK）。

10．2ASK 信号带宽 $B = 2f_s = \dfrac{2}{T_s}$，2FSK 信号带宽 $B = |f_2 - f_1| + 2f_s$，2PSK 信号带宽 $B_{2PSK} = 2f_s = \dfrac{2}{T_s}$。可见 2ASK、2PSK 信号带宽相同，小于 2FSK 信号带宽。

11．2ASK 解调方式有两种：相干解调和非相干解调。相干解调也称为同步检测法，指的是在接收端用和发送端同频同相的载波信号与信道中的已调信号相乘。

12．当用一个低频信号对一个高频信号进行幅度调制（即调幅）时，低频信号就成了高频信号的包络线。这就是我们讲的幅度调制信号。

13．从幅度调制信号中将低频信号解调出来的过程，就叫做包络检波。也就是说，包络检波是幅度检波，是一种非相干解调，即不需要和发送端同频同相的本地载波。

14．二进制频率键控（2FSK）是用二进制数字序列控制载波的频率。

15．2FSK 解调思路是将二进制频率键控信号分解成两路 2ASK 信号分别进行解调，有相干解调和非相干解调两种方式。

16．绝对调相 2PSK 利用载波初相位的绝对值（即固定的某一相位）来表示数字信号。相对调相 2DPSK 中，码元的相位并不直接代表基带信号，相邻码元的相位差才代表基带信号。

17．相位调制解调只能用相干解调，2DPSK 解调有极性比较法和相位比较法两种方式。

18．对于二进制数字调制系统总结：

（1）同类键控系统中，相干方式略优于非相干方式，但相干方式需要本地载波，所以设备较为复杂；

（2）在相同误比特率情况下，对接收峰值信噪比的要求：2PSK 比 2FSK 低 3dB，2FSK 比 2ASK 低 3dB，所以 2PSK 抗噪性能最好；

（3）在码元速率相同条件下，FSK 占有频带高于 2PSK 和 2ASK。

19．采用多进制数字调制技术可提高系统的频带利用率。

20．现代数字调制技术有正交振幅调制 QAM、高斯最小频移键控 GMSK、正交频分复用技术 OFDM 等。

 思考题与练习题

一、填空题

1．AM 信号的解调方法有两种：（　　　　）和（　　　　）。

2．调制信号为双极性方波，调幅度 m 为 1 的 AM 调制，调制效率为（　　　　）。

3．调制信号为正弦波，调幅度 m 为 1 的 AM 调制，调制效率为（　　　　）。

4．设基带信号带宽为 2kHz，若采用调频指数为 6 的 FM 调制，占用带宽为（　　　　）Hz；若采用 DSB 调制，占用带宽为（　　　　）Hz。

5．FDM 技术应用广泛，如（　　　　）、（　　　　）、（　　　　）和（　　　　）等。

6．2FSK 信号当 $f_2 - f_1 < f_s$ 时其功率谱将出现（　　　　）；当 $f_2 - f_1 > f_s$ 时其功率谱将出现（　　　　）。

7．2ASK 信号解调有（　　　　）和（　　　　）两种方法。

8．PSK 是利用载波的（　　　　）来表示符号，而 DPSK 则是利用载波的（　　　　）来表示符号。

9．在数字调制传输系统中，PSK 方式所占用的频带宽度与 ASK 的（　　　　），PSK 方式的抗干扰能力比 ASK 的（　　　　）。

10．2DPSK 的解调方法有两种，它们分别是（　　　　）和（　　　　）。

11．采用 2PSK 传输中由于提取的载波存在（　　　　）现象，该问题可以通过采用（　　　　）方式加以克服。

二、单项选择题

1. 下列调制方式中，调制效率小于100%的是（　　）。

A．AM　　　　　B．DSB　　　　　C．SSB　　　　　D．VSB

2. 下列调制方式中，通常采用包络检波法解调的是（　　）。

A．AM　　　　　B．DSB　　　　　C．SSB　　　　　D．VSB

3. 下列调制方式中，频带利用率最高的是（　　）。

A．AM　　　　　B．DSB　　　　　C．SSB　　　　　D．VSB

4. 如果信号为$10\cos\omega_c t$，那么该信号的功率是（　　）。

A．100　　　　　B．50　　　　　C．$100\cos^2\omega_c t$　　　　D．$50\cos^2\omega_c t$

5. 三种数字调制方式之间，其已调信号占用频带的大小关系为（　　）。

A．2ASK=2PSK=2FSK　　　　　　B．2ASK=2PSK>2FSK

C．2FSK>2PSK=2ASK　　　　　　D．2FSK>2PSK>2ASK

6. 在数字调制技术中，其采用的进制数越高，则（　　）。

A．抗干扰能力越强　　　　　　B．占用的频带越宽

C．频谱利用率越高　　　　　　D．实现越简单

7. 可以采用差分解调方式进行解调的数字调制方式是（　　）。

A．ASK　　　　B．PSK　　　　C．FSK　　　　D．DPSK

8. 以下数字调制中，不能采用包络检波进行解调的是（　　）。

A．ASK　　　　B．OOK　　　　C．FSK　　　　D．PSK

9. 在等概率的情况，以下数字调制信号的功率谱中不含有离散谱的是（　　）。

A．ASK　　　　B．OOK　　　　C．FSK　　　　D．PSK

10. 16QAM属于的调制方式是（　　）。

A．混合调制　　　B．幅度调制　　　C．频率调制　　　D．相位调制

11. 对于2PSK采用直接法载波同步会带来的载波相位模糊是（　　）。

A．90°和180°不定　　　　　　B．0°和180°不定

C．90°和360°不定　　　　　　D．0°和90°不定

12. 设数字码序列为0110100，以下数字调制的已调信号波形中为2PSK波形的是（　　）。

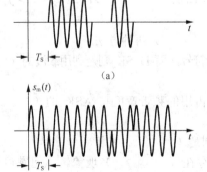

（a）　　　　　　　　　　（b）

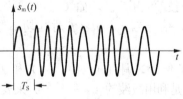

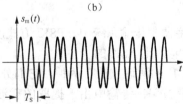

（c）　　　　　　　　　　（d）

三、判断题

1．载波信号携带有有用信息。（   ）

2．AM 信号只有边带功率分量与调制信号有关，载波功率分量不携带信息。（   ）

3．包络检波器就是一种低通滤波器。（   ）

4．数字调制中三种调制方式占用频带大小的关系是 2FSK＞2PSK=2ASK。（   ）

5．2DPSK 占用的频带与 2ASK 占用的频带一样宽。（   ）

6．2PSK 信号的频谱要比 2ASK 信号的频谱要宽。（   ）

7．采用相对调相可以解决载波相位模糊带来的问题。（   ）

8．在数字调制中，数字调相可以用调幅的方式来实现。（   ）

四、简答题

1．简述什么是调制？

2．设基带信号 $f(t)$ 的频带范围为（$0\,\text{Hz} - f_\text{m}\,\text{Hz}$），问采用 AM 和调制指数为 5 的 FM 调制方式，调制后信号的带宽是多少？

3．AM 可采用的解调方式可以有哪些？什么是相干解调？

五、计算题

1．设发送数字信息序列为 11010011，码元速率为 $R_\text{B} = 2000\text{Bd}$。现采用 2FSK 进行调制，并设 $f_1 = 2\text{kHz}$ 对应"1"；$f_2 = 3\text{kHz}$ 对应"0"；f_1、f_2 的初始相位为 0°。

试解答：（1）画出 2FSK 信号的波形。（2）计算 2FSK 信号的带宽。

2．设发送数字信息序列为 011010001，码元速率为 $R_\text{B} = 2000\text{Bd}$，载波频率为 4kHz。

试解答：（1）分别画出 2ASK、2PSK、2DPSK 信号的波形（2ASK 的规则："1"有载波、"0"无载波；2PSK 的规则："1"为 0°、"0"为 180°；2DPSK 的规则："1"变"0"不变，且设相对码参考码元为"0"）。

（2）计算 2ASK、2PSK、2DPSK 信号的带宽。

第 5 章

编码

本章教学说明

- 由编码的分类及作用入手，先介绍信源编码及仿真，再介绍信道编码及仿真。
- 利用 SystemView 仿真软件对信源编码及信道编码进行仿真。
- 重点 PCM 编码过程及几种常用信道编码。

本章内容

- 信源编码。
- 信道编码。

本章重点、难点

- 信源编码 PCM。
- 信道编码的基本原理。
- 汉明码及循环码。
- 卷积码。

学习本章目的和要求

- 理解信源编码及信道编码的作用。
- 掌握 PCM 的抽样、量化和编码。
- 掌握汉明码的编译码。
- 掌握循环码的编译码。
- 了解卷积码、Turbo 码。

本章实做要求及教学情境

- 用 SystemView 对取样定理进行仿真。
- 用 SystemView 对 PCM 系统进行仿真。
- 用 SystemView 对奇偶校验码进行仿真。
- 用 SystemView 对汉明码进行仿真。

本章建议学时数：8 学时

数字通信系统中有两大类编码，信源编码和信道编码。衡量通信系统优劣的两个主要指标是有效性和可靠性。信源编码的目的是为了提高系统的有效性，而信道编码的目的是为了提高系统的可靠性。

信源编码主要是利用信源的统计特性，解决信源的相关性，去掉信源冗余信息，从而达到压缩信源输出的信息率，提高系统有效性的目的。信源编码包括语音压缩编码、各类图像压缩编码及多媒体数据压缩编码。另外将信源的模拟信号转化成数字信号，以实现模拟信号的数字化传输也属于信源编码。

信道编码是在信源编码的基础上，按一定规律加入一些新的监督码元，以实现纠错的编码。从而，为了保证通信系统的传输可靠性，克服信道中的噪声和干扰。它根据一定的（监督）规律在待发送的信息码元中（人为地）加入一些必要的（监督）码元，在接收端利用这些监督码元与信息码元之间的监督规律，发现和纠正差错，以提高信息码元传输的可靠性。信道编码的目的是试图以最少的监督码元为代价，换取可靠性最大程度的提高。

5.1　信源编码

信源编码的作用之一是设法减少码元数目和降低码元速率，即通常所说的数据压缩；作用之二是将信源的模拟信号转化成数字信号，以实现模拟信号的数字化传输。

本节信源编码是仅针对模拟信号的数字化传输进行的编码。数字通信系统有很多优点，应用非常广泛，已经成为现代通信的主要发展趋势。自然界中很多信号都是模拟量，我们要进行数字传输就要将模拟量进行数字化。脉冲编码调制（PCM）技术就是将模拟信号数字化的技术，可分为抽样、量化和编码三个步骤。

模拟信号数字化传输框图如图 5-1 所示。

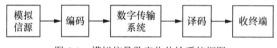

图 5-1　模拟信号数字化传输系统框图

由图 5-1 可见，模拟信号数字化传输一般需以下三个步骤。

（1）编码：模数转换（A/D），把模拟信号数字化，将原始的模拟信号转换为时间离散和值离散的数字信号；

（2）传输：进入数字传输系统进行数字方式传输；

（3）译码：数模转换（D/A），把数字信号还原为模拟信号。

A/D、D/A 变换的过程通常由信源编码器、信源译码器实现，所以通常将发端的 A/D 变换称为信源编码（如将语音信号的数字化称为语音编码），而将收端的 D/A 变换称为信源译码。

常用到的语音编码方法有波形编码、参数编码和混合编码三种。波形编码指利用抽样定理，恢复原始信号的波形。参数编码指提取语音的一些特征信息进行编码，在接收端利用这些特征参数合成语声。混合型编码指波形编码和参数型编码方式的混合。脉冲编码调制（PCM）属于波形编码的一种。

5.1.1　抽样

模拟信号数字化的第一步是在时间上对信号进行离散化处理，即将时间上连续的信号处理成时间上离散的信号，这一过程称之为抽样。抽样是把时间上连续的模拟信号变成一系列时间上离散的抽样值的过程。通过抽样得到一系列在时间上离散的幅值序列称为样值序列。这些样值序列的包络线仍与原模拟信号波形相似，我们把它称为脉冲幅度调制（PAM，Pulse Amplitude Modulation）信号。具体地说，就是某一时间连续信号 $f(t)$，仅取

$f(t_0), f(t_1), f(t_2)$，…各离散点数值，就变成了时间离散信号，如图 5-2 所示。

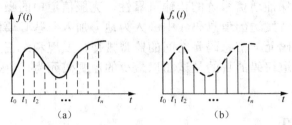

图 5-2　模拟信号抽样示意图

理论证明：设时间连续信号 $f(t)$，其最高截止频率为 f_m。如果用时间间隔为 $T_s \leq 1/2f_m$ 的开关信号对 $f(t)$ 进行抽样，则 $f(t)$ 就可被样值信号 $f_s(t) = f(nT_s)$ 来唯一地表示。或者说，要从样值序列无失真地恢复原时间连续信号，其抽样频率应选为 $f_s \geq 2f_m$。这就是著名的奈奎斯特抽样定理，简称抽样定理。无失真所需最小抽样速率 $f_s = 2f_m$ 为奈奎斯特速率，对应的最大抽样间隔 T_s 称为奈奎斯特间隔。

话音信号的最高频率限制在 3400Hz，这时满足抽样定理的最低抽样频率应为 $f_s = 6800$Hz，为了留有一定的防卫带，原 CCITT 规定语音信号的抽样频率为 $f_s = 8000$Hz，这样，就留出了 8000-6800=1200Hz 作为滤波器的防卫带，则抽样周期 $T = 125\mu s$。

抽样后的脉冲信号在幅度上仍然可连续取值，因此是模拟信号。需经量化才能转换成幅度取值有限的数字信号。

5.1.2　量化

由于抽样后的 PAM 信号的幅度仍然是连续的，因此还是模拟信号，若直接送入信道传输其抗干扰性能仍很差；又因其幅值在一定范围内为无限多个值，若直接转换成二进制数字信号表示，需要无限多位二进制信号与之对应，这是不可能实现的，为此要采用量化的办法。

量化是把信号在幅度域上连续的样值序列用近似的办法将其变换成幅度离散的样值序列。具体的定义是，将幅度域连续取值的信号在幅度域上划分为若干个分级（量化间隔），在每一个分级范围内的信号值取某一个固定的值用来表示。这一近似过程一定会产生误差，称为量化误差。量化误差就是指量化前后信号之差，会产生量化噪声。

1. 均匀量化

量化可以分为均匀量化与非均匀量化两种方式。均匀量化是指各量化分级间隔相等的量化方式，也就是均匀量化是在整个输入信号的幅度范围内量化级的大小都是相等的。对于均匀量化则是将 $-U \sim +U$ 范围内均匀等分为 N 个量化间隔，则 N 称为量化级数。设量化间隔为 Δ，则 $\Delta = 2U/N$。如量化值取于每一量化间隔的中间值，则最大量化误差为 $\Delta/2$。由于量化间隔相等，为某一固定值，它不能随信号幅度的变化而变化，故大信号时信噪比大，小信号时信噪比小。所以量化信噪比随信号电平的减小而下降。

抽样信号和量化信号的比较如图 5-3 所示。图中，抽样后的信号 $m(nT)$ 仍然是模拟信号，需要把无限个取值变为有限个取值。若把整个取值区间均匀划分为 8 份（$-4\Delta \sim 4\Delta$），而抽样值位于某一份内的样值，最终被量化为该份的中间值，分别为 -3.5Δ、-2.5Δ、-1.5Δ、-0.5Δ、0.5Δ、1.5Δ、2.5Δ 和 3.5Δ，不管抽样后取何值，最终被量化为这 8 个值中的某一个，取值变为有限的 8 个值，完成模拟信号的数字化。量化后的信号，就可以称为数字信号了。

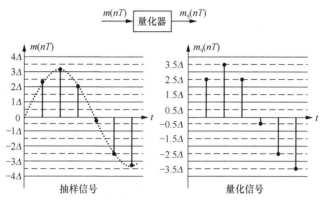

图 5-3 抽样信号与量化信号

2．非均匀量化

非均匀量化的特点：信号幅度小时，量化间隔小其量化误差也小；信号幅度大时，量化间隔大，其量化误差也大。采用非均匀量化可以改善小信号的量化信噪比。实现非均匀量化的方法之一是采用压缩扩张技术。

目前，主要有两种对数形式的压缩特性：A 律和 μ 律，A 律编码主要用于 30/32 路一次群系统，μ 律编码主要用于 24 路一次群系统。我国和欧洲采用 A 律编码，北美和日本采用 μ 律编码。两种压缩扩张特性曲线如图 5-4 所示。

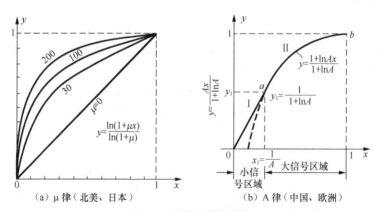

（a）μ 律（北美、日本）　　　　（b）A 律（中国、欧洲）

图 5-4 压缩扩张特性曲线

A 律表示式是一条平滑曲线，用电子线路很难准确地实现。这种特性很容易用数字电路来近似实现，13 折线特性就是近似于 A 律的特性，一般称为 A 律 13 折线。

目前我国使用的是 A 律 13 折线特性。具体实现的方法是：对 x 轴在 0～1（归一化）范围内以 1/2 递减规律分成 8 个不均匀段，其分段点分别是 1/2，1/4，1/8，1/16，1/32，1/64 和 1/128。对 y 轴在 0～1（归一化）范围内以均匀分段方式分成 8 个均匀段，其分段点是 1/8，2/8，3/8，4/8，5/8，6/8，7/8 和 1。将 x 轴和 y 轴对应的分段线在 x-y 平面上的相交点相连接的折线就是有 8 个线段的折线，如图 5-5 所示。各段折线的斜率如表 5-1 所示。

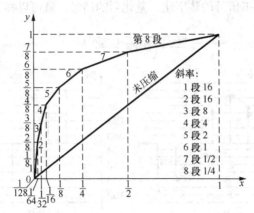

图 5-5　A 律 13 折线第一象限

表 5-1　　　　　　　　　　　　　各段折线的斜率

折线段号	1	2	3	4	5	6	7	8
斜率	16	16	8	4	2	1	1/2	1/4

图 5-5 中第一段和第二段折线的斜率相同也即 7 段折线。再加上第三象限部分的 7 段折线，共 14 段折线，由于第一象限和第三象限的起始段斜率相同，所以共 13 段折线。这便是 A 律 13 折线特性——压缩扩张特性。

5.1.3　编码

编码，就是用一组二进制码组来表示每一个有固定电平的量化值。在语音通信中，通常采用 8 位的 PCM 编码就能够保证满意的通信质量。二进制码具有很好的抗噪声性能，并易于再生，因此 PCM 中一般采用二进制码。

目前 A 律 13 折线 PCM 30/32 路设备所采用的码型是折叠二进制码。这种码是由自然二进制码演变而来的。自然码是大家最熟悉的二进制码，从左至右其权值分别为 8、4、2、1，故有时也被称为 8-4-2-1 二进制码。除去最高位，折叠二进码的上半部分与下半部分呈倒影关系（折叠关系）。上半部分最高位为 0，其余各位由下而上按自然二进码规则编码；下半部分最高位为 1，其余各位由上向下按自然码编码。这种码对于双极性信号（话音信号通常如此），通常可用最高位去表示信号的正、负极性，而用其余的码去表示信号的绝对值，即只要正、负极性信号的绝对值相同，则可进行相同的编码。这就是说，用第一位码表示极性后，双极性信号可以采用单极性编码方法。因此采用折叠二进码可以大为简化编码的过程。

在 A 律 13 折线法中采用 8 位折叠二进制码编码。编码用 $c_1 c_2 c_3 c_4 c_5 c_6 c_7 c_8$ 表示，如表 5-2 所示。

表 5-2　　　　　　　　　　　　PCM 8 位编码结构

极性码	段落码	段内码
c_1	$c_2 c_3 c_4$	$c_5 c_6 c_7 c_8$

8 位码的码位安排如表 5-3 所示。

表 5-3　　　　　　　　　　　　　　　PCM 编码码位安排表

极性码	幅度码		极性码	幅度码	
	段落码	段内码		段落码	段内码
c_1	$c_2\ c_3\ c_4$	$c_5\ c_6\ c_7\ c_8$	c_1	$c_2\ c_3\ c_4$	$c_5\ c_6\ c_7\ c_8$
0	000	0000	1	100	1000
		0001			1001
	001	0010		101	1010
		0011			1011
	010	0100		110	1100
		0101			1101
	011	0110		111	1110
		0111			1111

表 5-3 中：

极性码：c_1，共 1bit。对于正信号，$c_1=1$；对于负信号，$c_1=0$。

段落码：$c_2\ c_3\ c_4$，共 3 bit，可以表示 8 种斜率的段落。段落码表示该样值位于 8 个大段的哪个大段中。如果位于第一段，段落码是 000，第二段段落码是 001，依此类推。

段内码：每一段均匀划分为 16 份，段内码表示该样值位于所在的大段落中的 16 小段中的哪一段。如果位于第一段，段落码是 0000，第二段段落码是 0001，依此类推。

段落码和段内码，用于表示量化值的绝对值，这 7 位码总共能表示 $2^7=128$ 种量化值。

可以看出，每个大段的量化级都是 16 等分，但不同段落的量化间隔是不同的。

需要指出，在上述编码方法中，虽然各段内的 16 个量化级是均匀的，但因段落长度不等，故不同段落间的量化级是非均匀的。当输入信号小时，段落短，量化间隔小；反之，量化间隔大。

在 13 折线中，第一、二段最短，斜率最大，其横坐标 x 的归一化动态范围只有 1/128，再将其等分为 16 小段后，每一小段的动态范围只有 $(1/128) \times (1/16) = 1/2048$。这就是最小量化间隔，将此最小量化间隔（1/2048）称为 1 个量化单位，用 Δ 表示，即 $\Delta=1/2048$。第 8 段最长，其横坐标 x 的动态范围为 1/2。将其 16 等分后，每段长度为 1/32。假若采用均匀量化而仍希望对于小电压保持有同样的动态范围 1/2048，则需要用 11 位的码组才行。

根据 13 折线的定义，以最小的量化间隔 Δ 作为最小计量单位，可以计算出 A 律 13 折线每一个量化段的电平范围、起始电平和各段落内量化间隔 Δ_i。A 律 13 折线有关参数如表 5-4 所示。

表 5-4　　　　　　　　　　　　　　A 律 13 折线有关参数表

段落序号 $i=1\sim8$	电平范围(Δ)	段落码	段落起始电平	量化间隔 $\Delta_i(\Delta)$
8	1024～2048	111	1024	64
7	512～1024	110	512	32
6	256～512	101	256	16
5	128～256	100	128	8
4	64～128	011	64	4
3	32～64	010	32	2
2	16～32	001	16	1
1	0～16	000	0	1

语音信号的抽样频率为每秒钟 8000 次，在采用 A 律 13 折线非均匀量化编码器时，每个样值被编码成 8bit，则每路话音的数据带宽为 8000×8=64kbit/s，也就是每秒钟在线路上必须通过 64000 个"0"或者"1"，才能保证有足够的线路宽度供一路话音通过而不至于发生语音信号失真。因此一般称 64 kbit/s 为一路话音的带宽。当然，如果每路话音安排的不是 8 bit，而是 16bit、32bit，则每路话音的带宽会发生相应变化。

【例 5-1】 设输入电话信号抽样值的归一化动态范围在−1 至+1 之间，将此动态范围划分为 4096 个量化单位，即将 1/2048 作为 1 个量化单位 Δ。当输入抽样值为+1270 Δ 时，试按照 13 折线 A 律特性编码，并求量化误差。

解： 设编出的 8 位码组用 c_1 c_2 c_3 c_4 c_5 c_6 c_7 c_8 表示，则

（1）确定极性码 c_1：因为输入抽样值+1270 为正极性，所以 c_1 = 1。

（2）确定段落码 c_2 c_3 c_4：由段落码编码规则表可见，1024<1270<2048，则 c_2 c_3 c_4=111，并且得知抽样值位于第 8 段落内。

（3）第 8 段台阶高度 Δ_8=64 Δ

（1270−1024）/64=3 余 54

因此位于第 4 段，段内码为 0011。

段内码 0011 表示的量化值应该是第 8 大段落的第 3 小段的中间值，即为

1024+3×64+64/2 = 1248（量化单位）

最终编码 c_1 c_2 c_3 c_4 c_5 c_6 c_7 c_8=11110011。

（4）量化误差：1248 − 1270 = − 22 Δ。

【例 5-2】 设某一电平的 A 律 13 折 PCM 编码为 11110011，求该电平的实际数值（归一化）。

解： c_1 =1 说明样值为正极性。

c_2 c_3 c_4 =111 说明在第 8 段，起点电平为 1024 Δ。

c_5 c_6 c_7 c_8=0011 说明位于第 4 小段，第 8 大段的段内台阶高度为 Δ_8=64 Δ，故对应偏移电平为 64 Δ×3+32 Δ =224 Δ。

因此该电平的实际数值为 1024 Δ+224 Δ=1248 Δ。

5.1.4　常用的信源编码

最原始的信源编码就是莫尔斯电码，另外ASCII 码和电报码是信源编码。现代通信应用中常见的信源编码方式有Huffman 编码、算术编码、L-Z 编码，这三种都是无损编码。另外还有一些有损的编码方式。

另外，在数字电视领域，信源编码包括通用的 MPEG-2 编码和 H.264（MPEG-Part10 AVC）编码等。

常用到的语音信源编码方法有波形编码、参数编码和混合编码三种。波形编码指利用抽样定理，恢复原始信号的波形，比特率通常在 16～64 kbit/s 范围内，接收端重建信号的质量好。如 PCM（脉冲编码调制）、ADPCM（自适应差分脉冲编码调制）、DM（增量调制）等。参数编码是利用信号处理技术，提取语音信号的特征参量，再变换成数字代码，其比特率在 4.8 kbit/s 以下，但接收端重建(恢复)信号的质量不够好。如 LPC（线性预测编码）。混合编码是介于波形编码和参数编码之间的一种编码，即在参数编码的基础上，引入了一定的波形编码的特征，来达到改善自然度的目的，其比特率在 4.8～16 kbit/s。如 GSM 系统中使用的规则脉冲

激励线性预测编码技术(RPE-LTP)、CDMA 系统中采用的 QCELP（Qualcomm 码激励线性预测）、EVRC（增强型变速率编解码）和 AMR（自适应多速率编解码）。

1．QCELP（Qualcomm 码激励线性预测）

QCELP 是美国 Qualcomm 通信公司的专利语音编码算法，是北美第二代数字移动电话的语音编码标准（IS-95）。QCELP 算法被认为是到目前为止效率最高的一种算法。该算法可依靠门限值来调整速率，门限值随着背景噪声的变化而变化，这样自适应的算法就抑制了背景噪声，使得在噪声比较大的环境中，也能得到良好的话音质量，其话音质量可以与有线电话媲美。

现在的 CDMA 蜂窝系统容量是以前其他移动通信系统的容量的 4～5 倍，而且服务质量、覆盖范围都较以前好。为了适应这种发展趋势，CDMA 系统采用了一种非常有效的数字语音编码技术：Qualcomm 码激励线性预测（QCELP）编码。IS-95 采用 QCELP 语言编码方式。

2．EVRC（增强型变速率编解码）

EVRC 即增强型变速率编解码，是一种对话音进行分析和合成的编、译码器，也称话音分析合成系统或话音频带压缩系统。它是压缩通信频带和进行保密通信的有力工具。声码器在发送端对语言信号进行分析，提取出语言信号的特征参量加以编码和加密，以取得和信道的匹配，经信息道传递到接受端，再根据收到的特征参量恢复原始语言波形。分析可在频域中进行，对语言信号做频谱分析，鉴别清浊音，测定浊音基频，进而选取清-浊判断、浊音基频和频谱包络作为特征参量加以传送。分析也可在时域中进行，利用其周期性提取一些参数进行线性预测，或对语言信号做相关分析。根据工作原理，声码器可以分成：通道式声码器、共振峰声码器、图案声码器、线性预测声码器、相关声码器、正交函数声码器。它主要用于数字电话通信，特别是保密电话通信。

3．AMR（自适应多速率编解码）

AMR（自适应多速率编解码），是由 3GPP 制定的应用于第三代移动通信 W-CDMA 系统中的语音压缩编码，更加智能地解决了信源和信道编码的速率分配问题，使得无限资源的配置和利用更加灵活和高效。AMR 支持八种速率:12.2kbit/s、10.2kbit/s、7.95kbit/s、7.40kbit/s、6.70kbit/s、5.90kbit/s、5.15kbit/s 和 4.75kbit/s。此外，它还包括低速率(1.80kbit/s)的背景噪声编码模式。AMR 语音编码器是基于代数码激励线性预测（ACELP）的编码模式，编码器输入为 8kHz 采样 16 比特量化的线性 PCM 编码，编码操作以 20ms 语音为一帧，即 160 个样点。发送端编码器提取 ACELP 模型参数（线性预测系数、自适应和固定码本索引及增益）进行传输，接收端译码器再根据这些参数构成的激励信号合成出重建的语音信号。

5.1.5　PCM 系统仿真

一、仿真目的

1．掌握 PCM 的取样定理。

2．掌握 PCM 系统传输的原理。

二、仿真内容

1．取样定理仿真。

2．脉冲编码调制系统仿真。

三、仪器与设备

SystemView 仿真软件。

四、仿真步骤

脉冲编码调制（PCM）是将模拟信号变换成数字信号的一种编码方式，主要包括取样、量化和编码三个过程。

1. 取样定理仿真

取样定理是模拟信号数字化的理论基础，它告诉我们：对于一个频带被限制在 0 到 f_H 内的模拟信号，如果取样频率 $f_s \geqslant 2f_H$，则可以用低通滤波器从取样序列恢复原来的模拟信号；如果取样频率 $f_s < 2f_H$，就会产生混叠失真。

（1）取样定理仿真模拟

模拟信号取样和恢复的 SystemView 仿真模拟如图 5-6 所示。

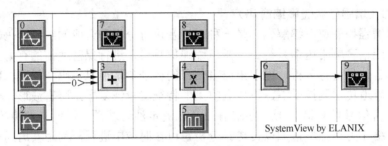

图 5-6　取样定理仿真模型

图 5-6 中，图符 0、1、2 产生幅度为 1V、频率分别为 8Hz、10Hz、12Hz 的正弦波，通过图符 3 相加，作为模拟信号源。图符 5 产生周期脉冲序列。图符 4 将模拟信号源与周期脉冲序列序列相乘得到取样信号序列，完成取样。图符 6 是一个 Butterworth 低通滤波器，用来从取样序列中恢复原模拟信号，其截止频率应大于信号的最高频率，本例中取截止频率为 14 Hz。图符 7、8、9 分别显示原模拟信号、取样序列和通过低通滤波器恢复的模拟信号的波形。

（2）仿真演示

① $f_s \geqslant 2f_H$ 时

信号源产生的模拟信号其最高频率为 12Hz，将图符 5 的频率设置成 40Hz，宽度设置成 0.001s。取样频率为 40Hz，大于模拟信号最高频率的两倍。

设置系统时间:样点取样为 1024，取样频率 1000Hz。运行系统，模拟信号源、取样序列和恢复的信号波形如图 5-7 所示。

对比图 5-7 中模拟信源波形和恢复信号的波形，不难看出，在该取样频率下，信号能够被完整地恢复，没有失真。

② $f_s < 2f_H$ 时

在输入信号相同的情况下，将取样频率改为 20Hz（即将图符 5 的频率改为 20Hz），重新运行系统，得到的恢复信号波形如图 5-8 所示。对比图 5-7 中模拟信号波形与图 5-8 中波形，可以看出，取样频率降低后，恢复信号的失真十分明显。

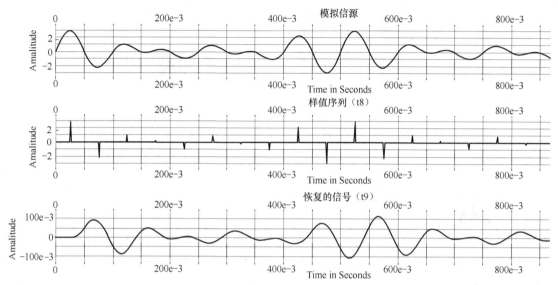

图 5-7 模拟信号源、取样序列和恢复的信号波形图

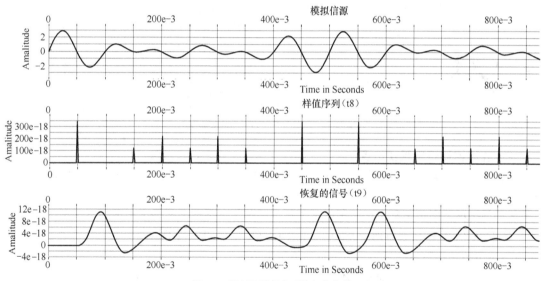

图 5-8 降低取样频率后恢复的信号

③ 取样定理证明过程中的频谱仿真

为能更清楚地显示取样和恢复过程中的频谱变化，将模拟信号改为频率扫描信号，即将图符 0、1、2、3 去掉，用频率扫描信号源代替。仿真模型如图 5-9 所示。

设置图符 0 参数：振幅为 1V，起始频率为 10 Hz，终止频率 35 Hz。将图符 5 的取样频率改为 100 Hz，将图符 6 的截止频率设置为 40 Hz。

系统运行时间：样点数 4096，取样频率 1000 Hz。运行系统，进入分析窗，观察原模拟信号、取样后序列和恢复的信号的频谱，如图 5-10 所示。

由图 5-10 可见，取样序列的频谱是原模拟信号频谱的周期重复，重复周期为取样频率，本例中取样频率为 100 Hz。改变取样频率，再运行系统，可清楚地看出这一点。

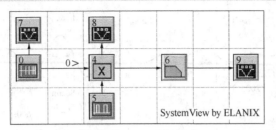

图 5-9　仿真功率谱模型

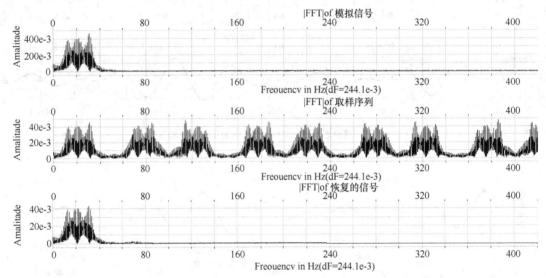

图 5-10　取样及恢复过程中的频谱图

2. 脉冲编码调制系统仿真

为扩大量化器的动态范围，PCM 系统一般采用非均匀量化，压扩特性有 A 律和 μ 律两种。

（1）脉冲编码调制系统仿真模型

基于 PCM 系统基本原理的 SystemView 仿真模型如图 5-11 所示。

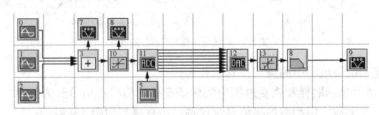

图 5-11　PCM 系统仿真模型

图 5-11 中，图符 0、1、2 产生频率分别为 5Hz、10Hz 和 15Hz 的正弦信号，图符 3 对它们进行相加，模拟信号源。图符 10 是压缩器，对模拟信号进行预处理，采用 A 律特性。图符 11 是模数转换器，完成对模拟信号的取样、量化和编码，取样时钟由图符 5 提供。图符 12 是接收端的数模转换器，完成对码组的译码。图符 13 对译码后的样值进行扩张处理，消除发送端压缩器对信号的影响。图符 6 是个低通滤波器，从接收的取样序列恢复原模拟信号。

双击各图符，并选择参数按钮，可知各图标的参数设置。

（2）仿真演示

系统运行时间：样点数 2048，取样速率为 1000 Hz。

① 编码位数（量化电平数）对系统性能的影响

双击图符 11 和图符 12 并选择参数按钮，将编码位数（No.bits）设置为 2。运行系统，原模拟信号和恢复的信号的波形图如图 5-12 所示。

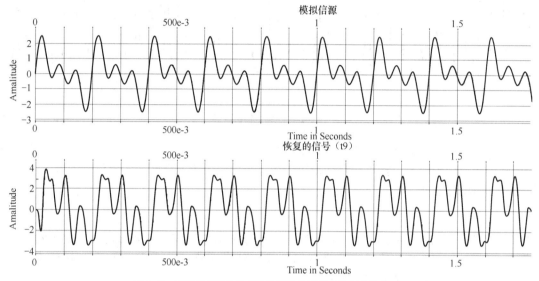

图 5-12　原模拟信号和恢复的信号的波形图（编码位数为 2）

对比发送的模拟信号和接收端恢复的信号，可以看出接收信号有较大的失真。

重新将模数转换器和数模转换器的编码位数设置为 4，运行系统，输入/输出波形如图 5-13 所示。

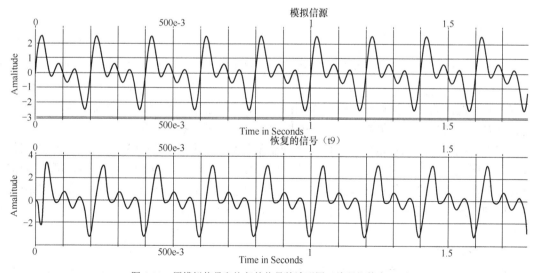

图 5-13　原模拟信号和恢复的信号的波形图（编码位数为 4）

由图 5-13 所示的波形图看出，增加编码位数可减少接收波形的失真。本例中当编码位数增至 4 位时，接收信号已基本没有失真。

② 压缩器对信号的影响

图符 8 显示压缩器的输出器的输出波形，如图 5-14 所示。

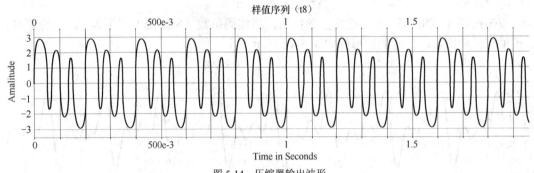

图 5-14　压缩器输出波形

从图 5-14 可以看出，信号源波形经压缩器压缩后，其波形已经发生了明显的失真，为能正确恢复原模拟信号，接收端必须采用扩张器来消除由于压缩而引入的信号失真，扩张器与压缩器的特性互补。

对于一个频带被限制在 0 到 f_H 内的模拟信号，如果取样频率 $f_s \geqslant 2f_H$，则可以用低通滤波器从取样序列恢复原来模拟信号；如果取样频率 $f_s < 2f_H$，就会产生混叠失真。

提　示

5.2　信道编码

5.2.1　信道编码基本原理

信号在传输过程中不可避免地会发生差错，即出现误码。造成误码的原因很多，但主要原因可以归纳为两方面：一是信道特性不理想造成的码间干扰；二是噪声对信号的干扰。对于前者通常通过均衡方法可以改善以至消除，因此，常把信道中的噪声作为造成传输差错的主要原因。差错控制是对传输差错采取的技术措施，目的是提高传输的可靠性。

差错控制的基本思想是通过对信息序列做某种变换，使原来彼此独立的、没有相关性的信息码元序列，经过某种变换后，产生某种规律性（相关性），从而在接收端有可能根据这种规律性来检查，进而纠正传输序列中的差错。变换的方法不同就构成不同的编码和不同的差错控制方式。差错控制的核心是抗干扰编码，即差错控制编码，简称纠错编码，也叫信道编码。

1. 基本原理

差错控制的核心是差错控制编码，不同的编码方法，有不同的检错或纠错能力，差错控制编码一般是在用户信息序列后插入一定数量的新码元，这些新插入的码元称为监督码元。它们不受用户的控制，最终也不发送给接收用户，只是系统在传输过程中为了减少传输差错而采用的一种处理过程。如果信道的传输速率一定，加入差错控制编码，就降低了用户输入的信息速率，新加入的码元越多，冗余度越大，检错纠错越强，但效率越低。由此可见，通过差错控制编码提高传输的可靠性是以牺牲传输效率为代价的。

差错控制编码是通过增加冗余码来达到提高可靠传输的目的的。正如生活中我们运送货物，需要为货物打好包装，易碎的物品放在箱子内，再放入减震装置一样，这样做的目的是为了货物不丢失或不容易破碎，如图 5-15 所示。

图 5-15　差错控制编码类别生活实例——货物的可靠运送

在二进制编码中，1 位二进制编码可表示两种不同的状态，2 位二进制编码可表示 4 种不同的状态，3 位二进制编码可表示 8 种不同的状态，n 位二进制编码可表示 2^n 种不同的状态。在 n 位二进制编码的 2^n 种不同的状态中，能表示有用信息的码组称为许用码组，不能表示有用信息的码组称为禁用码组。下面举例说明差错控制编码的基本原理。

（1）如果要传送 A 和 B 两个信息，可以用 1 位二进制编码表示，例如用"0"码表示信息 A，用"1"码表示信息 B。在这种情况下，若传输中产生错码，即"0"错成"1"，或"1"错成"0"，接收端都无从发现，因此这种情况没有检错和纠错能力。

（2）如果分别在"0"和"1"后面附加一个"0"和"1"，变为"00"和"11"，还是传送 A 和 B 两个信息，即"00"表示 A，"11"表示 B。2 位二进制编码可表示 4 种不同的状态，即 00、01、10 和 11。"00"和"11"为许用码组，"01"和"10"为禁用码组。这时，在传输"00"和"11"时，若发生 1 为错码，则变为"01"或"10"，成为禁用码组，接收端可知传输错误。这表明附加一位码以后，码组具有了检出 1 位错码的能力。但因译码器不能判决哪位是错码，所以不能予以纠正，这表明没有纠正错码的能力。

（3）若在信息码之后附加两位监督码，即用"000"表示 A，"111"表示 B。3 位二进制编码可表示 8 种不同的状态，即 000、001、010、011、100、101、110、111。"000"和"111"为许用码组，"001"、"010"、"011"、"100"、"101"、"110"为禁用码组。此时，在传输"000"和"111"时，若产生一位错误，则码组将变为禁用码组，接收端可以判决传输出错。不仅如此，接收端还可以根据"大数"法则来纠正一个错误，即 3 位码中如有 2 个或 3 个"0"码，则判为"000"码，如有 2 个或 3 个"1"码，则判为"111"码。此时，还可以纠正一位错码。如果在传输过程中产生两位错码，也将变为禁用码组，此时可以检测出错码，但不能纠错。

归纳起来，若要传送 A 和 B 两个信息，若用 1 位码表示，则没有检错和纠错能力；若用 2 位码表示（加 1 位监督码），则可以检错 1 位，不能纠错；若用 3 位码表示（加 2 位监督码），最多可以检错 2 位，并能纠错 1 位。如表 5-5 所示。

表 5-5   差错控制编码原理举例

编码方法	信息		检、纠错能力
	A	B	
1 位编码方法	0	1	无检、纠错能力
2 位编码方法	00	11	检错 1 位，不能纠错
3 位编码方法	000	111	检错 2 位，纠错 1 位

由此可见，差错控制编码之所以具有检错和纠错能力，是因为在信息码之外附加了监督码，即码的检错和纠错能力是用信息量的冗余度来换取的。

在纠错编码中，将信息传输效率也称为编码效率，用 R 表示。定义为

$$R = \frac{k}{n} \tag{5-1}$$

其中，k 为信息码元的数目，n 为编码后码组的总数目（$n=k+r$，r 为监督码元的数目）。显然，R 越大，编码效率越高，它是衡量编码性能的一个重要参数。对于一个好的编码方案，不但要求它的检错纠错能力强，而且还要求它的编码效率高，但两方面的要求是矛盾的，在设计中要全面考虑。人们研究的目标就是寻找一种编码方法，使所加的监督码元最少而检错、纠错能力又高，且便于实现。

2．码重和码距的概念

（1）码重

在信道编码中，定义码组中非零码元的数目为码组的重量，简称码重。例如"010"码组的码重为 1，"011"码组的码重为 2。如电传、电报及条形码中就广泛地使用的恒比码，其许用码组长度相等，码重也相等，因此"0"和"1"的个数比值恒定。常用的恒比码是一种非线性码。若码长为 n，重量为 W，则这类码的码字个数为 C_n^W，禁用码字数目为 $2^n - C_n^W$。该码的检错能力很强，除成对出现的错误不能发现外，所有其他类型错误均能发现。循环码中，一个循环节内的各码组的码重也都相等。可见码重是一些编码规则中经常需要考虑的一个重要因素。

（2）码距与汉明距离

把两个码组中对应码位上具有不同二进制码元的个数定义为两码组的距离，简称码距。例如，"00"与"01"的码距为 1，如"110"与"101"的码距为 2。

而在一种编码中，任意两个许用码组间的距离的最小值，称为这一编码的汉明（Hamming）距离，用 $d_{\min}$ 来表示。如"011"、"110"与"101"三个许用码组组成的码组集合中的两两码距都为 2，因此该编码的汉明距离为 2。

3．汉明距离与检错和纠错能力的关系

为了说明汉明距离与检错和纠错能力的关系，把 3 位码元构成的 8 个码组用一个三维立方体来表示。如图 5-16 所示。图中立方体的各顶点分别为 8 个码组，每个码组的 3 位码元的值就是此立方体各顶点的坐标。图中可以看出，码距对应于各顶点之间沿立方体各边行走的几何距离（最少边数）。

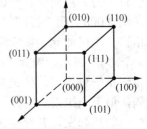

图 5-16　码距的几何解释

下面将具体讨论一种编码的最小码距（汉明距离）与这种编码的检错和纠错能力的数量关系。在一般情况下，对于分组码，有以下结论。

（1）为检测 e 个错码，要求最小码距

$$d_{\min} \geqslant e+1 \qquad\qquad (5\text{-}2)$$

或者说，若一种编码的最小距离为 $d_{\min}$，则它一定能检出 $e \leqslant d_{\min}-1$ 个错码。式（5-2）可以通过图 5-17（a）来说明。图中 C 表示某码组，当误码不超过 e 个时，该码的位置将不超过以 C 为圆心、以 e 为半径的圆（实际上是多维的球）。只要其他任何许用码组都不落入此圆内，则 c 码组发生 e 个误码时就不可能与其他许用码组相混。这就证明了其他许用码组必须位于以 C 为圆心、以 $e+1$ 为半径的圆上或圆外，所以，该码的最小码距 $d_{\min}$ 为 $e+1$。

（2）为纠正 t 个错码，要求最小码距

$$d_{\min} \geqslant 2t+1 \qquad\qquad (5\text{-}3)$$

或者说，若一种编码的最小距离为 $d_{\min}$，则它一定能纠正 $t \leqslant (d_{\min}-1)/2$ 个错码。式（5-3）可以通过图 5-17（b）来说明。图中 C_1 和 C_2 分别表示任意两个许用码组，当各自错码不超过 t 个时，发生错码后两个许用码组的位置移动将分别不会超过以 C_1 和 C_2 为圆心、以 t 为半径的圆。只要这两个圆不相交，则当错码小于 t 个时，可以根据它们落在哪个圆内就能判断为 C_1 或 C_2 码组，即可以纠正错误。而以 C_1 和 C_2 为圆心的两个圆不相交的最近圆心距离为 $2t+1$，这就是纠正 t 个错误的最小码距了。

（3）为纠正 t 个错码，同时检测 e（$e>t$）个错码，要求最小码距

$$d_{\min} \geqslant e+t+1 \qquad\qquad (5\text{-}4)$$

在解释式（5-4）之前，先来说明什么是"纠正 t 个错码，同时检测 e 个错码"（简称纠检结合）。在某些情况下，要求对于出现较频繁但错码数很少的码组，按前向纠错方式工作；同时对一些错码数较多的码组，在超过该码的纠错能力后，能自动按检错重发方式工作，以降低系统的总误码率。这种方式就是"纠检结合"。

在上述"纠检结合"系统中，差错控制设备按照接收码组与许用码组的距离自动改变工作方式。若接收码组与某一许用码组间的距离在纠错能力 t 范围内，则将按纠错方式工作；若与任何许用码组间的距离都超过 t，则按检错方式工作。

我们可以用图 5-17（c）来说明式（5-4）。图中 C_1 和 C_2 分别表示任意两个许用码组，在最不利的情况下，C_1 发生 e 个错码而 C_2 发生 t 个错码，为了保证这时两码组仍不发生相混，则要求以 C_1 圆心、以 e 为半径的圆必须与以 C_2 圆心、以 t 为半径的圆不发生交叠，即要求最小码距 $d_{\min} \geqslant e+t+1$。同时，还可以看到若错码超过 t 个时，两圆有可能相交，因而不再有纠错能力，但仍可检测 e 个错码。

可以证明，在随机信道中，采用差错控制编码，即使只能纠正（或检测）这种码组中 1～2 个错误，也可以使误码率下降几个数量级。这就表明，就算是较简单的差错控制编码也具有较大实际应用价值。当然，如在突发信道中传输，由于误码是成串集中出现的，所以上述只能纠正码组中 1～2 个错码的编码，其效用就不像在随机信道中那样显著了，需要采用更为有效的纠错编码。

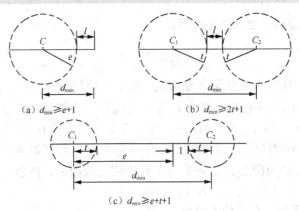

(a) $d_{min} \geq e+1$ (b) $d_{min} \geq 2t+1$

(c) $d_{min} \geq e+t+1$

图 5-17 汉明距离 d_{min} 与检错 e 和纠错能力 t 的关系

4．信道编码的分类

从不同的角度出发，信道编码有不同的分类方法。

（1）按码组的功能分，有检错码和纠错码两类。一般来说，在译码器中能够检测出错码，但不知道错码的准确位置的码，称为检错码，它没有自动纠正错误的能力。如在译码器中不仅能发现错误，而且知道错码的准确位置，自动进行纠正错误的码，则称为纠错码。

（2）按码组中监督码元与信息码元之间的关系分，有线性码和非线性码两类。线性码是指监督码元与信息码元之间呈线性关系，即可用一组线性代数方程联系起来；非线性码指的是监督码元与信息码元之间是非线性关系。

（3）按照信息码元与监督码元的约束关系，又可分为分组码和卷积码两类。所谓分组码是将信息序列以每 k 个码元分组，通过编码器在每 k 个码元后按照一定的规则产生 r 个监督码元，组成长度为 $n=k+r$ 的码组，每一码组中的 r 个监督码元仅监督本码组中的信息码元，而与别组无关。分组码一般用符号（n，k）表示，前面 k 位（a_{n-1}，a_{n-2}，…，a_r）为信息位，后面附加 r 个监督位（a_{r-1}，a_{r-2}，…，a_0）。如图 5-18 所示。

在卷积码中，每组的监督码元不但与本组码的信息码元有关，而且还与前面若干组的信息码元有关，即不是分组监督，而是每个监督码元对它的前后码元都实行监督，前后相连，有时也称连环码。

（4）按照信息码元在编码前后是否保持原来的形式不变，可划分为系统码和非系统码。系统码的信息码元和监督码元在分组内有确定的位置，而非系统码中信息码元则改变了原来的信号形式。系统码的性能大体上与非系统码相同，但是在某些卷积码中，非系统码的性能优于系统码，由于非系统码中的信息位已经改变了原有的信号形式，这对观察和译码都带来了麻烦，因此较少应用，而系统码的编码和译码相对比较简单些，所以得到了广泛应用。

信道编码的分类如图 5-19 所示。

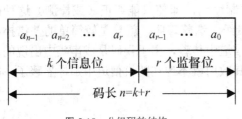

图 5-18 分组码的结构

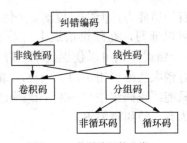

图 5-19 信道编码的分类

5.2.2 奇偶校验码

1．奇偶校验码

这是一种最简单的检错码，又称奇偶监督码，在数据通信中得到了广泛的应用。奇偶校验码分为奇校验码和偶校验码，两者的构成原理是一样的。其编码规则是先将所要传输的数据码元（信息码）分组，在分组信息码元后面附加 1 位监督位，使得该码组中信息码和监督码合在一起后"1"的个数为偶数（偶监督）或奇数（奇监督）。表 5-6 是按照偶监督规则插入监督位的。

表 5-6 奇偶校验码

消息	信息位	监督位	消息	信息位	监督位
晴	0 0	0	阴	1 0	1
云	0 1	1	雨	1 1	0

在接收端检查码组中"1"的个数，如发现不符合编码规律就说明产生了差错，但是不能确定差错的具体位置，即不能纠错。这种奇偶校验码只能发现奇数个错误，而不能检测出偶数个错误，但是可以证明出错位数为 $2t-1$（奇数）概率总比出错位数为 $2t$（偶数）概率大得多（t 为正整数），即错一位码的概率比错两位码的概率大得多，错三位码的概率比错四位码的概率大得多。因此，绝大多数随机错误都能用简单奇偶校验查出，这正是这种方法被广泛用于以随机错误为主的计算机通信系统的原因。但这种方法难于对付突发差错，所以在突发错误很多的信道中不能单独使用。最后指出，奇偶校验码的最小码距为 2，所以没有纠错能力。

2．水平奇偶校验码

为了提高上述奇偶校验码的检错能力，特别是弥补不能检测突发错误的缺陷，引出了水平奇偶校验码。其构成思路：将信息码序列按行排成方阵，每行后面加一个奇或偶校验码，即每行为一个奇偶校验码组（如表 5-7 所示，以偶校验码为例），但发送时采用交织的方法，即按方阵中列的顺序进行传输：11101，11001，10000，…10101，到了接收端仍将码元排成与发送端一样的方阵形式，然后按行进行奇偶校验。由于这种差错控制编码是按行进行奇偶校验，因此称为水平奇偶校验码。

可以看出，由于在发送端是按列发送码元而不是按码组发送码元，因此把本来可能集中发生在某一码组的突发错误分散在了方阵的各个码组中，因此可得到整个方阵的行监督。采用这种方法可以发现某一行上所有奇数个错误，以及所有长度不大于方阵中行数（表 5-7 例中为 5）的突发错误，但是仍然没有纠错能力。

表 5-7 水平奇偶校验码

信息码元										监督码元
1	1	1	0	0	1	1	0	0	0	1
1	1	0	1	0	0	1	1	0	1	0
1	0	0	0	0	1	1	1	0	1	1
0	0	0	1	0	0	0	0	1	0	0
1	1	0	0	1	1	1	0	1	1	1

3．二维奇偶校验码

二维奇偶校验码是将水平奇偶校验码改进而得，又称为水平垂直奇偶校验码。它的编码方法是在水平校验基础上对方阵中每一列再进行奇偶校验，发送时按行或列的顺序传输。到了接收端重新将码元排成发送时的方阵形式，然后每行、每列都进行奇偶校验。如表 5-8 所示。

表 5-8　　　　　　　　　　　　　　　　二维奇偶校验码

信息码元										监督码元
1	1	1	0	0	1	1	0	0	0	1
1	1	0	1	0	0	1	1	0	1	0
1	0	0	0	0	1	1	1	0	1	1
0	0	0	1	0	0	0	0	1	0	0
1	1	0	0	1	1	1	0	1	1	1
监督码元 0	1	1	0	1	1	0	0	0	0	1

（1）这种码比水平奇偶校验码有更强的检错能力。它能发现某行或某列上奇数个错误和长度不大于方阵中行数（或列数）的突发错误。

（2）这种码还有可能检测出一部分偶数个错误。当然，若偶数个错误恰好分布在矩阵的 4 个顶点上时，这样的偶数个错误是检测不出来的。

（3）这种码还可以纠正一些错误，例如，某行某列均不满足监督关系而判定该行该列交叉位置的码元有错，从而纠正这一位上的错误。

二维奇偶校验码检错能力强，又具有一定的纠错能力，且容易实现，因而得到了广泛的应用。

5.2.3　汉明码

前面介绍的奇偶校验码是一种线性分组码，本节的汉明码和下节的循环码也属于线性分组码。汉明码是一种典型的线性分组码，因此本节将对线性分组码的编译码做一介绍。

1. 线性分组码

线性码是指监督码元和信息码元之间满足一组线性方程的码；分组码是监督码元仅对本码组中的码元起监督作用，或者说监督码元仅与本码组的信息码元有关。既是线性码又是分组码的编码就叫线性分组码。线性分组码是信道编码中最基本的一类，下面研究线性分组码的一般问题。

（1）线性分组码的基本概念

线性分组码的构成是将信息序列划分为等长（k 位）的序列段，共有 2^k 个不同的序列段。在每一个信息段之后附加 r 位监督码元，构成长度为 $n=k+r$ 的分组码（n, k），当监督码元与信息码元的关系为线性关系时，构成线性分组码。

在 n 位长的二进制码组中，共有 2^n 个码字。但由于 2^k 个信息段仅构成 2^k 个 n 位长的码字，称这 2^k 字为许用码字，而其他（2^n-2^k）个码字为禁用码字。禁用码字的存在可以发现错误或纠正错误。

（2）线性分组码的监督矩阵和生成矩阵

如前所述，（n, k）线性分组码中（$n-k$）个附加的监督码元是由信息码元的线性运算产生的，下面以（7, 4）线性分组码为例来说明如何构造这种线性分组码。

（7, 4）线性分组码中，每一个长度为 4 的信息分组经编码后变换成长度为 7 的码组，用 $c_6 c_5 c_4 c_3 c_2 c_1 c_0$ 表示这 7 个码元，其中 $c_6 c_5 c_4 c_3$ 为信息码元，$c_2 c_1 c_0$ 为监督码元。监督码元可按下面方程组计算。

$$\begin{cases} c_2 = c_6 \oplus c_5 \oplus c_4 \\ c_1 = c_6 \oplus c_5 \oplus c_3 \\ c_0 = c_6 \oplus c_4 \oplus c_3 \end{cases} \tag{5-5}$$

利用式（5-5），每给出一个 4 位的信息组，就可以编码输出一个 7 位的码字。由此得到 16（2^4）个许用码组，信息位与其对应的监督位列于表 5-9 中。

表 5-9 　　　　　　　　　　　　　　（7，4）线性分组码的编码表

信息位				监督位			信息位				监督位		
c_6	c_5	c_4	c_3	c_2	c_1	c_0	c_6	c_5	c_4	c_3	c_2	c_1	c_0
0	0	0	0	0	0	0	1	0	0	0	1	1	1
0	0	0	1	0	1	1	1	0	0	1	1	0	0
0	0	1	0	1	0	1	1	0	1	0	0	1	0
0	0	1	1	1	1	0	1	0	1	1	0	0	1
0	1	0	0	1	1	0	1	1	0	0	0	0	1
0	1	0	1	1	0	1	1	1	0	1	0	1	0
0	1	1	0	0	1	1	1	1	1	0	1	0	0
0	1	1	1	0	0	0	1	1	1	1	1	1	1

式（5-5）的监督方程组可以改写为

$$\begin{cases} c_6 \oplus c_5 \oplus c_4 \oplus c_2 = 0 \\ c_6 \oplus c_5 \oplus c_3 \oplus c_1 = 0 \\ c_6 \oplus c_4 \oplus c_3 \oplus c_0 = 0 \end{cases} \tag{5-6}$$

进一步，写成矩阵形式为

$$\begin{bmatrix} 1 & 1 & 1 & 0 & 1 & 0 & 0 \\ 1 & 1 & 0 & 1 & 0 & 1 & 0 \\ 1 & 0 & 1 & 1 & 0 & 0 & 1 \end{bmatrix} \begin{bmatrix} c_6 \\ c_5 \\ c_4 \\ c_3 \\ c_2 \\ c_1 \\ c_0 \end{bmatrix} = \begin{bmatrix} 0 \\ 0 \\ 0 \end{bmatrix} \tag{5-7}$$

上式中监督矩阵 $\boldsymbol{H}$、编码后码矩阵 $\boldsymbol{C}$，零矩阵 $\boldsymbol{0}$ 分别为

$$\boldsymbol{H} = \begin{bmatrix} 1 & 1 & 1 & 0 & 1 & 0 & 0 \\ 1 & 1 & 0 & 1 & 0 & 1 & 0 \\ 1 & 0 & 1 & 1 & 0 & 0 & 1 \end{bmatrix}$$

$$\boldsymbol{C} = [c_6 c_5 c_4 c_3 c_2 c_1 c_0]$$

$$\boldsymbol{0} = [000]$$

则式（5-7）可简记为

$$\boldsymbol{H}\boldsymbol{C}^\mathrm{T} = \boldsymbol{0}^\mathrm{T} \ 或 \ \boldsymbol{C}\boldsymbol{H}^\mathrm{T} = \boldsymbol{0} \tag{5-8}$$

右上标"T"表示将矩阵转置。例如，H^{T} 是 H 的转置，即 H^{T} 的第一行为 H 的第一列，H^{T} 的第二行为 H 的第二列等。

由于式（5-8）来自监督方程，因此称 H 为线性分组码的监督矩阵。监督矩阵的作用就是对编码进行监督，如果无错，则式（5-8）运算结果为零矩阵，如果有错，则结果就为非零矩阵。只要监督矩阵 H 给定，编码对监督位和信息位的关系就完全确定了。从式（5-7）可看出，H 的行数就是监督关系式的数目，它等于监督码元的数目 r，而 H 的列数就是码长 n，这样 H 为 $r{\times}n$ 阶矩阵。矩阵 H 的每行元素"1"表示相应码元之间存在着偶监督关系。例如，H 的第一行 1110100 表示监督位 c_2 是由信息位 $c_6 c_5 c_4$ 的模 2 和决定的。

式（5-7）中的监督矩阵 H 可以分成两部分

$$
H = r\left\{\overbrace{\begin{bmatrix} 1 & 1 & 1 & 0 \\ 1 & 1 & 0 & 1 \\ 1 & 0 & 1 & 1 \end{bmatrix}}^{k} \;\vdots\; \begin{matrix} 1 & 0 & 0 \\ 0 & 1 & 0 \\ 0 & 0 & 1 \end{matrix}\right\} = \begin{bmatrix} P \vdots I_r \end{bmatrix} \tag{5-9}
$$

式中 P 为 $r{\times}k$ 阶矩阵，I_r 为 $r{\times}r$ 阶单位方阵。我们将具有 $[P\vdots I_r]$ 形式的 H 矩阵称为典型形式的监督矩阵。一般形式的 H 矩阵可以通过行的初等变换将其化为典型形式。

式（5-6）也可以改写成

$$
\begin{bmatrix} c_2 \\ c_1 \\ c_0 \end{bmatrix} = \begin{bmatrix} 1 & 1 & 1 & 0 \\ 1 & 1 & 0 & 1 \\ 1 & 0 & 1 & 1 \end{bmatrix} \begin{bmatrix} c_6 \\ c_5 \\ c_4 \\ c_3 \end{bmatrix} \tag{5-10}
$$

比较式（5-9）和式（5-10），可以看出式（5-10）等式右边前部矩阵即为 P。对式（5-10）两侧做矩阵转置，得

$$
\begin{bmatrix} c_2 c_1 c_0 \end{bmatrix} = \begin{bmatrix} c_6 c_5 c_4 c_3 \end{bmatrix} \begin{bmatrix} 1 & 1 & 1 \\ 1 & 1 & 0 \\ 1 & 0 & 1 \\ 0 & 1 & 1 \end{bmatrix} = \begin{bmatrix} c_6 c_5 c_4 c_3 \end{bmatrix} P^{\mathrm{T}} = \begin{bmatrix} c_6 c_5 c_4 c_3 \end{bmatrix} Q \tag{5-11}
$$

式中 Q 为一 $k{\times}r$ 阶矩阵，它为矩阵 P 的转置，即

$$
Q = P^{\mathrm{T}} \tag{5-12}
$$

式（5-12）表明，信息位给定后，用信息位的行矩阵乘以 Q 矩阵就可计算出各监督位，即

$$
[监督码] = [信息码] \cdot Q \tag{5-13}
$$

要得到整个码组，将 Q 的左边加上一个 $k{\times}k$ 阶单位方阵，就构成一个新的矩阵 G，即

$$
G = [I_k \vdots Q] = \begin{bmatrix} 1 & 0 & 0 & 0 & \vdots & 1 & 1 & 1 \\ 0 & 1 & 0 & 0 & \vdots & 1 & 1 & 0 \\ 0 & 0 & 1 & 0 & \vdots & 1 & 0 & 1 \\ 0 & 0 & 0 & 1 & \vdots & 0 & 1 & 1 \end{bmatrix} \tag{5-14}
$$

G 称为生成矩阵，由于由它可以产生整个码组，即有

$$
C = [信息码] \cdot G
$$

$$[c_6c_5c_4c_3c_2c_1c_0] = [c_6c_5c_4c_3] \cdot G \qquad (5\text{-}15)$$

式（5-15）表明，如果找到了码的生成矩阵 G，则编码方法就完全确定了。这就是该矩阵为什么称之为生成矩阵的原因。具有 $[I_k \cdot Q]$ 形式的生成矩阵称为典型生成矩阵。由典型生成矩阵得出的码组中，信息位不变，监督位附加于其后，这种编码才是系统码。

例如，表 5-9 中第 3 个码组中的信息码 0010，根据式（5-15）可求出整个码组

$$C = [c_6c_5c_4c_3c_2c_1c_0] = [c_6c_5c_4c_3] \cdot G$$

$$= [0010] \begin{bmatrix} 1000 & \vdots & 111 \\ 0100 & \vdots & 110 \\ 0010 & \vdots & 101 \\ 0001 & \vdots & 011 \end{bmatrix} = [0010101]$$

可见，所求得的码组正是表 5-9 中第 3 个码组。

我们要求，生成矩阵 G 和监督矩阵 H 的各行是线性无关的。任一码组 C 都是 G 的各行的线性组合。实际上，G 的各行本身就是一个许用码组。非典型形式的生成矩阵可以经过运算化成典型形式。

典型的监督矩阵 H 与典型的生成矩阵 G 之间的关系可总结为

$$H = [P \vdots I_r] \qquad Q = P^T \qquad G = [I_k \vdots Q]$$

P 矩阵是监督方程组信息码系数矩阵，Q 矩阵是 P 矩阵的转置。I 矩阵为单位方阵。

提　示

【例 5-3】　某（7，4）线性分组码，监督方程如下，①求监督矩阵 H 和生成矩阵 G。②如信息码为 0010，求整个码组 C。

$$c_2 = c_6 \oplus c_5 \oplus c_3$$
$$c_1 = c_6 \oplus c_4 \oplus c_3$$
$$c_0 = c_5 \oplus c_4 \oplus c_3$$

解： ① 将已知监督方程改写为

$$c_6 \oplus c_5 \oplus c_3 \oplus c_2 = 0$$
$$c_6 \oplus c_4 \oplus c_3 \oplus c_1 = 0$$
$$c_5 \oplus c_4 \oplus c_3 \oplus c_0 = 0$$

由此得出监督矩阵 H 为

$$H = \begin{bmatrix} 1 & 1 & 0 & \vdots & 1 & 1 & 0 & 0 \\ 1 & 0 & 1 & \vdots & 1 & 0 & 1 & 0 \\ 0 & 1 & 1 & \vdots & 1 & 0 & 0 & 1 \end{bmatrix} = [P \vdots I_r] \qquad Q = P^T = \begin{bmatrix} 1 & 1 & 0 \\ 1 & 0 & 1 \\ 0 & 1 & 1 \\ 1 & 1 & 1 \end{bmatrix}$$

生成矩阵 G 为

$$G = \begin{bmatrix} I_k \vdots Q \end{bmatrix} = \begin{bmatrix} 1 & 0 & 0 & \vdots & 0 & 1 & 1 & 0 \\ 0 & 1 & 0 & \vdots & 0 & 1 & 0 & 1 \\ 0 & 0 & 1 & \vdots & 0 & 0 & 1 & 1 \\ 0 & 0 & 0 & \vdots & 1 & 1 & 1 & 1 \end{bmatrix}$$

② 信息码为 0010 时，整个码组 C 为

$$C = \begin{bmatrix} 信息码 \end{bmatrix} \cdot G = \begin{bmatrix} 0010 \end{bmatrix} \cdot \begin{bmatrix} 1000110 \\ 0100101 \\ 0010011 \\ 0001111 \end{bmatrix}$$

$$= \begin{bmatrix} 0010011 \end{bmatrix}$$

（3）线性分组码的检错和纠错

线性分组码的监督矩阵 H 和生成矩阵 G 是紧密联系在一起的。由生成矩阵 G 生成的 (n, k) 线性分组码，传送后可以用监督矩阵 H 来检验收到的码字是否满足监督方程，即是否有错，因此有的文献也称 H 为线性分组码的校验矩阵。表 5-10 所示为各矩阵之间的关系。

表 5-10　　　　　　　　　线性分组码检错、纠错各矩阵关系

发送码组矩阵	接收码组矩阵	差错图案	校正子
$C = \begin{bmatrix} C_{n-1} C_{n-2} \cdots C_0 \end{bmatrix}$	$R = \begin{bmatrix} r_{n-1} r_{n-2} \cdots r_0 \end{bmatrix}$	$E = R - C = \begin{bmatrix} e_{n-1} e_{n-2} \cdots e_0 \end{bmatrix}$	$S = RH^T$

收发码组之差（模 2）为

$$E = R - C = \begin{bmatrix} e_{n-1} e_{n-2} \cdots e_0 \end{bmatrix} \tag{5-16}$$

其中

$$e_i = \begin{cases} 0 & 当 r_i = c_i \\ 1 & 当 r_i \neq c_i \end{cases} \qquad i = 1, 2, \cdots, n-1$$

E 称为错误图样或差错图案。当 $e_i = 0$ 表示该位接收码元无错；若 $e_i = 1$，则表示该位接收码元有错。例如，若发送码组 $C = [1000111]$，接收码组 $R = [1000011]$，则错误图样 $E = [0000100]$。

式（5-16）也可写作

$$R = C + E = C \oplus E \tag{5-17}$$

在接收端计算

$$S = RH^T = (C + E)H^T = CH^T + EH^T \tag{5-18}$$

由于 $CH^T = 0$，所以

$$S = EH^T \tag{5-19}$$

S 称为接收码组 R 的校正子。由此可见，校正子 S 只与错误图样 E 有关，可以用校正子 S 作为判别错误的参量，如果 $S = 0$，则接收到的是正确码字；若 $S \neq 0$，则说明 R 中存

在着差错。注意，校正子 S 是一个 $1 \times r$ 阶矩阵，也就是说校正子 S 的位数与监督码元个数 r 相等。

2．汉明码

汉明码是一种能够纠正一位错码且编码效率较高的线性分组码。它是 1950 年由美国贝尔实验室提出来的，是第一个设计用来纠正错误的线性分组码，汉明码及其变形已广泛地在数据存储系统中被作为差错控制码得到应用。

二进制汉明码中 n 和 k 服从以下规律

$$(n,k) = (2^r - 1, 2^r - 1 - r) \tag{5-20}$$

式中 r 为监督码组个数，$r=n-k$，当 $r=3$，4，5，6，7，8，…时，有（7，4），（15，11），（31，26），（63，57），（127，120），（255，247），…汉明码。

【**例 5-4**】已知某汉明码的监督矩阵

$$\boldsymbol{H} = \begin{pmatrix} 1 & 0 & 1 & \vdots & 1 & 1 & 0 & 0 \\ 0 & 1 & 1 & \vdots & 1 & 0 & 1 & 0 \\ 1 & 1 & 1 & \vdots & 0 & 0 & 0 & 1 \end{pmatrix} = (\boldsymbol{P} \vdots \boldsymbol{I}_r)$$

试求：（1）n，k，以及编码效率 η 分别是多少？

（2）验证 1111001 和 0100010 是否有错，若有错，请纠正。

（3）若信息码元为 1001，写出其对应的汉明码组。

解：（1）$n=7$，$k=4$，编码效率 $\eta=4/7$。

（2）汉明码具有纠正一位错误的能力，所以本例（7，4）汉明码，接收码组错一位时，对应的错误图样为：$E_6=[1000000]$，$E_5=[0100000]$，$E_4=[0010000]$，$E_3=[0001000]$，$E_2=[0000100]$，$E_1=[0000010]$，$E_0=[0000001]$。

错误图样 $\boldsymbol{E}$ 的下标数字表示接收码组中对应位置码元错误。例如 E_6 表示接收码组（r_6 r_5 r_4 r_3 r_2 r_1 r_0）中 r_6 错误，E_5 表示接收码组中 r_5 错误，依此类推。

根据 $S = EH^{\mathrm{T}}$，可计算出校正子与错误码元位置对应关系，如表 5-11 所示。

表 5-11　　　　　　　　汉明码校正子与错误码元位置对应关系

$s_2 s_1 s_0$	错码位置	$s_2 s_1 s_0$	错码位置
001	r_0	101	r_6
010	r_1	011	r_5
100	r_2	111	r_4
110	r_3	000	无错

对接收码组 1111001，根据 $S = EH^{\mathrm{T}}$，可得

$$\boldsymbol{S} = [1111001]\begin{bmatrix} 101 \\ 011 \\ 111 \\ 110 \\ 100 \\ 010 \\ 001 \end{bmatrix} = [110] = [s_2 s_1 s_0]$$

由表 5-11 可以判断：当接收码组为 1111001 时，r_3 错误，纠正为 1110001。同理，当接收码组为 0100010 时

$$S = \begin{bmatrix} 0100010 \end{bmatrix} \begin{bmatrix} 101 \\ 011 \\ 111 \\ 110 \\ 100 \\ 010 \\ 001 \end{bmatrix} = \begin{bmatrix} 001 \end{bmatrix} = \begin{bmatrix} s_2 s_1 s_0 \end{bmatrix}$$

由表 5-11 可以判断：当接收码组为 0100010 时，r_0 错误，正确的码组为 0100011。

（3）由监督矩阵

$$H = \begin{pmatrix} 1 & 0 & 1 & 1 & 1 & 0 & 0 \\ 0 & 1 & 1 & 1 & 0 & 1 & 0 \\ 1 & 1 & 1 & 0 & 0 & 0 & 1 \end{pmatrix} = \begin{pmatrix} P \vdots I_r \end{pmatrix}$$

对应的生成矩阵

$$G = \begin{pmatrix} I_k \vdots Q \end{pmatrix} = \begin{pmatrix} I_k \vdots P^{\mathrm{T}} \end{pmatrix} = \begin{pmatrix} 1 & 0 & 0 & 0 & 1 & 0 & 1 \\ 0 & 1 & 0 & 0 & 0 & 1 & 1 \\ 0 & 0 & 1 & 0 & 1 & 1 & 1 \\ 0 & 0 & 0 & 1 & 1 & 1 & 0 \end{pmatrix}$$

信息码元 1001 对应的汉明码组

$$C = \begin{bmatrix} 1001 \end{bmatrix} \cdot \begin{bmatrix} 1000101 \\ 0100011 \\ 0010111 \\ 0001110 \end{bmatrix} = \begin{bmatrix} 1001011 \end{bmatrix}$$

5.2.4 循环码

1. 循环码的特性

循环码是一种线性分组码，它除了具有线性分组码的封闭性之外，还具有循环性。循环性是指循环码中任一许用码组经过循环移位后（左移或右移）所得到的码组仍为该码中一个许用码组。表 5-12 给出一种（7，3）循环码的全部许用码组，由此表可以直观看出这种码的循环性。例如，表中的第 2 码组向右移一位得到第 5 码组，第 5 码组向右移一位得到第 7 码组等；表中的第 2 码组向左移一位得到第 3 码组，第 3 码组向左移一位得到第 6 码组等等，如图 5-20 所示。

表 5-12　　　　　　　　　　　（7，3）循环码的一种码组

码组编号	信息位			监督位				码组编号	信息位			监督位			
	c_6	c_5	c_4	c_3	c_2	c_1	c_0		c_6	c_5	c_4	c_3	c_2	c_1	c_0
1	0	0	0	0	0	0	0	5	1	0	0	1	0	1	1
2	0	0	1	0	1	1	1	6	1	0	1	1	1	0	0
3	0	1	0	1	1	1	0	7	1	1	0	0	1	0	1
4	0	1	1	1	0	0	1	8	1	1	1	0	0	1	0

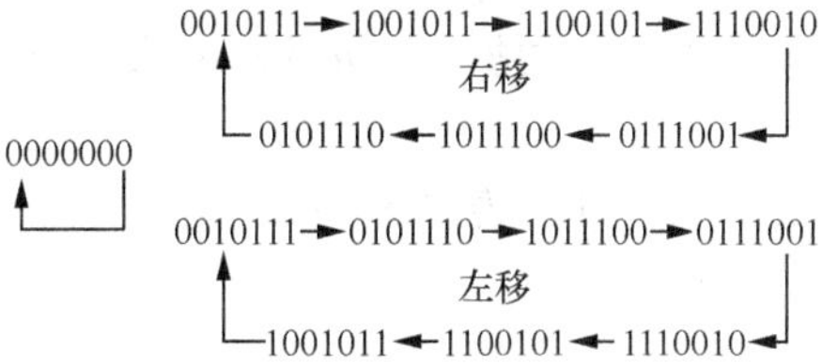

$$0010111 \rightarrow 1001011 \rightarrow 1100101 \rightarrow 1110010$$

右移

$$0101110 \leftarrow 1011100 \leftarrow 0111001$$

$$0000000$$

$$0010111 \rightarrow 0101110 \rightarrow 1011100 \rightarrow 0111001$$

左移

$$1001011 \leftarrow 1100101 \leftarrow 1110010$$

图 5-20 循环码的循环特性

2. 循环码的码多项式

为了便于用代数理论来研究循环码，把长为 n 的码组与 $n-1$ 次多项式建立一一对应关系，即把码组中各码元当作是一个多项式的系数。若一个码组 $C = (c_{n-1}, c_{n-2}, \cdots, c_1, c_0)$，则用相应的多项式表示为

$$C(x) = c_{n-1}x^{n-1} + c_{n-2}x^{n-2} + \cdots + c_1 x + c_0 \tag{5-21}$$

称 $C(x)$ 为码组 C 的码多项式。

表 5-12 中的 (7，3) 循环码中任一码组可以表示为

$$C(x) = c_6 x^6 + c_5 x^5 + c_4 x^4 + c_3 x^3 + c_2 x^2 + c_1 x + c_0$$

例如，表 5-12 中的第 7 码组 (1100101) 可以表示为

$$\begin{aligned} C(x) &= 1 \cdot x^6 + 1 \cdot x^5 + 0 \cdot x^4 + 0 \cdot x^3 + 1 \cdot x^2 + 0 \cdot x^1 + 1 \\ &= x^6 + x^5 + x^2 + 1 \end{aligned}$$

在码多项式中，x 的幂次仅是码元位置的标记。多项式中 x^i 的存在只表示该对应码位上是 "1" 码，否则为 "0" 码，我们称这种多项式为码多项式。由此可知码组和码多项式本质上是相同的，只是表示方法不同而已。在循环码中，一般用码多项式表示码组。

3. 循环码的生成多项式

循环码是一种特殊的具有循环特性的线性分组码，其编译码除了可以采用一般线性分组码的生成矩阵和监督矩阵的方法外，还可以采用多项式的运算方法，这需要先找到循环码的生成多项式。循环码可以使用生成多项式 $g(x)$ 来进行编码，对于生成多项式 $g(x)$ 有一定的要求，下面来看看生成多项式 $g(x)$ 的特点。

一个 (n, k) 循环码共有 2^k 个许用码组，其中有一个码组前 $(k-1)$ 位码元均为 "0"，第 k 位码元为 "1"，第 n 位（最后一位）码元为 "1"，其他码元无限制（既可以是 "0"，也可以是 "1"）。此码组可以表示为

$$\left(\underbrace{00\cdots0}_{k-1} \; 1 \; g_{n-k-1} \cdots g_2 g_1 \; 1 \right)$$

之所以第 k 位码元和第 n 位（最后一位）码元必须为 "1"，其原因如下。

（1）在 (n, k) 循环码中，除全 "0" 码组外，连 "0" 的长度最多只能有 $k-1$ 位。否则，在经过若干次循环移位后，将得到一个 k 位信息位全为 "0"，但督码位不全为 "0" 的码组，这在线性码中显然是不可能的（信息位全为 "0"，督码位也必定全为 "0"）；

（2）若第 n 位（最后一位）码元不为 "1"，该码组（前 $k-1$ 位码元均为 "0"）循环右

移后，将成为前 k 位信息位都是"0"，而后面（$n-k$）位监督位不都为"0"的码组，这是不允许的。

以上证明（$000\cdots01\ g_{n-k-1}\cdots g_2 g_1 1$）为（$n$，$k$）循环码的一个许用码组，其对应的多项式为

$$g(x) = x^{n-k} + g_{n-k-1}x^{n-k-1} + \cdots + g_1 x + 1 \qquad (5\text{-}22)$$

这样的码多项式只有一个。因为如果有两个最高次幂为（$n-k$）次的码多项式，则由循环码的封闭性可知，把这两个码字相加产生的码字连续前 k 位都为"0"。这种情况不可能出现，所以在（n，k）循环码中，最高次幂为（$n-k$）次的码多项式只有一个，$g(x)$ 具有唯一性。

根据循环码的循环特性及公式（5-22），$xg(x)$，$x^2 g(x)$，$\cdots$，$x^{k-1}g(x)$ 所对应的码组都是（n，k）循环码的一个许用码组，连同 $g(x)$ 对应的码组共构成 k 个许用码组。这 k 个许用码组便可构成生成矩阵 G。所以将 $g(x)$ 称为生成多项式。

归纳起来，（n，k）循环码的 2^k 个许用码组中，只有一个码组前（$k-1$）位码元均为 0，第 k 位码元为 1，第 n 位（也就是最后一位）码元为 1，此码组对应的多项式即为生成多项式 $g(x)$，其最高幂次为（$n-k$）次。

【**例 5-5**】 求表 5-12 所示的（7，3）循环码的生成多项式。

解：表 5-12 所示的（7，3）循环码对应的生成多项式的码组为第 2 个码组 0010111，生成多项式为

$$g(x) = x^4 + x^2 + x + 1$$

可以证明，生成多项式 $g(x)$ 必定是 x^n+1 的一个因式。这一结论为寻找循环码的生成多项式指出了一条道路，即循环码的生成多项式应该是 x^n+1 的一个（$n-k$）次因子。

例如，x^7+1 可以分解为

$$x^7 + 1 = (x+1)(x^3 + x^2 + 1)(x^3 + x + 1) \qquad (5\text{-}23)$$

为了求出（7，3）循环码的生成多项式 $g(x)$，就要从上式中找到一个 $n-k=7-3=4$ 次的因式，从式（5-23）中不难看出，这样的因式有两个，即

$$(x+1)(x^3 + x^2 + 1) = x^4 + x^2 + x + 1 \qquad (5\text{-}24)$$

$$(x+1)(x^3 + x + 1) = x^4 + x^3 + x^2 + 1 \qquad (5\text{-}25)$$

以上两式都可以作为（7，3）循环码的生成多项式。不过，选用的生成多项式不同，产生出的循环码的码组就不同。利用式（5-24）作为生成多项式产生的循环码即如表 5-12 所示。

4．循环码的编码方法

编码的任务是在已知信息位的条件下，求得循环码的码组，而我们要求得到的是系统码，即码组前 k 位为信息位，后（$n-k$）位是监督位。

设信息位对应的码多项式为

$$m(x) = m_{k-1}x^{k-1} + m_{k-2}x^{k-2} + \ldots + m_1 x + m_0 \qquad (5\text{-}26)$$

其中系数 m_i 为 1 或 0。

信息码多项式 $m(x)$ 的最高幂次为 $(k-1)$。将 $m(x)$ 左移 $(n-k)$ 位成为 $x^{n-k}m(x)$，其最高幂次为 $(n-1)$。$x^{n-k}m(x)$ 的前一部分为连续 k 位信息码 $(m_{k-1}, m_{k-2}, \cdots, m_0)$，后一部分为 $(n-k)$ 位的 "0"，$n-k=r$ 正好是监督码的位数。所以在它的后一部分添上监督码，就编出了相应的系统码。

循环码的任何码多项式都可以被 $g(x)$ 整除，即 $C(x)=h(x)g(x)$。用 $x^{n-k}m(x)$ 除以 $g(x)$，得

$$\frac{x^{n-k}m(x)}{g(x)} = q(x) + \frac{r(x)}{g(x)} \qquad (5\text{-}27)$$

式中 $q(x)$ 为商多项式，余式 $r(x)$ 的最高次幂小于 $(n-k)$ 次，将式 (5-27) 改写成

$$x^{n-k}m(x) + r(x) = q(x) \cdot g(x) \qquad (5\text{-}28)$$

式 (5-28) 表明：多项式 $x^{n-k}m(x) + r(x)$ 为 $g(x)$ 的倍式。根据式 (5-27) 或式 (5-28)，$x^{n-k}m(x)+r(x)$ 必定是由 $g(x)$ 生成的循环码中的码组，而余式 $r(x)$ 即为该码组的监督码对应的多项式。

根据上述原理，编码步骤可归纳如下。

（1）用 x^{n-k} 乘以信息码多项式 $m(x)$ 得到 $x^{n-k}m(x)$。

这一运算实际上是把信息码后附上 $(n-k)$ 个 "0"。例如，信息码为 110，它相当于 $m(x)=x^2+x$。当 $n-k=7-3=4$ 时，$x^{n-k}m(x)=x^4(x^2+x)=x^6+x^5$，它相当于 1100000。

（2）用 $g(x)$ 除 $x^{n-k}m(x)$，得到商 $q(x)$ 和余式 $r(x)$，即

$$\frac{x^{n-k}m(x)}{g(x)} = q(x) + \frac{r(x)}{g(x)}$$

例如，若选用 $g(x)=x^4+x^2+x+1$ 作为生成多项式，则

$$\frac{x^{n-k}m(x)}{g(x)} = \frac{x^6+x^5}{x^4+x^2+x+1} = (x^2+x+1) + \frac{x^2+1}{x^4+x^2+x+1}$$

显然，$r(x)=x^2+1$。

（3）求多项式 $C(x)=x^{n-k}m(x)+r(x)$。

$$C(x)=x^{n-k}m(x)+r(x)=x^6+x^5+x^2+1$$

本例编出的码组 1100101，这就是表 5-12 中的第 7 个码组。读者可按此方法编出其他码组。可见，这样编出的码就是系统码了。

【例 5-6】 已知一种 (7, 3) 循环码，生成多项式为 $g(x)=x^4+x^3+x^2+1$，求信息码为 111 时，编出的循环码组。

解：（1）写出码多项式

$$m(x)=x^2+x+1$$

（2）用 x^{n-k} 乘以信息码多项式 $m(x)$ 得到

$$x^{n-k}m(x)=x^4(x^2+x+1)=x^6+x^5+x^4$$

（3）用 $g(x)$ 除 $x^{n-k}m(x)$，得到商 $q(x)$ 和余式 $r(x)$

$$\frac{x^6+x^5+x^4}{x^4+x^3+x^2+1} = x^2 + \frac{x^2}{x^4+x^3+x^2+1}$$

其中，余式 $r(x)=x^2$

（4）求多项式 $C(x)=x^{n-k}m(x)+r(x)$

$$C(x)=x^6+x^5+x^4+x^2$$

信息码为 111 时，编出的循环码组为 1110100。

【例 5-7】 已知信息码为 1101，生成多项式 $G(x)=x^3+x+1$，编一个（7，4）循环码。

解：（1）写出码多项式

$$m(x)=x^3+x^2+1$$

（2）用 x^{n-k} 乘以信息码多项式 $m(x)$ 得到

$$x^{n-k}m(x)=x^3(x^3+x^2+1)=x^6+x^5+x^3$$

（3）用 $g(x)$ 除 $x^{n-k}m(x)$，得到商 $q(x)$ 和余式 $r(x)$

$$\frac{x^6+x^5+x^3}{x^3+x+1}=x^3+x^2+x+1+\frac{1}{x^3+x+1}$$

余式 $r(x)=1$。

（4）求多项式 $C(x)=x^{n-k}m(x)+r(x)$

$$C(x)=x^6+x^5+x^3+1$$

信息码为 1101 时，编出的循环码组为 1101001。

【例 5-8】 使用生成多项式 $g(x)=x^4+x^3+1$ 产生 $m(x)=x^7+x^6+x^5+x^2+x$ 对应的循环码组。

解： $g(x)$ 的最高幂次为 $n-k=4$，$m(x)$ 的最大幂次是 7，表示信息码元为 8，此循环码为（12，8）循环码。

（1）用 x^{n-k} 乘以信息码多项式 $m(x)$ 得到

$$x^{n-k}m(x)=x^4(x^7+x^6+x^5+x^2+x)=x^{11}+x^{10}+x^9+x^6+x^5$$

（2）用 $g(x)$ 除 $x^{n-k}m(x)$，得到商 $q(x)$ 和余式 $r(x)$

$$\frac{x^{11}+x^{10}+x^9+x^6+x^5}{x^4+x^3+1}=x^7+x^5+x^4+x^2+x+\frac{x^2+x}{x^4+x^3+1}$$

余式 $r(x)=x^2+x$。

利用多项式除法规则进行运算，过程如下。

（3）求多项式 $C(x)=x^{n-k}m(x)+r(x)$

$$C(x)=x^{11}+x^{10}+x^9+x^6+x^5+x^2+x$$

对应的循环码组为 111001100110。

5．循环码的解码方法

（1）检错的实现

接收端解码的要求有两个：检错和纠错。达到检错目的的解码原理十分简单。由于任一码组多项式 $C(x)$ 都应能被生成多项式 $g(x)$ 整除，所以在接收端可以将接收码组多项式 $R(x)$ 用原生成多项式 $g(x)$ 去除。当传输中未发生错误时，接收码组与发送码组相同，即 $R(x)=C(x)$，故码组多项式 $R(x)$ 必定能被 $g(x)$ 整除；若码组在传输中发生错误，则 $R(x)\ne C(x)$，$R(x)$ 被 $g(x)$ 除时可能除不尽而有余项，即有

$$\frac{R(x)}{g(x)} = q'(x) + \frac{r'(x)}{g(x)} \tag{5-29}$$

因此，我们就以余项是否为零来判别码组中有无错码。这里还需指出一点，如果信道中错码的个数超过了这种编码的检错能力，恰好使有错码的接收码组能被 $g(x)$ 整除，这时的错码就不能检出了，这种错误称为不可检错误。

（2）纠错的实现

在接收端为纠错而采用的解码方法自然比检错时复杂。若要纠正错误，需要知道错误图样 $E(x)$，以便纠正错误。原则上纠错解码可按以下步骤进行。

① 用生成多项式 $g(x)$ 除接收码组 $R(x)=C(x)+E(x)$（模 2 加），得到余式 $r'(x)$；

② 按余式 $r'(x)$ 用查表的方法或通过某种运算得到错误图样 $E(x)$；

③ 从 $R(x)$ 中减去 $E(x)$（模 2 加），得到纠错后的原发送码组 $C(x)$。

6．循环冗余校验码（CRC）

在数据通信中，广泛采用循环冗余校验（Cyclic Redundancy Check，CRC），循环冗余校验码就简称 CRC 码。CRC 码采用了循环码的多项式除法生成监督位的方法。CRC 的特点是检错能力极强，开销小，易于用编码器及检测电路实现。从其检错能力来看，它所不能发现的错误的几率仅为 0.0047% 以下。从性能上和开销上考虑，均远远优于奇偶校验及算术和校验等方式。因而，在数据存储和数据通信领域，CRC 无处不在：著名的通信协议 X.25 的 FCS（帧检错序列）采用的是 CRC-ITU，WinRAR、NERO、ARJ、LHA 等压缩工具软件采用的是 CRC-32，磁盘驱动器的读写采用了 CRC-16，通用的图像存储格式 GIF、TIFF 等也都用 CRC 作为检错手段。

5.2.5　卷积码

近年来，随着大规模集成电路的发展，电路实现技术水平获得较大程度的提高，卷积码在众多通信系统和计算机系统中得到了越来越广泛的应用。在数据通信中，特别值得一提的是采用卷积码与调制技术相结合而形成的新型的调制技术—TCM 技术。它的出现，使得数据调制解调器的传输速率和性能都产生了较大飞跃。研究和应用都已说明，在差错控制系统中卷积码是一种极具吸引力、颇有前途的差错控制编码。

卷积码又称连环码，首先是由伊利亚斯（P.Elias）于 1955 年提出来的。它与前面讨论的分组码不同，是一种非分组码。在同等码率和相似的纠错能力下，卷积码的实现往往要比分组码简单。由于在以计算机为中心的数据通信中，数据通常是以分组的形式传

输或重传，因此分组码似乎更适合于检测错误，并通过反馈重传纠错，而卷积码主要应用于前向纠错数据通信系统中。另外，卷积码不像分组码有严格的代数结构，至今尚未找到严密的数学手段，把纠错性能与码的结构十分有规律的联系起来。因此本节仅讨论卷积码的基本原理。

1．卷积码的基本概念

在 $(n，k)$ 分组码中，任何一段规定时间内编码器产生的 n 个码元的一个码组，其监督位完全决定于这段时间中输入的 k 个信息位，而与其他码组无关。这个码组中的 $(n-k)$ 个监督位仅对本码组起监督作用。为了达到一定的纠错能力和编码效率，分组码的码组长度 n 通常都比较大。编译码时必须把整个信息码组存储起来，由此产生的延时随着 n 的增加而线性增加。

为了减少这个延迟，人们提出了各种解决方案，其中卷积码就是一种较好的信道编码方式。这种编码方式同样是把 k 个信息比特编成 n 个比特，但 k 和 n 通常很小，特别适宜于以串行形式传输信息，减小了编码延时。

与分组码不同，卷积码编码器在任何一段规定时间内产生的 n 个码元，其监督位不仅取决于这段时间中的 k 个信息位，而且还取决于前 $(N-1)$ 段规定时间内的信息位。换句话说，监督位不仅对本码组起监督作用，还对前 $(N-1)$ 个码组也起监督作用。这 N 段时间内的码元数目 nN 称为这种码的约束长度。通常把卷积码记作 $(n，k，N)$，其编码效率为 $R=k/n$。

卷积码的纠错能力随着 N 的增加而增大，在编码器复杂程度相同的情况下，卷积码的性能优于分组码。另一点不同的是：分组码有严格的代数结构，但卷积码至今尚未找到如此严密的数学手段，把纠错性能与码的结构十分有规律地联系起来，目前大都采用计算机来搜索好码。

2．卷积码的编码

（1）卷积码编码器的一般结构

图 5-21 示出了 $(n，k，N)$ 卷积码编码器的一般结构。它由输入移位寄存器、模 2 加法器、输出移位寄存器三部分构成。输入移位寄存器共有 N 段，每段有 k 级，共 $N×k$ 位寄存器，信息序列由此不断输入。输入端的信息序列进入这种结构的输入移位寄存器即被自动分段，每段 k 位，对应每一段的 k 位输出的 n 个比特的卷积码，与包括当前段在内的已输入的 N 段的 Nk 个信息位相关联。一组模 2 加法器共 n 个，它实现卷积码的编码算法；输出移位寄存器，共有 n 级。输入移位寄存器每移入 k 位，它输出 n 个比特的编码。

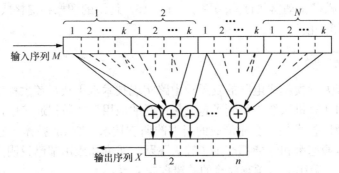

图 5-21　$(n，k，N)$ 卷积码编码器的一般结构

（2）卷积码编码原理

下面通过一个简单的例子来说明卷积码的编码原理。图 5-22 是一个（2，1，3）卷积码

编码器。与一般结构相比，输出移位寄存器用转换开关代替，转换开关每输出一个比特转换一次，这样，每输入一个比特，经编码器产生两个比特。图 5-22 中，m_1，m_2，m_3 为移位寄存器，假设移位寄存器起始状态全为 "0"，即 m_1，m_2，m_3 为 "000"。c_1 与 c_2 表示为

$$c_1 = m_1 \oplus m_2 \oplus m_3$$
$$c_2 = m_1 \oplus m_3$$

$(5-30)$

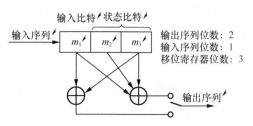

图 5-22 （2，1，3）卷积码编码器

m_1 表示当前的输入比特，而移位寄存器 m_3m_2 存储以前的信息，表示编码器状态。

表 5-13 列出了编码器的状态变化过程，当第一个输入比特为 "1" 时，即 $m_1=1$，因为 $m_3m_2=00$，所以输出码元 $c_1c_2=11$；第二个输入比特为 "1"，这时 $m_1=1$，$m_3m_2=01$，$c_1c_2=01$，以此类推。为保证输入的全部信息位（11010）都能通过移位寄存器，还必须在输入信息位后加 3 个 "0"。

表 5-13　　　　　　　　　　　　　　　编码器的状态变化过程

m_1	1	1	0	1	0	0	0	0
m_3m_2	00	01	11	10	01	10	00	00
c_1c_2	11	01	01	00	10	11	00	00
状态	a	b	d	c	b	c	a	a

表 5-13 中用 a，b，c 和 d 分别表示移位寄存器 m_3m_2 的 4 种可能状态，即 a 表示 $m_3m_2=00$，b 表示 $m_3m_2=01$，c 表示 $m_3m_2=10$，d 表示 $m_3m_2=11$。

3．卷积码的图解表示

根据卷积码的特点，卷积码编码的状态变化还可以用树状图、网格图和状态图来表示。

（1）树状图

编码器中移位过程可能产生的各种序列可以用树状图来表示，如图 5-23 所示。树状图从节点 a 开始，此时移位寄存器状态为 "00"。当输入第一个比特 $m_1=0$ 时，输出比特 $c_1c_2=00$；若 $m_1=1$，则 $c_1c_2=11$，因此，从 a 点出发有两条支路（树权）可供选择，$m_1=0$ 时取上面一条支路，$m_1=1$ 时则取下面一条支路。当输入第二个比特时，移位寄存器右移一位后，上支路情况下移位寄存器状态仍为 "00"，即 a 状态；下支路的状态则为 01，即 b 状态。再输入比特时，随着移位寄存器和输入比特的不同，树状图继续分叉成 4 条支路，2 条向上，2

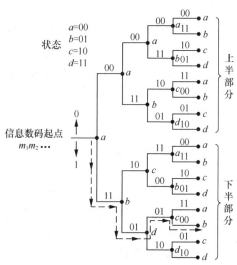

图 5-23 （2，1，3）卷积码的树状图

条向下，上支路对应于输入比特为"0"，下支路对应于输入比特为"1"，如此继续下去，即可得到图 5-23 所示的树状图。

树状图上，每条树叉上标注的码元为输出比特，每个节点上标注的 a，b，c 和 d 为移位寄存器（$m_3 m_2$）的状态。从图（5-23）可以看出，从第 4 条支路开始，树状图呈现出重复性，即图中标明的上半部分和下半部分完全相同。这表明从第 4 位输入比特开始，输出码元已与第 1 位输入比特无关，正说明（2，1，3）卷积码的约束长度为 $nN=2 \times 3=6$ 的含义。当输入序列为（11010）时，在树状图上用虚线标出了它的轨迹，并得到输出码元序列为（11010100…），可见，该结果与表 5-13 一致。

（2）网格图

网格图又称格状图。卷积码的树状图中存在着重复性，据此可以得到更为紧凑的图形表示。在网格图中，把码树中具有相同的节点合并在一起，画于同一行中。输入为"0"对应上分支，用实线表示；输入为"1"对应下分支，用虚线表示。各分支上标出对应的输出。四行节点即移位寄存器的四种状态 a、b、c、d，如图 5-24 所示。一般情况下有 2^{N-1} 种状态。随着输入信息序列的增加，网格图的节向右延伸。从第 N 节开始，网格图的图形开始完全重复。和树状图一样，每种输入序列都对应着网格图中一条相应的路径。如输入序列（11010）对应的路径如图 5-24 中粗线所示，其输出序列为（1101010010）。注意：在其后面的 3 个"0"对应的输出不是（000000），而是（110000）。

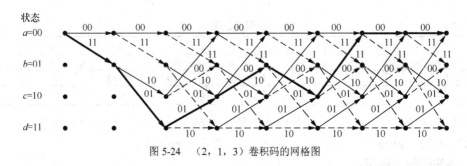

图 5-24 （2，1，3）卷积码的网格图

（3）状态图

从上述例子可见，移位寄存器的状态对应着编码器的状态 a、b、c、d。编码器的输出由其输入和编码器的状态所决定。每一次输入都使移位寄存器移位，编码器状态变为一新的状态，由此可画出编码器的状态转移图。（2，1，3）卷积码的状态图如图 5-25（a）所示。由于网格图也表示了编码器的状态变化过程，所以该状态图也可由网格图得到，如图 5-25（b）所示。

在图 5-25（a）中有 4 个节点，即编码器的 4 种状态 a、b、c、d，每个节点有两条离开的弧线，箭头表明状态转移的方向，弧线上标有输入比特及相应的输出比特。在图 5-25（b）中实线表示输入比特为"0"的路径，虚线表示输入比特为"1"的路径，并在路径上写出了相应的输出码元。注意：图 5-25（a）中两个自闭合圆环分别表示 $a \rightarrow a$ 和 $d \rightarrow d$ 的状态转移。

由此可见，当给定输入信息比特序列和起始状态时，可以用上述 3 种图解表示法的任何一种，找到输出序列和状态变化路径。

4．卷积码的译码

卷积码的性能取决于卷积码的距离特性和译码算法，其中距离特性是卷积码自身本质的属性，它决定了该码潜在的纠错能力，而译码算法是个如何将潜在纠错能力转化为实际纠错能力的问题。因此，要研究卷积码的译码方法就必须首先了解卷积码的距离特性。

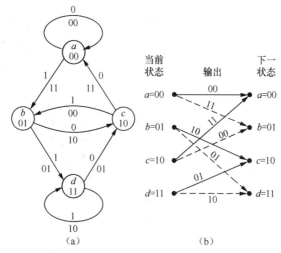

图 5-25   （2，1，3）卷积码网格图中的路径

描述距离特性的最好方法是利用网格图。与研究分组码的距离特性一样，卷积码要研究的是任意两个可能的解码序列间的最小距离，即汉明距离，也叫做自由距离 d_{free}。自由距离 d_{free} 是卷积码的主要性能指标，卷积码的纠错能力取决于自由距离 d_{free} 的大小。卷积码自由距离 d_{free} 的计算有很多方法，简单的卷积码可以直接在网格图上推导；稍微复杂一些的卷积码可采用信号流图法，它也最具理论价值；而最实用的方法还是靠编程利用计算机来搜索。

一般说来，卷积码有以下两类译码方法。

（1）代数译码，这是利用编码本身的代数结构进行译码，不考虑信道的统计特性。

（2）概率译码，这种译码方法在计算时要考虑信道的统计特性。典型的算法如：维特比译码、序列译码等。

这里仅简单介绍概率译码。在卷积码的概率译码中，有一类称为最大似然算法，其思路是：把接收序列与所有可能的发送序列（相当于网格图中的所有路径）相比较，选择一种码距最小的序列作为发送序列。在这一思路下，如果发送一个 l 位序列，则有 2^l 种可能序列，计算机应存储这些序列，以便用来比较。因此，当 l 较大时，存储量和计算量太大，受到限制。1967 年维特比（Viterbi）对最大似然译码做了简化，称为维特比译码。维特比译码是建立在信道的统计特性基础上的一种解码方法。特别是在码的约束长度较小时，它要比序列译码算法的效率高，而且速率更快，更重要的是解码器的结构也比较简单。维特比译码算法不是一次比较网格图上所有可能的序列（路径），而是根据网格图每接收一段就计算一段，比较一段后挑出并存储码距小的路径，最后选择出那条路径就是具有最大似然函数（或最小码距）的路径，即为译码器的输出序列。

下面以图 5-22 中的（2，1，3）卷积码编码器为例说明维特比译码的过程，如图 5-26 所示。根据图 5-22，发送的信息码序列为（11010），为使得全部信息码都能通过编码器，后面补了 3 个 "0"，卷积码编码器的输出序列为（1101010010110000）。假设接收序列为（0101011010010001），我们来看看使用维特比译码能否正确译出发送的信息码序列（11010）。

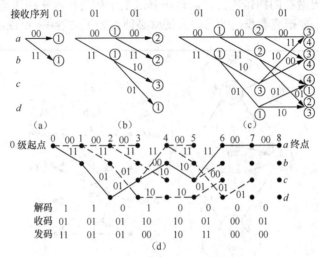

图 5-26 维特比译码过程示意图

维特比译码时，由于已知编码约束长度为 $nN=2\times3=6$，可以先用前 3 段 6 位码的接收序列（010101）作为计算的已知数据。把网格图的起点作为 0 级（状态节点为 a），用这 6 位码正好到达第 3 级的 4 个节点，逐级码距计算过程如图 5-26（a）～（c）所示。这样，从 0 级起点到第 3 级的 4 个节点共有 8 条路径，比较每个节点上的两条路径对应的码距，将码距较大的路径淘汰掉，码距小的路径保留下来，称为幸存路径。然后，用随后的 2 位接收码 10 从第 3 级向第 4 级推进，同样也产生出 8 条路径，同理，留下 4 条幸存路径，依此类推，逐级选择 4 条幸存路径。最后，由于信息序列最后补了 3 个 "0"，所以最后路径必然终结于 a 状态。因为只有经过节点 a 和 c 才能够从第 7 级到达第 8 级的最终节点 a，所以在到达第 7 级时只要选出节点 a 和 c 的两条幸存路径即可。并且已经确知补的最后一位 "0" 对应的 2 位编码输出是 "00"，所以无论收到最后 2 位是否有错误，都不用去考虑了，就按照 "00" 去计算节点 a 和 c 的两条幸存路径到达最终节点 a 的码距，通过两者比较得到最后的解码路径，就是图 5-26（d）中实线所标示的那条路径。按照实线为 "0"，虚线为 "1" 的规则，在网格图中沿着这条解码路径逐段判定发送的信息码。由于解码路径与图 5-22 中的编码路径一致，所以解码所得的信息码序列与发送的信息序列完全相同，都是（11010000），即正确译出了发送的信息码序列。

5.2.6　Turbo 码

1993 年两位法国教授 Berrou、Glavieux 和他们的缅甸籍博士生 Thitimajshima 在 ICC 会议上发表的 "Near Shannon limit error-correcting coding and decoding: Turbo codes"，提出了一种全新的编码方式——Turbo 码。它巧妙地将两个简单分量码通过伪随机交织器并行级联来构造具有伪随机特性的长码，并通过在两个软入/软出(SISO)译码器之间进行多次迭代实现了伪随机译码。它的性能远远超过了其他的编码方式，得到了广泛的关注和发展，并对当今的编码理论和研究方法产生了深远的影响，信道编码学也随之进入了一个新的阶段。

对于 Turbo 码的研究，最初集中于对其译码算法、性能界和独特编码结构的研究，经过十多年来的发展历程，已经取得了很大的成果，在各方面也都走向使用阶段。Turbo 码由于很好地应用了香农信道编码定理中的随机性编译码条件，而获得了接近香农理论极限的译码性能。它不仅在信噪比较低的高噪声环境下性能优越，而且具有很强的抗衰落、抗干扰能力。

Turbo 码与其他通信技术的结合包括 Turbo 码与调制技术（如网格编码调制TCM）的结合、Turbo 码与均衡技术的结合（Turbo 码均衡）、Turbo 码编码与信源编码的结合、Turbo 码译码与接收检测的结合等。Turbo 码与OFDM调制、差分检测技术相结合，具有较高的频率利用率，可有效地抑制短波信道中多径时延、频率选择性衰落、人为干扰与噪声带来的不利影响。

信道编码技术可改善数字信息在传输过程中由于噪声和干扰造成的误差，提高系统可靠性。因而提供高效的信道编译码技术成为3G移动通信系统中的关键技术之一。3G移动通信系统所提供的业务种类的多样性、灵活性，对差错控制编译码提出了更高的要求。WCDMA 和cdma2000方案都建议采用除与 IS-95 CDMA 系统类似的卷积编码技术和交织技术之外的 Turbo 编码技术。

日前 Turbo 码的研究尚缺少理论基础支持，但是在各种恶劣条件下（即低 SNR 情况下），提供接近 Shannon 极限的通信能力已经通过模拟得到证明。但 Turbo 码也存在着一些急待解决的问题，例如译码算法的改进、复杂性的降低、译码延时的减小。作为商用 3G 移动通信系统的关键技术之一，Turbo 码也将逐渐获得较好的理论支持并且得到进一步开发和完善。

5.2.7　信道编译码仿真

一、仿真目的

1. 掌握奇偶校验码的编译码；

2. 掌握（7，4）汉明码的编译码。

二、仿真内容

1. 奇偶校验码编译码仿真；

2.（7，4）汉明码编码与译码的仿真。

三、仪器与设备

SystemView 仿真软件。

四、仿真步骤

1. 奇偶校验码编译码仿真

以长度为 4 的偶校验码为例构建仿真模型。码长为 4 的码字可表示为 $a_3 a_2 a_1 a_0$，其中 $a_3 a_2 a_1$ 为信息元，a_0 为监督元，根据偶校验码的编码规则，可得监督元与信息元之间的关系为

$$a_0 = a_3 \oplus a_2 \oplus a_1 \qquad (5\text{-}31)$$

当给定信息元 $a_3 a_2 a_1$ 时，由式（5-31）即可得出监督元 a_0，三位信息元与一位监督元组成一个码字 $a_3 a_2 a_1 a_0$。

经过信道传输后，接收端收到的码字为 $b_3 b_2 b_1 b_0$。接收端译码器检查码字 $b_3 b_2 b_1 b_0$ 中"1"码元的个数，当"1"码元的个数为偶数时，说明接收码字没有错误，否则，说明接

收码字有错。因此偶校验码的译码可以通过对码字求异或运算来完成，计算式为

$$S = b_3 \oplus b_2 \oplus b_1 \oplus b_0 \tag{5-32}$$

当 $S=0$ 时，接收码字中无错误，当 $S=1$ 时，接收码字中有错误。

根据以上偶校验码的编码、译码方式即可构建相应的仿真系统。编码器仿真模型如图 5-27 所示。

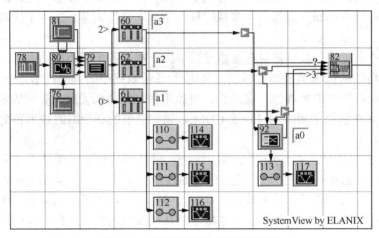

图 5-27　四位偶检验码编码器仿真模型

图 5-27 中，图符 78 产生周期为 1s、脉冲宽度为 0.5s 矩形脉冲序列，作为图符 80 计数器的计数脉冲。图符 80 是一个十六进制计数器，保证它工作在计数状态的使能信号由图符 81 和图符 76 提供，图符 76 提供高电平信号，图符 81 提供低电平信号。由于图符 80 的输出状态只用了低三位 $Q_2 Q_1 Q_0$，$Q_2 Q_1 Q_0$ 每 8 个时钟循环一次，所以图符 80 在这个仿真模型中充当八进制计数器。图符 79 是个可编程存储器（PROM），有三个地址线 $A_2 A_1 A_0$，共有八个存储单元，每个单元可存放八位二进制。本例中存放的八个数据分别为 $(00)_H$、$(01)_H$、$(02)_H$、$(03)_H$、$(04)_H$、$(05)_H$、$(06)_H$、$(07)_H$，这些数据中的低三位作为偶校验编码的信息。编码信息可随机产生，但为了便于观察，这个例子中采用固定数据。双击图符 79，进入参数设置区可改变存储数据。图符 60、61 和 62 对编码信息再采样，使信息速率为 1Hz，$a_3 a_1 a_0$ 每秒送出一个数据。图符 110，111 和 112 是取样保持器，目的是使图符 114，115，116 显示的 $a_3 a_1 a_0$ 波形为方波。图符 92 是异或门，完成表达式（8-1）所示的编码，输出校验位 a_0。图符 113 为保持电路，图符 117 显示 a_0。图符 82 为时分多路复用器，它将输入的并行数据以串行方式输出。双击图符，进入参数设置区，将输入端数设置为 4 个，每秒输入一次数据。设置系统的运行时间：取样速率为 256 Hz，取样点数为 3072。运行系统，得到输入信息和编码输出的波形如图 5-28 所示。

偶监督码的译码器仿真模型如图 5-29 所示。图符 83 是分路器，它完成的工作与图符 82 完成的工作刚好相反，它将来自信道的串行数据转换为输出的并行数据。其参数的设置与图符 82 的参数设置相同，双击图符可观察到其设置的参数为：输出端数为 4，每 1s 输出一次数据。图符 94，96，97，98 是比较器，当输入的数据大于图符 95 提供的门限电平时，输出为 1，否则输出为 0。图符 105、106、107 及 108 是保持器，使输出码字 $b_3 b_2 b_1 b_0$ 的

每个码元间隔内的电平保持恒定。图符 93 对接出码字 $b_3 b_2 b_1 b_0$ 进行译码，即根据式（5-32）计算 S，图符 99 显示译码结果。

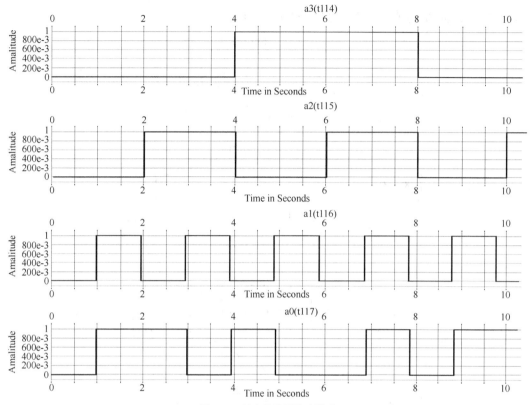

图 5-28 输入及编码输出波形

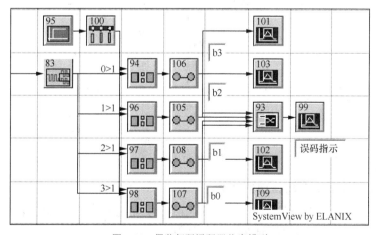

图 5-29 偶监督码译码器仿真模型

双击图符 74，进入参数设置区，将噪声的标准偏差设置为 0.2V。运行系统，进入分析窗，更新数据，关闭与编码有关的波形窗口，适当调整剩余波形图，得到接收码字中的各位码元及译码结果波形如图 5-30 所示。显然，当接收码字有错误时译码指示器显示正脉冲。增大噪声，可发现错码出现的频率也增大。译码器输出波形与输出波形相比，有两个码元宽度的延迟，本例中延迟时间为 2s。延迟时间是由编码器端的多路复用器和译码器端的分路器引起的，它们各引起了一个码元宽度的时间延迟。

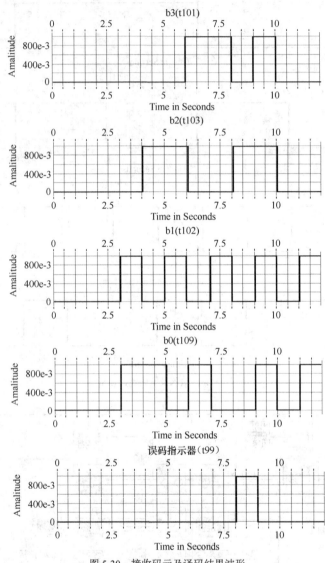

图 5-30　接收码元及译码结果波形

2.（7，4）汉明码编码与译码的仿真

设（7，4）汉明码的码元表示为 $a_6\, a_5\, a_4\, a_3\, a_2\, a_1\, a_0$，其中 $a_6\, a_5\, a_4\, a_3$ 为信息码元，$a_2\, a_1\, a_0$ 为监督码元，监督码与信息元之间关系为

$$\begin{cases} a_2 = a_6 \oplus a_5 \oplus a_4 \\ a_1 = a_6 \oplus a_5 \oplus a_3 \\ a_0 = a_6 \oplus a_4 \oplus a_3 \end{cases} \tag{5-33}$$

编码器每接收到四位信息码元，根据式（5-33）计算出三位监督码元，四位信息码元与三位监督码元组成一个（7，4）汉明码的码字，（7，4）汉明码许用码组如表 5-14 所示。

表 5-14   （7，4）汉明码许用码组

信息位	监督位	信息位	监督位
$a_6\ a_5\ a_4\ a_3$	$a_2\ a_1\ a_0$	$a_6\ a_5\ a_4\ a_3$	$a_2\ a_1\ a_0$
0000	000	1000	111
0001	011	1001	100
0010	101	1010	010
0011	110	1011	001
0100	110	1100	001
0101	101	1101	010
0110	011	1110	100
0111	000	1111	111

译码器译码时，首先计算接收码字 $b_6\ b_5\ b_4\ b_3\ b_2\ b_1\ b_0$ 的伴随式 S，计算公式为 $S=BH^{\mathrm{T}}$，对于式（5-33）所示监督关系的监督矩阵，伴随式 $S=(S_2 S_1 S_0)$ 为

$$\begin{cases} S_2 = b_6 + b_5 + b_4 + b_2 \\ S_1 = b_6 + b_5 + b_3 + b_1 \\ S_0 = b_6 + b_4 + b_3 + b_0 \end{cases} \tag{5-34}$$

根据表 5-15 可知，当 $S_2 S_1 S_0$ =111 时，b_6 有错误；当 $S_2 S_1 S_0$ =110 时，b_5 有错误；当 $S_2 S_1 S_0$ =101 时，b_4 有错误；当 $S_2 S_1 S_0$ =011 时，b_3 有错误。用译码器对伴随式进行译码，产生纠错信号，对错误码元进行纠正。译码时，可只检查信息位中的错误，并将其纠正。

表 5-15   （7，4）码校正子与误码位置

$S_2\ S_1\ S_0$	误码位置	$S_2\ S_1\ S_0$	误码位置
001	b_0	101	b_4
010	b_1	110	b_5
100	b_2	111	b_6
011	b_3	000	无错

（7，4）汉明码编码器原理图如图 5-31（a）所示，（7，4）汉明码译码器原理图如图 5-31（b）所示。

根据（7，4）汉明码的编码方式构建的编码器仿真模型如图 5-32 所示。

图 5-32 中，图符 78，81，80，76 和 79 的功能和参数的设置与图 5-27 中的相同，每一秒送出一组数据。由于（7，4）汉明码码字中信息位为四位，因此四位信息码元输出端的取样器有四个，分别是图符 59、60、61 和 62。图符 24 是求监督码元的子系统。

双击图符 24 可见其内部构成如图 5-33 所示。图符 0、1、2、3 是输入图符，图符 4、5、6、7、8、9、10 是输出图符。图符 11、12 和 13 是异或电路，完成式（5-33）所示的计算，求得三位监督码元。图符 92、93、94 是保持电路，图符 89、90、91 显示三位监督码元的波形。图符 82 是时分多路复用器，将输入的七位并行数据（码字）转换成串行输出数据。

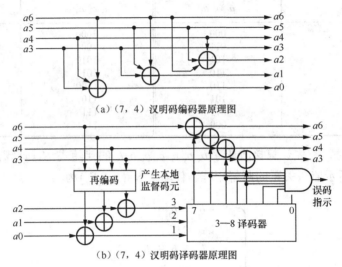

（a）（7，4）汉明码编码器原理图

（b）（7，4）汉明码译码器原理图

图 5-31　（7，4）汉明码编译码器原理图

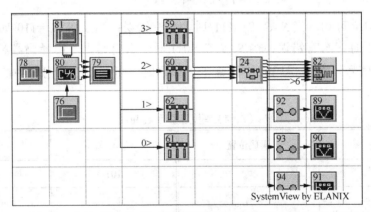

图 5-32　（7,4）汉明码编码器仿真模型

设置系统运行时间：取样速率为 256Hz，取样点数为 3072。为便于观察编码结果，将图符 79 中八个存储单元的数据顺序设置为 $(00)_H$、$(01)_H$、$(02)_H$、$(03)_H$、$(04)_H$、$(05)_H$、$(06)_H$、$(07)_H$，每个数据中的低四位作为编码信息。运行系统，当上述数据顺序输入时，相应的监督码元的波形如图 5-34 所示。

由图 5-34 可见，每秒输出三位监督码元 $a_2\,a_1\,a_0$，当图符 79 中的数据顺序输出时，$a_2\,a_1\,a_0$ 分别是 000、011、101、110、110、101、100、000，与表 5-14 中左边一列监督元比较，可见编码结果正确。改变图符 79 中的数据，运行系统，可得到其他信息输入时的监督码元，从而可得到（7，4）汉明码的全部码字。

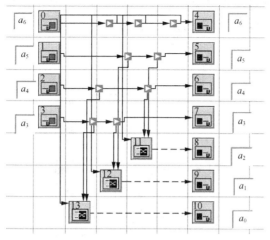

图 5-33　监督码元子系统

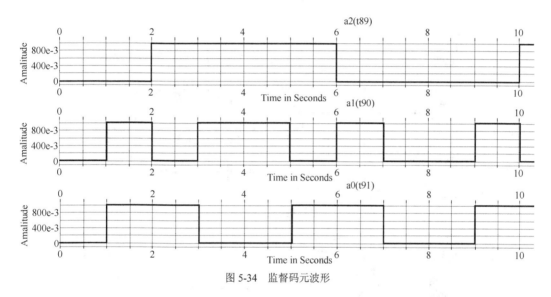

图 5-34　监督码元波形

（7，4）汉明码译码器的仿真模型如图 5-35 所示。图符 83 是个分路器，将接收到的七位 8 串行数据转换成并行输出，每秒输出数据一次。图符 69、70 给图符 58 中的 3/8 译码器提供使能信号。图符 63、64、65、66 显示译码输出信息，在接收码字中出现误码时图符 14 输出一个正脉冲。

图 5-35 中，图符 58 是译码子系统，内部结果如图 5-36 所示。图符 34、35、36 分别根据式（5-34）计算伴随式。图符 49 是 3/8 译码器，$s_2 s_1 s_0$ 作为其地址输入信号，当 $s_2 s_1 s_0 = 000$ 时，意味着接收码字中的码元没有错误，此时 3/8 译码器的 Q_0 输出低电平，误码指示器输出为 0、当 $s_2 s_1 s_0$ 不全为零时，接收码字有错误，3/8 译码器输出端 Q_0 为高电平，误码指示器输出一个正脉冲。同时，3/8 译码器中还有一个输出端输出为低电平，此低电平信号作为纠错信号，对接收码字中的相应位进行纠正。根据此（7，4）汉明码伴随式与错误位置的关系，3/8 译码器的输出 $Q_7 Q_6 Q_5 Q_3$ 可分别作为 b_6、b_5、b_4 和 b_3 的

纠错信号。由于 3/8 译码器输出端低电平有效，因而对每个纠错信号取非后，再与相应的接收码元异或，可将接收码字中的错误码元加以纠正。图 54、55、56、57 分别对 3/8 译码器的输出 Q_7 Q_6 Q_5 Q_3 进行取非，图符 50、51、52、53 分别将纠错信号与相应的接收码字异或。

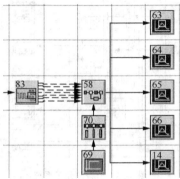

图 5-35　（7,4）汉明码译码器仿真模型

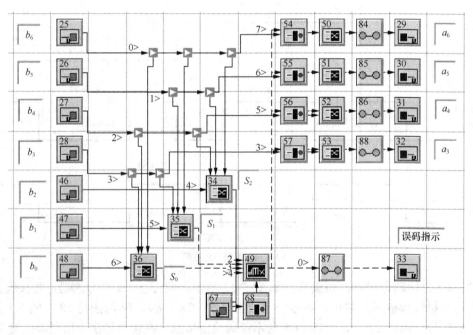

图 5-36　译码子系统

将图符 74 的标准偏差设置为 0.25V，运行系统，进入分析窗，更新数据，单击工具栏上的 ▦ 和 ▤ 重新排列波形窗口。关闭与编码有关的波形窗口，对译码输出波形的位置做适当调整，得到的译码输出信息及误码指示波形如图 5-37 所示。由图 5-37 可见，当发送信息 0100 所对应的码字时，接收码由于信道噪声的影响发生了错误，译码指示器输出一个正脉冲（此时伴随式 $s_2s_1s_0 \neq 000$），但译码后的输出信息却是正确的。如果想对比接收码字与译码后输出信息（或码字），可对仿真稍做修改，在分路器的输出端增加一些接收显示器。

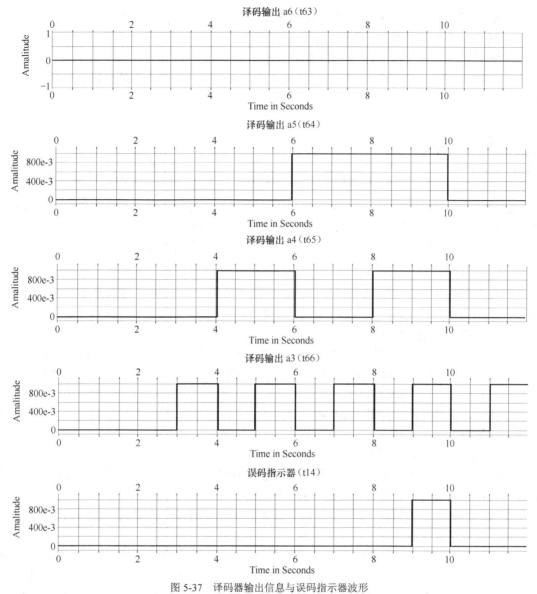

图 5-37 译码器输出信息与误码指示器波形

信源编码主要是为了提高信息传输的有效性。
信道编码主要是为了提高信息传输的可靠性。

归纳思考

5.3 实做项目与教学情境

实做项目一：用 SystemView 对信源编码进行仿真。

目的要求：理解信源编码的作用，掌握抽样定理，通过仿真进行验证；会使用 SystemView 仿真软件对 PCM 系统进行仿真。

实做项目二：用 SystemView 对信道编码进行仿真。

目的要求：理解信道编码的作用，会使用 SystemView 仿真软件对奇偶校验码和汉明码进行仿真。

小结

1．脉冲编码调制 PCM，包括抽样、量化、编码三个过程。抽样实现了模拟信号的时间离散，量化实现了信号的幅度离散，编码实现了数字信号的二进制序列表示。

2．设时间连续信号 $f(t)$，其最高截止频率为 f_m。如果用时间间隔为 $T_s \leqslant 1/2f_m$ 的开关信号对 $f(t)$ 进行抽样，则 $f(t)$ 就可被样值信号 $f_s(t) = f(nT_s)$ 来唯一地表示。或者说，要从样值序列无失真地恢复原时间连续信号，其抽样频率应选为 $f_s \geqslant 2f_m$。这就是著名的奈奎斯特抽样定理，简称抽样定理。无失真所需最小抽样速率 $f_s = 2f_m$ 为奈奎斯特速率，对应的最大抽样间隔 T_s 称为奈奎斯特间隔。

3．非均匀量化是根据信号的不同区间来确定量化间隔的，量化间隔随信号抽样值的不同而变化。信号抽样值小时，量化间隔 Δv 也小；信号抽样值大时，量化间隔 Δv 也大。

4．目前，主要有两种对数形式的压缩特性：A 律和 μ 律，A 律编码主要用于 30/32 路一次群系统，μ 律编码主要用于 24 路一次群系统。我国和欧洲采用 A 律编码，北美和日本采用 μ 律编码。

5．差错控制的基本思想是通过对信息序列做某种变换，使原来彼此独立的、没有相关性的信息码元序列，经过某种变换后，产生某种规律性（相关性），从而在接收端有可能根据这种规律性来检查，进而纠正传输序列中的差错。

6．汉明码是一种能够纠正一位错码且编码效率较高的线性分组码。循环码是一种线性分组码，它除了具有线性分组码的封闭性之外，还具有循环性。

7．卷积码又称连环码，首先是由伊利亚斯（P.Elias）于 1955 年提出来的。它与分组码不同，是一种非分组码。在同等码率和相似的纠错能力下，卷积码的实现往往要比分组码简单。

8．作为商用 3G 移动通信系统的关键技术之一，Turbo 码也将逐渐获得较好的理论支持并且得到进一步开发和完善。

思考题与练习题

5-1　编 A 律 13 折线 8 位码，设最小量化间隔单位为 1Δ，已知抽样脉冲值为+321Δ 和-2001Δ。试求：（1）此时编码器输出的码组；（2）计算量化误差。

5-2　已知 8 个码组为 000000、001110、010101、011011、100011、101101、110110、111000，求该码组的最小码距。

5-3　上题给出的码组若用于检错，能检出几位错码？若用于纠错，能纠正几位错码？

5-4　码长为 $n=15$ 的汉明码，监督位应为多少？编码效率为多少？

5-5　已知汉明码的监督矩阵

$$H = \begin{bmatrix} 1110100 \\ 1101010 \\ 1011001 \end{bmatrix}$$

求：（1）n 和 k 是多少？

（2）编码效率是多少？

（3）生成矩阵 G。

（4）若信息位全为"1"，求监督码元。

（5）校验 0100110 和 0000011 是否为许用码字，若有错，请纠正。

5-6　已知（7，3）线性分组码的生成矩阵为

$$G = \begin{bmatrix} 1000111 \\ 0101110 \\ 0011101 \end{bmatrix}$$

求：（1）所有的码字。

（2）监督矩阵 H。

（3）最小码距及纠、检错能力。

（4）编码效率。

5-7　已知（15，5）循环码的生成多项式 $g(x) = x^{10} + x^8 + x^5 + x^4 + x^2 + x + 1$，求信息码 10011 所对应的循环码。

本章教学说明

- 从定时脉冲开始，介绍定时系统。
- 重点介绍帧同步和网同步。
- 简单介绍载波同步。
- 使用 SystemView 软件进行同步仿真。

本章内容

- 定时系统。
- 同步系统。

本章重点、难点

- 定时脉冲种类。
- 位同步、帧同步。
- 我国同步网结构。

学习本章目的和要求

- 掌握定时脉冲种类。
- 理解位同步、帧同步。
- 理解我国同步网结构。

本章实做要求及教学情境

- 用 SystemView 软件进行定时脉冲仿真，理解定时的作用。
- 用 SystemView 软件进行各种同步仿真，理解其含义。

本章建议学时数：4 学时

6.1 定时系统

探　讨

- 什么是定时？
- 定时有什么作用？

数字信号由一些等长的码元序列组成，用这些码元在时间上的不规律性表示不同的信息。要使这些数字信号不发生错误或保持这些码元排列规律的正确性，发送端和接收端都要有稳定而准确的定时脉冲，以控制接收端和发送端的各部分电路始终按规定的节拍工作，这就是定时。

6.1.1 定时脉冲的种类

（1）主时钟：产生高稳定的时钟信号，为其他定时脉冲提供时钟源。在 PCM30/32 中，主时钟的频率为 2048kHz。

（2）位脉冲：在发送端，位脉冲用作编码控制脉冲，并产生路时钟、帧同步码、标志信号码等；在接收端，用做解码控制脉冲，产生同步系统需要的定时脉冲等。在 PCM30/32 路系统中，位脉冲的频率为 256kHz，通过主时钟 8 分频而得。

（3）时隙时钟：发送端用于插入某些特殊码型或信息时钟，接收端用作检出这些码，频率约为 8kHz。如 TS0 时隙用于帧同步码或监视码的插入和检出，TS16 时隙用于复帧同步码和信令的插入和检测。

（4）路脉冲：发送端控制抽样门实现时分多路复用，接收端控制分路门实现解复，频率约为 8kHz。

（5）半帧脉冲和复帧脉冲：用于信令逻辑，如 PCM 复帧中的 TS16 用来传送信令码，要用复帧同步码来保持复帧同步。

6.1.2 收发定时系统

收发定时系统就是产生各种定时脉冲的系统，一般采用高精度的时钟脉冲发生器作为主时钟，然后经过分频，得到相应频率的路脉冲、位脉冲等，如图 6-1 所示。目前使用的主时钟类型主要有原子钟、振荡器等，也可以采用 GPS、北斗一号等定时系统的外基准定时信号。

在点与点之间进行数字传输时，接收端为了正确地再生所传递的信号，必须产生一个时间上与发送端信号同步的、位于最佳取样判决位置的脉冲序列，这就是收定时系统，可由收到的信码或锁相法获得。

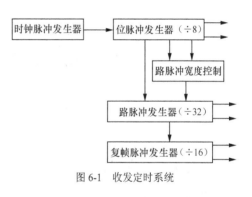

图 6-1 收发定时系统

6.2 同步系统

重点掌握

- 同步的概念和种类。
- 同步实现方法。
- 同步的作用。
- 我国同步网等级结构。

同步指收发双方的载波、码元速率及各种定时标志都应步调一致，不仅要求同频，还要求同相。模拟通信网的同步是传输系统中两端载波机间的载波频率的同步。数字通信网的同步是网内各数字设备内时钟间的同步。同步按照作用的不同一般分为载波同步、位同步、帧同步和网同步。

6.2.1 载波同步

载波同步是指在相干解调时，接收端需要提供一个与接收信号中的调制载波同频同相的相干载波。这个载波的获取称为载波提取或载波同步。在模拟调制和数字调制中，实现相干解调，必须有相干载波。因此，载波同步是实现相干解调的先决条件。

有些调制信号，如 PSK 等，它们虽然本身不直接含有载波分量，但经过某种非线性变换后，将具有载波的谐波分量，因而可从中提取出载波分量来。这种从接收信号中提取同步载波的方法称为直接法（或自同步法）。

有些调制信号，本身不含有载波，或者虽含有载波分量，但很难从已调信号的频谱中把它分离出来。对这些信号的载波提取，可以用插入导频法（外同步法）。所谓插入导频，就是在已调信号频谱中额外插入一个低功率的线谱，以便作为载波同步信号在接收端加以恢复，此线谱对应的正弦波称为导频信号。

插入导频分为频域插入和时域插入两种。频域插入是指插入的导频在时间上是连续的，即信道中自始至终都有导频信号传送，如图 6-2（a）所示。时域插入导频方法是按照一定的时间顺序，在指定的时间内发送载波标准，即把载波标准插到每帧的数字序列中，一般插入在帧同步脉冲之后，如图 6-2（b）所示。

（a）频域插入　　　　　　　　　　（b）时域插入

图 6-2　插入导频示意图

6.2.2 位同步

位同步又称码元同步。在数字通信系统中，任何消息都是通过一连串码元序列传送的，所以接收时需要知道每个码元的起止时刻，以便在恰当的时刻进行取样判决。要实现接收判决时刻对准每个接收码元的特定时刻，就要求接收端必须提供一个位定时脉冲序列，该序列的重复频率与码元速率相同，相位与最佳取样判决时刻一致。我们把提取这种定时脉冲序列的过程称为位同步。

位同步是正确取样判决的基础，只有数字通信才需要，并且不论基带传输还是频带传输都需要位同步；所提取的位同步信息是频率等于码速率的定时脉冲，相位则根据判决时信号波形决定，可能在码元中间，也可能在码元终止时刻或其他时刻。

位同步的实现方法也有插入导频法和直接法两种。插入导频法与载波同步时的插入导频法类似，基带信号频谱的零点处插入所需的位定时导频信号，如图 6-3 所示。直接提取位同步的方法又分滤波法（如图 6-4 所示）和特殊锁相环法，在数字通信中得到了最广泛的应用。

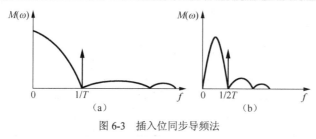

图 6-3　插入位同步导频法

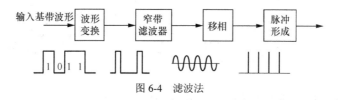

图 6-4　滤波法

6.2.3　帧同步

在数字通信中，信息流是用若干码元组成一个"字"，又用若干个"字"组成"句"。在接收这些数字信息时，必须知道这些"字""句"的起止时刻，否则接收端无法正确恢复信息。对于数字时分多路通信系统，如 PCM30/32 电话系统，各路信码都安排在指定的时隙内传送，形成一定的帧结构。为了使接收端能正确分离各路信号，在发送端必须提供每帧的起止标记，在接收端检测并获取这一标志的过程，称为帧同步，也称为群同步。

实现帧同步，通常采用的方法是起止式同步法和插入特殊同步码组的同步法。插入特殊同步码组的方法有两种：一种为连贯式插入法，另一种为间隔式插入法。

1．起止式同步法

数字电传机中广泛使用的是起止式同步法。在电传机中，常用的是五单位码。为标志每个字的开头和结尾，在五单位码的前后分别加上 1 个单位的起码（低电平）和 1.5 个单位的止码（高电平），共 7.5 个码元组成一个字，如图 6-5 所示。接收端根据高电平第一次转到低电平这一特殊标志来确定一个字的起始位置，从而实现字同步。

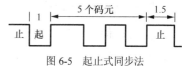

图 6-5　起止式同步法

这种 7.5 单位码（码元的非整数倍）给数字通信的同步传输带来了一定困难。另外，在这种同步方式中，7.5 个码元中只有 5 个码元用于传递消息，因此传输效率较低。

2．连贯式插入法

连贯式插入法，又称集中插入法。它是指在每一信息帧的开头集中插入作为帧同步码组的特殊码组，该码组应在信息码中很少出现，即使偶尔出现，也不可能依照帧的规律周期出现。接收端按帧的周期连续数次检测该特殊码组，这样便获得帧同步信息。

连贯式插入法的关键是寻找实现帧同步的特殊插入码组，要满足以下两点要求。

（1）具有明显的可识别特征，以便接收端能够容易地将同步码和信息码区分开来。

（2）这个码组的码长应当既能保证传输效率高（不能太长），又能保证接收端识别容易（不能太短）。

符合上述要求的特殊码组有：全 0 码、全 1 码、1 与 0 交替码、巴克码、PCM30/32 基帧帧同步码 0011011。巴克码是一种有限长的非周期序列，目前已找到的巴克码组如表 6-1

所示，n 表示码组位长。

表 6-1　　　　　　　　　　　　　　巴克码组表

n	巴克码组
2	+ +(11)
3	+ +−(110)
4	+ + +−(1110)；+ +−+(1101)
5	+ + +−+(11101)
7	+ + +−−+−(1110010)
11	+ + +−−−+−−+−(11100010010)
13	+ + + + +−−+ +−+−+(1111100110101)

3．间隔式插入法

间隔式插入法又称为分散插入法，它是将帧同步码以分散的形式均匀插入信息码流中。这种方式比较多地用在多路数字电路系统中，如 PCM 24 路基群设备以及一些简单的 ΔM 系统一般都采用 1、0 交替码型作为帧同步码间隔插入的方法。即一帧插入"1"码，下一帧插入"0"码，如此交替插入。由于每帧只插一位码，那么它与信码混淆的概率则为 1/2，这样似乎无法识别同步码，但是这种插入方式在同步捕获时不是检测一帧两帧，而是连续检测数十帧，每帧都符合"1""0"交替的规律才确认同步。

【案例】　在 24 路 PCM 系统中，采用"1""0"交替码作为帧同步码，即帧同步码为 {1010…}，将它插在每一帧的最后，设奇帧的同步码为"1"码，则偶帧的同步码为"0"码。一个抽样值用 8 位码表示，此时 24 路电话都抽样一次，共有 24 个抽样值，即 192 个信息码元。这 192 个信息码元作为一帧，在这一帧的最后插入一个群同步码元，这样一帧共有 193 个码元。位同步频率是帧同步频率的 193 倍，因此可由位同步频率经 193 次分频得到帧同步频率。

6.2.4　网同步

为实现信号同步，需使数字网中的每个设备的时钟都具有相同的频率，解决的方法是建立同步网。同步网是由节点时钟设备和定时链路组成的实体网，负责为各种业务网提供定时，以实现各种业务网的同步，是电信网能够正常运行的支撑系统。同步网的基本功能是准确地将同步信息从基准时钟向同步网的各下级或同级节点传递，从而建立并保持全网同步。

1．节点时钟设备

节点时钟设备主要包括独立型定时供给设备和混合型定时供给设备。独立型节点时钟设备是数字同步网的专用设备，主要包括：铯原子钟、铷原子钟、晶体钟、大楼综合定时系统（BITS）以及由全球定位系统（GPS 和 GLONASS）或北斗一号定位系统组成的定时系统。混合型定时供给设备是指通信设备中的时钟单元，它的性能满足同步网设备指标要求，可以承担定时分配任务，如交换机时钟等。

2．定时分配

定时分配就是将基准定时信号逐级传递到同步通信网中的各种设备。定时分配包括局内定时分配和局间定时分配。

（1）局内定时分配

局内定时分配是指在同步网节点上直接将定时信号送给各个通信设备。即在通信楼内直接将同步网设备（BITS）的输出信号连接到通信设备上。此时，BITS 跟踪上游时钟信号，并滤除由传输所带来的各种损伤，重新产生高质量的定时信号，用此信号同步局内通信设备。

（2）局间定时分配

局间定时分配是指在同步网节点间的定时信号的传递。局间定时信号的传递是通过在同步网节点间的定时链路，将来自基准时钟的定时信号逐级向下传递。上游时钟通过定时链路将定时信号传递给下游时钟。下游时钟提取定时，滤除传输损伤，重新产生高质量的定时信号提供给局内设备，并再通过定时链路将定时信号传递给它的下游时钟。

3．我国数字同步网

我国同步网等级结构，如图 6-6 所示。

我国同步网第一级是基准时钟，由铯原子钟或 GPS 配铷钟组成。它是数字网中最高等级的时钟，是其他所有时钟的唯一基准。在北京国际通信大楼安装三组铯钟，武汉长话大楼安装两组超高精度铯钟及两个 GPS，这些都是超高精度一级基准时钟（PRC，Primary Reference Clock）。

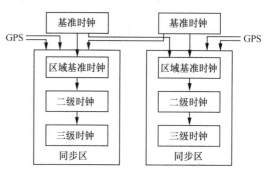

图 6-6　我国同步网结构图

第二级为有保持功能的高稳时钟（受控铷钟和高稳定度晶体钟），分为 A 类和 B 类。上海、南京、西安、沈阳、广州、成都等六个大区中心及乌鲁木齐、拉萨、昆明、哈尔滨、海口等五个边远省会中心配置地区级基准时钟（LPR，Local Primary Reference，二级标准时钟），此外还增配 GPS 定时接收设备，它们均属于 A 类时钟。全国 30 个省、市、自治区中心的长途通信大楼内安装的大楼综合定时供给系统，以铷（原子）钟或高稳定度晶体钟作为二级 B 类标准时钟。A 类时钟通过同步链路直接与基准时钟同步，并由中心局内的局内综合定时供给设备时钟同步。B 类时钟，应通过同步链路受 A 类时钟控制，间接地与基准时钟同步，并与中心内的局内综合定时供给设备时钟同步。

各省内设置在汇接局（Tm）和端局（C5）的时钟是第三级时钟，采用有保持功能的高稳定度晶体时钟，其频率偏移率可低于二级时钟。通过同步链路与第二级时钟或同等级时钟同步，需要时可设置局内综合定时供给设备。

另外第四级时钟是一般晶体时钟，通过同步链路与第三级时钟同步，设置在远端模块、数字终端设备和数字用户交换设备当中。

我国数字同步网的工作方式是基准时钟之间采用准同步方式，同步区内采用主从同步方式。

（1）准同步方式是指各交换节点的时钟彼此是独立的，但它们的频率精度要求保持在极窄的频率容差之中，网络接近于同步工作状态。网络结构简单，各节点时钟彼此独立工作，节点之间不需要由控制信号来校准时钟的精度。

（2）主从同步方式指数字网中所有节点都以一个规定的主节点时钟作为基准，主节点之外的所有节点或者是从直达的数字链路上接收主节点送来的定时基准，或者是从经过中间节点转发后的数字链路上接收主节点送来的定时基准，然后把节点的本地振荡器相位锁定到所接收的定时基准上，使节点时钟从属于主节点时钟。

6.2.5 同步仿真

插入导频同步法主要用于接收信号频谱中没有离散载频分量，或即使含有一定的载频分量，也很难从接收信号中分离出来的情况。对这些信号的载波提取，可以用插入导频同步法。

插入导频同步法仿真模型如图 6-7 所示。

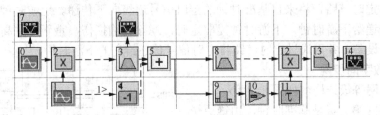

图 6-7　插入导频同步法仿真模型图

插入导频同步法仿真模型图各图符参数设置如表 6-2 所示。

表 6-2　　　　　　　　　插入导频同步法仿真模型图中各图符参数设置表

编号	图符属性	类型	参数
0	Source	Sinusoid	Amp=1V，Freq=50Hz，Phase=0deg
1	Source	Sinusoid	Amp=1V，Freq=1000Hz，Phase=0deg
3	Operator	Liner Sys Filters/Analog/Bandpass	Low Cuttoff=950Hz　Hi Cuttoff=1050Hz
4	Source	Gain/Scale/Negate	
8	Operator	Liner Sys Filters/Analog/Bandpass	Low Cuttoff=900Hz　Hi Cuttoff=1100Hz
9	Operator	Liner Sys Filters/Fir/Bandpass	999 to 1001 Hz,Taps=1076
10	Source	Gain/Scale/Gain	Gain=−1.5
11	Source	Delays/Delay	Delay=250e−6
13	Operator	Liner Sys Filters/Analog/Lowpass	Low Cuttoff=100Hz

图符 0 为调制信号，与乘法器相连。图符 1 为载波信号，频率为 1000Hz，它的一个输出端（正弦端时称为插入非正交导频，余弦端时称为插入正交导频）与乘法器相连，另一端（余弦端）经反相器与加法器相连。在接收端，用到了带通滤波器（图符 8）和窄带滤波器（图符 9）。移相电路用到了延时电路（延时 250ns，因为载波频率为 1000Hz，移相 90 度等价于延时 250ns）。

插入正交导频时，接收端解调出不含直流成分的调制信号，插入非正交导频信号时接收端解调出含有直流成分的调制信号，如图 6-8 所示。

6.3　实做项目与教学情境

实做项目一：用 SystemView 软件进行定时脉冲仿真。

目的要求：通过使用 SystemView 软件，产生定时脉冲，理解定时的作用。

实做项目二：用 SystemView 软件进行同步仿真。

目的要求：通过软件仿真，直观理解各种同步过程。

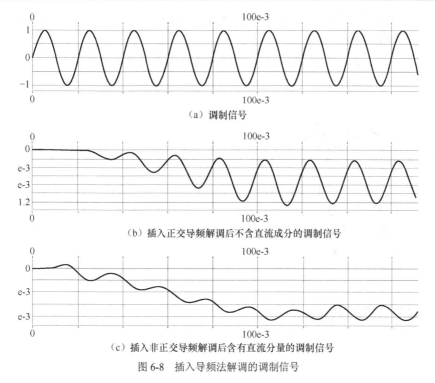

（a）调制信号

（b）插入正交导频解调后不含直流成分的调制信号

（c）插入非正交导频解调后含有直流分量的调制信号

图 6-8　插入导频法解调的调制信号

 小结

1．要使数字信号不发生错误或保持这些码元排列规律的正确性，发送端和接收端都要有稳定而准确的定时脉冲，以控制接收端和发送端的各部分电路始终按规定的节拍工作，这就是定时。

2．定时脉冲有主时钟、位脉冲、时隙时钟、路脉冲、半帧脉冲和复帧脉冲等类型。

3．同步指收发双方的载波、码元速率及各种定时标志都应步调一致，不仅要求同频，还要求同相。模拟通信网的同步是传输系统中两端载波机间的载波频率的同步。数字通信网的同步是网内各数字设备内时钟间的同步。同步按照作用的不同一般分为载波同步、位同步、帧同步和网同步。

4．载波同步是指在相干解调时，接收端需要提供一个与接收信号中的调制载波同频同相的相干载波，实现方法有直接法（或自同步法）和插入导频法（或外同步法）。

5．要实现接收判决时刻对准每个接收码元的特定时刻，就要求接收端必须提供一个位定时脉冲序列，该序列的重复频率与码元速率相同，相位与最佳取样判决时刻一致。我们把提取这种定时脉冲序列的过程称为位同步。

6．为了使接收端能正确分离各路信号，在发送端必须提供每帧的起止标记，在接收端检测并获取这一标志的过程，称为帧同步，也称为群同步。实现帧同步，通常采用的方法是起止式同步法和插入特殊同步码组的同步法。插入特殊同步码组的方法有两种：一种为连贯式插入法，另一种为间隔式插入法。

7．同步网是由节点时钟设备和定时链路组成的实体网，负责为各种业务网提供定时，以实现各种业务网的同步，是电信网能够正常运行的支撑系统。

8．我国数字同步网的工作方式是基准时钟之间采用准同步方式，同步区内采用主从同步方式。

 思考题与练习题

6-1 什么是定时？定时脉冲有哪些类型？

6-2 什么是同步？同步有哪些分类？

6-3 什么是载波同步，如何实现？

6-4 什么是位同步，如何实现？

6-5 什么是帧同步，如何实现？

6-6 什么是网同步？

6-7 简述我国同步网的等级结构。

6-8 简述同步网中的时钟等级和同步方式。

6-9 简述使用 SystemView 软件进行同步仿真的流程。

原理应用篇

第7章

电话通信系统

本章教学说明

- 从 PCM 电话通信系统框图入手，介绍电话通信过程。
- 重点介绍 PCM30/32 的帧结构和基群传输。
- 简单介绍数字复接和编码调制技术。
- 概括介绍电话通信系统的定时与同步。

本章内容

- 电话通信系统概述。
- 电话通信系统的编码调制技术。
- 电话通信系统的同步技术。
- 电话通信系统仿真。

本章重点、难点

- PCM30/32 的帧结构。
- 数字复接。
- 帧同步。
- 位同步。

学习本章目的和要求

- 掌握 PCM30/32 的帧结构和基群传输。
- 理解电话通信过程。
- 领会数字复接的思想。
- 理解位同步、帧同步的概念和作用。
- 了解定时系统原理。

本章实做要求及教学情境

- 用 SystemView 软件仿真 HDB3 码，理解码型特点。
- 用 SystemView 软件进行电话通信系统仿真，理解电话通信原理。

本章建议学时数：4 学时

7.1 电话通信系统概述

7.1.1 PCM 电话通信系统

电话通信是利用电的方法传送人的语言并完成远距离语音通信的过程。一般使用的固定电话为模拟电话终端，通过用户线连接到交换机，交换机之间中继线传输的是数字信号。电话通信过程要经过模拟信号与数字信号之间的转换，电话通信过程包括发送端的模/数（A/D）变换、信道传输和接收端的数/模（D/A）变换三部分。

采用 PCM 脉冲编码调制技术将模拟信号转换为数字信号的固定电话通信系统结构如图 7-1 所示。

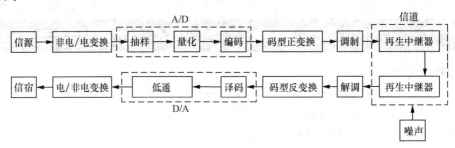

图 7-1　PCM 电话通信系统结构图

1．信源和信宿

信源是信息的发送者，信宿是信息的接收者，电话通信中的信源和信宿就是通话的双方或多方，终端设备就是各式各样的电话机。

2．非电/电转换和电/非电转换

在发送端，通过电话机的受话器将信源发出的声音信号转换为电信号，送到用户线进行传输，这就是非电/电转换或者声/电转换。在接收端，通过电话机的送话器将收到的电信号转换为声音信号，送给信宿，这就是电/非电转换或者电/声转换。

3．信源编码和信源译码

由于话音信号为模拟信号，要经过 A/D 变换成数字信号。经过抽样将时间上连续的信号变成时间上离散的信号，然后经过量化和编码，将信号的幅值也离散化，也就变成了数字信号，这实际上是信源编码的过程，在电话通信中，信源编码一般采用的是 PCM 编码。

在接收端，需要将数字信号经 D/A 变换成模拟信号，这是信源译码的过程，具体如下。

（1）再生、解码

解码与编码恰好相反，是数/模变换，它把二进制码元还原成与发送端抽样、量化后的近似的重建信号。

（2）低通滤波（平滑）

解码后的信号送入低通滤波器，输出信号的包络线。该包络线与原始的模拟信号极其相似，即还原为（或称重建）原始话音的模拟信号，送给接收端用户。

4．码型正变换和反变换

PCM 编码器输出的信号码型含有较多的直流和低频成分，而通信电路中有很多的电感性原件，不利于长距离传输，所以需要通过码型变换转换成适合信道传输的线路码型。接收端收到数字信号后，首先经整形再生，然后将线路码型反变换为终端设备处理的码型，送至解码电路。

5．调制与解调

PCM 编码后的信号为基带信号，如果信道为基带传输媒介时，则可以直接传输，不需要调制，如果信道为频带传输媒介时，在发送端，需要将基带信号调制变成频带信号送往信道进行传输。到达接收端，将频带信号解调恢复出基带信号。

6．信道传输与再生中继

数字信号在信道上传输的过程中会受到衰减和噪声干扰的影响，使得波形失真。而且随着通信距离的加长，接收信噪比下降，误码增加，通信质量下降。因此，在信道上每隔一段距离就要对数字信号波形进行一次"修整"，再生出与原发送信号相同的波形，然后，再进行传输。

电话通信系统中：
- 信源编码包括抽样、量化和编码；
- 信源译码包括再生、解码和低通滤波平滑；
- 信道传输包括码型变换、调制与解调和再生中继。

归纳思考

7.1.2 PCM30/32 基群传输

帧结构就是把多路语音数字码以及插入的各种标记码按照一定的时间顺序排列的数字码流组合。我国采用的是 30/32 路 PCM 基群结构，每一路信号占用不同的时间位置，我们称为时隙，用 TS_0，TS_1，TS_2……TS_{31} 表示。其中 TS_0 用于传同步码、监视码、对端告警码组（简称对告码）；TS_{16} 用于传信令码；$TS_1 \sim TS_{15}$ 传前 15 个话路的语音数字码，$TS_{17} \sim TS_{31}$ 传后 15 个话路的语音数字码。显然，在 32 个时隙中只有 30 个时隙用于传输语音，称为 30 话路，记作 PCM30/32。PCM30/32 路系统帧结构中时隙分配如图 7-2 所示。

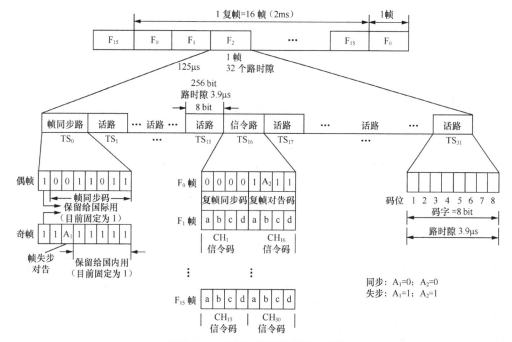

图 7-2　PCM30/32 路系统帧结构示意图

从图 7-2 中可以看出，PCM30/32 的每一帧占用的时间是 125μs，每帧的频率为 8000 帧/秒。一帧包含 32 个时隙，则每一路时隙所占用的时间为 3.9μs，包含 8bit，则 PCM30/32 路系统的总比特率。

$$f_b=8000\text{ 帧/秒}×32\text{ 路时隙/帧}×8\text{ 比特/路时隙}$$
$$=2048\text{kbit/s} =2.048\text{Mbit/s}$$

而每一路的比特率则为

$$8\text{bit}×8000/s=64\text{kbit/s}$$

为了使收发两端严格同步，每帧都要传送一组特定标志的帧同步码组或监视码组。帧同步码组为"0011011"，占用偶帧 TS_0 的第 2～8 码位。第 1 比特供国际通信用，不使用时发送"1"码。在奇帧中，第 3 位为帧失步告警用，同步时送"0"码，失步时送"1"码。为避免奇帧 TS_0 的第 2～8 码位出现假同步码组，第 2 位码规定为监视码，固定为"1"，第 4～8 位码为国内通信用，目前暂定为"1"。

TS_{16} 时隙用于传送各话路的标志信号码，标志信号按复帧传输，即每隔 2ms 传输一次，一个复帧有 16 个帧，即有 16 个 TS_{16} 时隙（8 位码组）。除了 F_0 之外，其余 F_1～F_{15} 用来传送 30 个话路的标志信号。每帧 8 位码组可以传送 2 个话路的标志信号，每路标志信号占 4 个比特，以 a、b、c、d 表示。TS16 时隙的 F_0 为复帧定位码组，其中第 1 至第 4 位是复帧定位码组本身，编码为"0000"，第 6 位用于复帧失步告警指示，失步为"1"；同步为"0"，其余 3bit 为备用比特，如不用则为"1"。需要说明的是标志信号码 a、b、c、d 不能为全"0"，否则就会和复帧定位码组混淆了。

结合以上帧结构，集中编码方式 PCM30/32 路系统端机结构如图 7-3 所示。

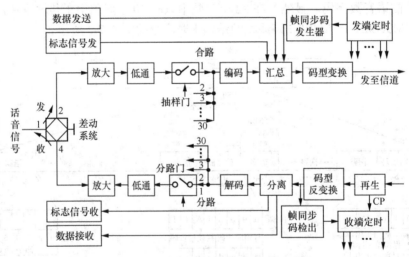

图 7-3　集中编码方式 PCM30/32 路系统方框图

- 30/32 路 PCM 基群结构，有 32 个时隙，其中 TS_0 用于传同步码、监视码、对端告警码组，TS_{16} 用于传信令码；30 个时隙传送话路的语音数字码，所以称为 PCM30/32。
- PCM 如何进行信令传输？为什么要采用复帧结构？
- 如何将低速率的数字码流合并成高速率的数字码流？

归纳思考

7.1.3　数字复接

数字复接是将几个经 PCM 复用后的数字信号再进行时分复用，形成更多路的数字通信系统。经过数字复用后的信号的数码率提高了，但是对每一个基群编码速度没有提高，实现起来容易，目前广泛采用这种方法提高通信容量。目前国际上有两种标准系列与速率，我国和欧洲等国采用 PCM30/32 路，2.048Mbit/s 作为一次群；日本、美国采用 24 路，1.544Mbit/s 作为一次群；然后，分别以一次群为基础，构成更高速率的二、三、四群，如表 7-1 所示。

表 7-1　　　　　　　　　　　　　　两种数字复接标准表

群号	一次群	二次群	三次群	四次群
比特率（Mbit/s）	1.544	6.312	32.064	97.728
话路数	24	24×4=96	95×5=480	480×3=1440
比特率（Mbit/s）	2.048	8.448	34.368	139.264
话路数	30	30×40=120	120×4=480	480×4=1920

数字复接后，话路数是原来的 4 倍，但速率不是 4 的整数倍。

提　示

复接方法有按位复接、按字节复接和按路复接 3 种方式，如图 7-4 所示。

按字复接是每次复接各低次群（支路）的一个码字形成高次群。对 PCM30/32 系统来说，一个码字有 8 位码，它是将 8 位码先储存起来，在规定的时间四个支路轮流复接，这种方法有利于数字电话交换，但要求有较大的存储容量。

按帧复接是每次复接一个支路的一个帧（一帧含有 256bit），这种方法的优点是复接时不破坏原来的帧结构，有利于交换，但要求更大的存储容量，故较少使用。

通常数字复接不要求保持帧结构，考虑到尽可能简化设备，因此，我国目前的复接设备一般采用按位复接或按字复接方式。

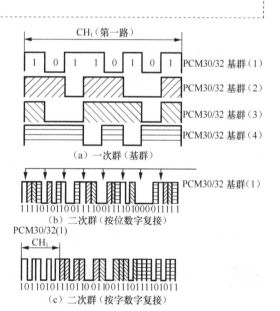

图 7-4　按位复接和按帧复接示意图

从复接信号时钟是否相同的角度，数字复接分为同步复接和异步复接。如果被复接支路的时钟都是由同一个主振荡源所供给的，这时的复接就是同步时钟复接。在同步时钟复接中各被复接信号的时钟源是同一个，所以可保证各支路的时钟频率相等。异步时钟复接也叫准同步复接，指的是参与复接的各支路码流时钟不是出于同一时钟源。对异源基群信号的复接首先要解决的问题就是使被复接的各基群信号在复接前有相同的数码率，这一过程叫做码速调整，如图 7-5 所示。我国在异步复接中，采用的是正码速调整的技术，也就是调整后的速率大于调整前的速率，如将一次群的 2.048 Mbit/s 调整到 2.112 Mbit/s。

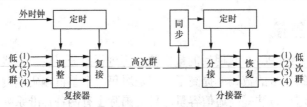

图 7-5　数字复接系统构成方框图

7.2 电话通信系统的编码调制技术

语音信号编码的目的是以数字信号的形式来传递消息，而语音信号是幅度、时间取值均连续的模拟信号，所以语音信号编码所要解决的首要问题是如何把模拟信号转换为数字信号。电话通信中的信源编码采用的是 PCM 编码，经过抽样、量化和编码实现 A/D 变换，关于 PCM 的知识参见第 5 章编码部分内容。

PCM 编码后的码型为单极性不归零码，不利于信道传输。现有的数字电话系统属于基带系统，PCM 信源编码后采用 AMI 码、HDB_3 码、CMI 码进行基带传输，PCM 的接口码型如表 7-2 所示。

表 7-2　　　　　　　　　　　　　　　PCM 接口码型一览表

序号	电接口（比特率）	接口码型
1	2048kbit/s	HDB_3 或 AMI
2	8448kbit/s	HDB_3
3	34368kbit/s	HDB_3
4	139264kbit/s	CMI

AMI 码无直流成分，可方便地变换为单极性归零码，获取定时信号，编译码电路简单（例如采用积累判别），便于观察误码情况（例如第 4 个 0 变为−1，则已破坏了规则，接收端即可检错），具有一定的检错能力。但由于长时间出现连 0 串，给定时信号提取造成一定难度。

HDB_3 码正负脉冲均衡，无直流成分，便于基带传输；连零串最多 3 个，便于提取同步时钟；极性交替反转，有检错纠错能力；编码比较复杂，但解码比较简单。

CMI 码有较多的电平跃变，定时信息丰富。

另外若采用光纤作为传输信道，则需要转换成光信号的码型，如 $mBnB$ 码。

PCM 本身即是编码技术也是调制技术，将 4kHz 的信号调制到大约 64kHz 的频段上。电话通信若在传统频带信道传输时，还需要进行 ASK、FSK 和 PSK 调制和解调。

7.3 电话通信系统的同步技术

7.3.1 定时系统

- PCM30/32 系统的定时脉冲有哪些？
- PCM30/32 系统定时系统有什么具体要求？

探　讨

1. 定时脉冲

PCM 基群发定时系统提供的脉冲主要有：供编码与解码用的位脉冲、供抽样与分路用的抽样脉冲、供标志信号用的复帧脉冲等，具体的如表 7-3 所示。

表 7-3　　　　　　　　　　PCM30/32 路系统发端定时脉冲表

脉冲名称	表示符号	频率（kHz）	脉宽（bit）	相数	主要用途
时钟脉冲	CP	2048	1/2	1	总时钟源，可变换形成各种定时脉冲
位脉冲	$D_1 \sim D_8$	256	1/2	8	用于控制编码、解码
路脉冲	$CH_1 \sim CH_{30}$	8	4 或 8	30	用于控制抽样及分路
路时隙脉冲	TS0～TS16	8	8	2	用于传送帧同步码和标志信号码
复帧脉冲	F0～F15	0.5	256	16	用于传送复帧同步码和标志信号码

（1）时钟脉冲

时钟频率的频率稳定度一般要求小于 50×10^{-6}，即允许 2048kHz 的误差应在 ± 100kHz 以内，其占空比为 50%，即脉冲宽度占重复周期的一半。

（2）位脉冲

位脉冲用于编码、解码以及产生路脉冲、帧同步码和标志信号码等。

（3）路脉冲

路脉冲是用于各话路信号的抽样和分路以及 TS0、TS16 路时隙脉冲的形成等。

（4）路时隙与复帧脉冲

TS0 路时隙脉冲用来传送帧同步码；TS16 路时隙脉冲用来传送标志信号码。TS0、TS16 路时隙脉冲的重复频率为 8kHz，脉宽为 8bit，$0.488\mu s \times 8 = 3.91\mu s$。

2. 发定时系统

发定时脉冲可由振荡器产生，如图 7-6 所示，也可以跟随外部基准时钟。

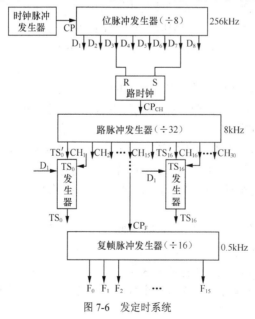

图 7-6　发定时系统

3. 收定时系统

接收端定时系统与发送端定时系统基本相同，不同之处是它没有主时钟源（晶体震荡器），而是由时钟提取电路代替，如图 7-7 所示。

PCM 基群收定时系统要求如下。

（1）时钟可由收到的信码或锁相法获得；

（2）收定时系统的起止要受接收端同步系统的控制；

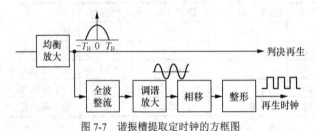

图 7-7　谐振槽提取定时钟的方框图

（3）收定时系统的结构和产生定时脉冲的内容基本与发送端相同；

（4）失步时，收定时电路被强行置于"偶帧 TS_0、D8"时刻；

（5）同步时，收定时电路产生各种定时脉冲。

7.3.2　同步系统

- 位同步的实现方法。
- 帧同步的实现方法。

重点掌握

在 PCM 多路复用系统中，各类信号的传输与处理都是在规定的时间内进行的。为了保证在接收端能正确地接收或者能正确地区分每一路语音信号，时分多路复用系统中的接收端和发送端要做到同步，这种同步主要包括位同步（即时钟同步）和帧同步。

1. 位同步

位同步就是比特同步，是数字通信中最基本的同步，也是实现帧同步的前提。位同步的基本含义是收、发两端的定时系统时钟频率必须同频同相，这样接收端才能正确接收和判决发送端送来的每一个比特，否则接收到的信号中会产生滑动，形成误码，影响收发双方信息的一致性。

位同步解决了接收端始终与接收信号之间的同频同相问题，这样就能使收到的信码获得正确的判决。但是正确判决后的信号流是一串无头无尾的信码流，接收端无法判断出收到的信码流中某一位码是第几个话路的第几位码，即不能正确恢复发送端送来的语音信号。

2. 帧同步

在 PCM30/32 路系统中，在一个抽样周期内，要依次发送出 $CH_1 \sim CH_{30}$ 路的语音信号，构成一帧。为了在接收端能够辨认出每一帧的起止位置，在发送端必须提供每帧的起止标志，这就是帧同步。帧同步的目的是要求接收端与发送端相应的话路在时间上要对准，就是要从收到的信码流中分辨出哪 8 位是一个样值的码字，以便正确地解码；还要能分辨出这8 位码是哪一个话路以便正确分路。

为了做到帧同步，要求在每个帧的第一个时隙位置安排标志码，即帧同步码，以使接收端能识别判断帧的开始位置是否与发送端的位置相对应。因为每一帧内各信号的位置是固定的，如果能把每帧的首尾辨别出来，就可以正确区分每一路信号，即实现帧同步。

偶帧 F0，F2，…，F14 的 TS0 用于传送帧同步码，其码型为{×0011011}。奇帧 TS0 时隙码型为{×1A_1SSSSS}，其中 A_1 是对端告警码，A_1=0 时表示帧同步，A_1=1 时表示帧失步；S 为备用比特，可用来传送业务码。TS16 为信令时隙，用于传送复帧同步信号、复帧失步对告及各路的信令（挂机、拨号、占用等）信号。

帧同步系统要求如下：

（1）同步建立时间要短。即从开机或失步到同步建立期间需要的时间要尽量短，对于语音通信要求该时间应小于 100ms，对于数据通信要求更苛刻。

（2）同步性能稳定可靠，抗干扰能力强。即系统具备识别假失步和伪同步的能力。

（3）同步识别效果好，构成系统的电路简单。

PCM 复用系统为了完成帧同步功能，在接收端还需要有两种装置：一是同步码识别装置，二是调整装置。

同步码识别装置用来识别接收的 PCM 信号序列中的同步标志码位置；调整装置，当收、发两端同步标志码位置不对应时，需对接收端进行调整以使其两者位置相对应。这些装置统称为帧同步电路，如图 7-8 所示。

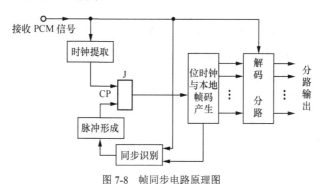

图 7-8　帧同步电路原理图

帧同步码的识别检出方式如下。

（1）逐位比较方式：接收端产生一组与发送端插入的帧同步码组相同的本地帧码，在识别电路中使本地帧码与接收的 PCM 序列码逐位进行比较。

（2）码型检出方式：接收端设置一个移位寄存器，该寄存器的每级输出端的组合是按发送的帧同步码型设计的，当接收的 PCM 序列中帧同步码全部进入移存器时才能识别检出脉冲。

3. 帧同步系统中的保护电路

为了减少系统工作中出现假失步的现象，避免误判，一般系统中并不是将一次比较结果作为是否失步的判决依据，而是连续观察几次比较结果，如果几次都不能对准信号序列中的同步码时才确认为失步。将多次比较结果作为判决依据是通过保护电路来实现的，帧同步系统中的保护电路分为前方保护和后方保护两种。

（1）前方保护

PCM30/32 路系统的帧同步码是采用集中插入方式实现的，前方保护是为了防止假失步。真正的帧失步是由于收发两端帧同步码的时间位置没有对准造成的，但是如果由于信道误码导致帧同步码出错，使接收端未能检测到帧同步码，此时的"帧失步"即属于假失步。此时系统实际上还处在同步状态下，如果就这样判定系统"失步"而对系统进行时钟调整，反而会将原本同步的系统变为失步状态。

（2）后方保护

后方保护是为防止伪同步，PCM30/32 路系统的同步捕捉方式是采用逐步移位捕捉方式。从捕捉到第一个真正的同步码到系统进入同步状态这段时间称为后方保护时间。ITU-T的 G.732 建议规定：在捕捉过程中捕捉到的帧同步码要具有以下规律：

在第 n 帧 TS0 时隙检测到帧同步码；

在第 $n+1$ 帧 TS0 时隙无帧同步码，但该 TS0 时隙的第 2 位为"1"；

在第 $n+2$ 帧 TS0 时隙再次检测到帧同步码。

7.4 电话通信系统仿真

在将语音信号进行 A/D 转换时，除了利用脉冲编码调制（PCM）技术，另外还会用到增量调制（ΔM 或 DM），它是继 PCM 后出现的又一种模拟信号数字传输的方法。

PCM 中，代码表示样值本身的大小，所需码位数较多，导致编译码设备复杂；而在ΔM中，它只用一位编码表示相邻样值的相对大小，从而反映抽样时刻波形的变化趋势，而与样值本身的大小无关。

与 PCM 编码方式相比，ΔM 具有编译码设备简单、低比特率时的量化信噪比高，以及抗误码特性好等优点。ΔM 主要在军事通信和卫星通信中广泛使用，有时也作为高速大规模集成电路中的 A/D 转换器使用。

增量调制仿真模型如图 7-9 所示。

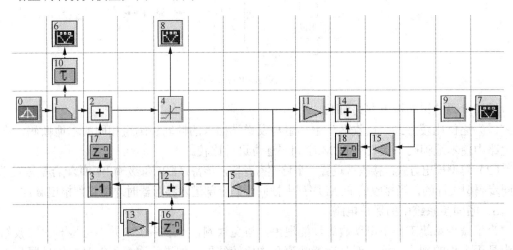

图 7-9 增量调制仿真模型图

增量调制仿真模型图中各图符参数设置如表 7-4 所示。

表 7-4　　　　　　　　　　　　增量调制仿真模型图中各图符参数设置表

编号	图符属性	类型	参数
0	Source	Gauss Noise	Std Dev=500×10⁻³V, Mean=0V
1	Operator	Liner Sys Filters/Analog/Lowpass	Low Cuttoff=8Hz
3	Source	Gain/Scale/Negate	
4	Function	Non Linear/Limit	InputMax=0V, OutputMax=1V

续表

编号	图符属性	类型	参数
9	Operator	Liner Sys Filters/Analog/Lowpass	Low Cuttoff=15Hz
10	Operator	Delays/Delay	DelayType=Non-interpolating, Delay=32.9999998211861e−3
5、11	Source	Gain/Scale/Gain	Gain=25e−3
13、15	Source	Gain/Scale/Gain	Gain=1
16、17、18	Operator	Delays/Smpl　Delay	Delay=1Samples, Initial Condition=0V, Fill Last Register

增量调制波形如图 7-10 所示。

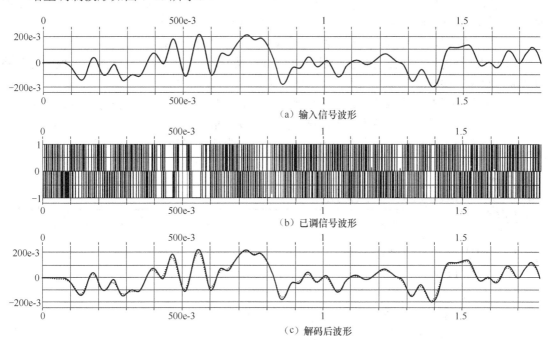

（a）输入信号波形

（b）已调信号波形

（c）解码后波形

图 7-10　增量调制各点波形图

7.5　实做项目与教学情境

实做项目一：用 SystemView 软件仿真 HDB$_3$ 码。

目的要求：通过仿真，理解码型的形成和特点。

实做项目二：用 SystemView 软件进行电话通信系统仿真。

目的要求：通过软件仿真，直观了解电话通信信号流程，理解电话通信原理。

1．电话通信过程要经过模拟信号与数字信号之间的转换，电话通信过程包括发送端的模/数（A/D）变换、信道传输和接收端的数/模（D/A）变换三部分。

2．PCM 基群结构：有 32 个时隙，其中 TS_0 用于传同步码、监视码、对端告警码组；TS_{16} 用于传信令码；$TS_1 \sim TS_{15}$ 传前 15 个话路的语音数字码，$TS_{17} \sim TS_{31}$ 传后 15 个话路的语音数字码，在 32 个时隙只有 30 个时隙由于传输语音称为 30 话路，记作 PCM30/32。

3．帧同步码组为"0011011"，占用偶帧 TS_0 的第 $2 \sim 8$ 码位。

4．16 帧组成一个复帧传输，每隔 2ms 传输一次。

5．数字复接是将几个经 PCM 复用后的数字信号再进行时分复用，形成更多路的数字通信系统。

6．复接方法有按位复接、按字节复接和按路复接 3 种方式。

7．我国在异步复接中，采用的是正码速调整的技术，也就是调整后的速率大于调整前的速率，如将一次群的 2.048Mbit/s 调整到 2.112Mbit/s。

8．从复接信号时钟是否相同角度，数字复接分为同步复接和异步复接。

9．PCM 基群发定时系统提供的脉冲主要有：供编码与解码用的位脉冲、供抽样与分路用的抽样脉冲、供标志信号用的复帧脉冲等。

10．为了保证在接收端能正确地接收或者能正确地区分每一路语音信号，时分多路复用系统中的接收端和发送端要做到同步，这种同步主要包括位同步（即时钟同步）和帧同步。

11．为了防止误判，帧同步系统中的保护电路分为前方保护和后方保护两种。

 思考题与练习题

7-1　简述 PCM 电话通信过程。

7-2　画出 PCM30/32 的帧结构，并推导基群速率。

7-3　什么叫数字复接？有几种方法？

7-4　异步复接中，我国采用的是_____调整。

7-5　PCM 四次群采用的接口码型是_____。

7-6　PCM30/32 系统中有哪些定时脉冲？

7-7　传输一个复帧需要的时间是_____。

7-8　在 PCM 电话通信中，如何实现位同步和帧同步。

7-9　位同步系统的要求是什么？

7-10　PCM30/32 路基群帧同步使用的是_____插入法。

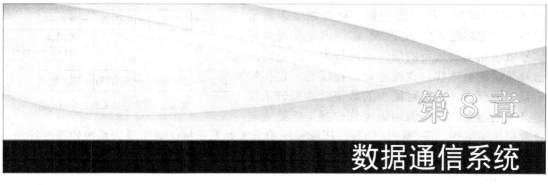

第8章

数据通信系统

本章教学说明

- 从数据通信信号处理过程入手，介绍信源编码、信道编码、调制等技术在数据通信中的具体应用。
- 用 SystemView 仿真工具，进行曼彻斯特编码的仿真。

本章内容

- 数据通信系统的编码技术。
- 数据通信系统的调制技术。
- 数据通信系统的同步技术。
- 数据通信系统曼彻斯特编码的仿真。

本章重点、难点

- 数据通信系统的编码技术。
- 数据通信系统的调制技术。

学习本章目的和要求

- 掌握通信原理在数据通信的具体应用形式。
- 理解数据通信系统信号处理的过程及方法。
- 理解调制的作用。

本章实做要求及教学情境

- 用 SystemView 建立 CRC 校验码仿真模型。
- 用 SystemView 建立卷积码仿真模型。

本章建议学时数：4 学时

计算机出现以后，为了实现远距离的资源共享，计算机技术与通信技术相结合，产生了数据通信。数据通信是为了实现计算机与计算机之间或终端与计算机之间信息交互而产生的一种通信技术，是计算机（或其他数据终端）与通信相结合的产物。要实现大量数据终端间的通信，首先需要了解数据通信系统信号的处理流程。

8.1　数据通信系统概述

从信号处理的角度，数据通信可抽象为相应模型，如图 8-1 所示。

图 8-1 中，各部分又都离不开同步系统的支持。

1. 信源编码

信源编码的主要任务有两个：一是将信源送出的模拟信号数字化，即对连续信息进行模/

数（A/D）转换，用一定的数字脉冲组合来表示信号的一定幅度。例如 PCM 编码就是实现模拟信号数字化主要采用的信源编码技术。二是提高信号传输的有效性。也就是说，在保证一定传输质量的情况下，用尽可能少的数字脉冲来表示信源产生的信息，故信源编码也称作频带压缩编码

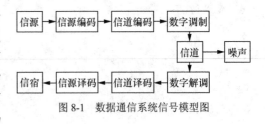

图 8-1　数据通信系统信号模型图

或数据压缩编码。需要说明的是，压缩编码的方式并不是每个数字通信系统均需进行的，视情况需要而采用。

2．信道编码

信道编码主要解决数字通信的可靠性问题，故又称作抗干扰编码或纠错编码。数字信号在信道中传输，不可避免地会受到噪声干扰，并有可能导致接受信号的错误判断，产生错码。信道编码就是为了减小这种错误判断出现的概率而引入的编码。具体来说，就是将信源编码输出的数字信号，人为地按一定规律加入一些多余数字代码，形成新的数字信号，接收端按约定好的规律进行检错和纠错，以达到在接收端可以发现和纠正错误的目的。

3．数字调制

编码器输出的信号是数字基带信号（即编码脉冲序列），若将基带信号直接送至信道中传输，称这种传输方式为基带传输。基带传输必须使用有线信道，且传输距离有限。为了进行远距离传输，需要借助高频振荡信号（称为载波）来运载。将数字基带信号调制到高频信号上的过程称为数字调制，利用调制技术来传输数字信号的方式称为频带传输。它的主要功能是提高信号在信道上的传输效率，达到信号远距离传输的目的。根据用数字信号控制高频信号的参数不同，数字调制可分为数字调幅［又称振幅键控（ASK）］、数字调频［移频键控（FSK）］和数字调相［移相键控（FSK）］。

4．同步

同步系统是数字通信系统的重要组成部分。所谓同步，是指通信系统的收、发双方具有统一的时间标准，使它们在工作中步调一致。同步通常包括有载波同步、位（码元）同步和群（帧）同步等。同步对于数字通信是至关重要的。如果同步存在误差或失去同步，则通信过程中就会出现大量的误码，导致整个通信系统失效。可见，同步问题是数字通信中一个重要的实际问题。

接收端的解调、信道解码、信源解码的功能与发送端相对应的方框正好相反，是一一对应的正反变换关系，这里不再赘述。

实际的数字通信系统方框图与图 8-1 可能不同。例如，如果信源是数字信息，则无需信源编码，直接构成数据通信系统；如果通信距离不远，且容量不大，信道一般采用电缆，即采用基带传输方式，这样就不需要调制和解调部分；如果对抗干扰性能要求不高，数字通信系统同样可以不需要信道编码和信道解码部分。

8.2　数据通信系统的编码技术

数据通信系统的编码技术主要包括信源编码和信道编码两大类。在数据通信系统中，对于不同的终端设备，需要用到不同的信源编码技术。在实际通信系统中，用到的信道编码技术主要有卷积码、Trubo 码等编码技术。

下面分别介绍数据通信系统的信源编码和信道编码技术。

1. 信源编码

数据通信系统的终端种类非常多，包括计算机、电话机、手机、平板电脑、手提终端等，对于不同类型的终端设备，会用到不同的信源编码技术。

（1）计算机类数字终端：主要是信源压缩类编码。

压缩类信源编码的目标就是使信源减少冗余，更加有效、经济地传输。最原始最常见的信源编码有：莫尔斯电码、ASCII 码和电报码。常用的线路码型有曼彻斯特编码、HDB3 编码等也属于信源编码。现代通信应用中常见的信源编码方式有：Huffman 编码、算术编码、L-Z 编码，它们都是无损编码。

视频压缩的目标是在尽可能保证视觉效果的前提下减少视频数据率。视频压缩编码标准有 MPEG-4、H263、H.263+、H.264 等。

（2）电话机类模拟终端：主要采用 PCM 编码。

2. 信道编码

信道编码又称为差错控制编码，常见的差错控制编码有分组码、CRC 校验码等。

CRC 校验码是利用除法及余数的原理来做错误侦测的。实际应用时，发送装置计算出 CRC 值并随数据一同发送给接收装置，接收装置对收到的数据重新计算 CRC 并与收到的 CRC 相比较，若两个 CRC 值不同，则说明信道出现错误。

根据应用环境与习惯的不同，CRC 又可分为以下几种：

① CRC-12 码；

② CRC-16 码；

③ CRC-CCITT 码；

④ CRC-32 码。

CRC-12 码通常用来传送 6bit 字符串。CRC-16 及 CRC-CCITT 码则用是来传送 8-bit 字符，其中 CRC-16 为美国采用，而 CRC-CCITT 为欧洲国家所采用。CRC-32 码大都被采用在一种称为 Point-to-Point 的同步传输中。

下面以最常用的 CRC-16 为例来说明其生成过程。

CRC-16 码由两个字节构成，在开始时 CRC 寄存器的每一位都预置为 1，然后把 CRC 寄存器与 8bit 的数据进行异或。之后对 CRC 寄存器从高到低进行移位，在最高位（MSB）的位置补零，而最低位（LSB，移位后已经被移出 CRC 寄存器）如果为 1，则把寄存器与预定义的多项式码进行异或，否则如果 LSB 为零，则无需进行异或。重复上述的由高至低的移位 8 次，第一个 8-bit 数据处理完毕，用此时 CRC 寄存器的值与下一个 8bit 数据异或并进行如前一个数据似的 8 次移位。所有的字符处理完成后 CRC 寄存器内的值即为最终的 CRC 值。

下面为 CRC 的计算过程。

（1）设置 CRC 寄存器，并给其赋值 FFFF(十六进制数)。

（2）将数据的第一个 8bit 字符与 16 位 CRC 寄存器的低 8 位进行异或，并把结果存入 CRC 寄存器。

（3）CRC 寄存器向右移一位，MSB 补零，移出并检查 LSB。

（4）如果 LSB 为 0，重复第 3 步；若 LSB 为 1，CRC 寄存器与多项式码相异。

（5）重复第 3 步与第 4 步直到 8 次移位全部完成。此时一个 8bit 数据处理完毕。

（6）重复第 2 步至第 5 步直到所有数据全部处理完成。

（7）最终 CRC 寄存器的内容即为 CRC 值。

8.3　数据通信系统的调制解调技术

数据通信系统的调制解调技术主要由调制解调器完成。

1. ADSL Modem

在 ADSL 宽带技术中，由 ADSL Modem 实现调制解调功能，ADSL Modem 在系统中的位置如图 8-2 所示。ADSL Modem 采用的是离散多音调制 DMT。

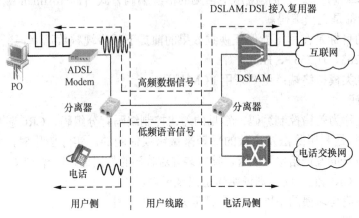

图 8-2　ADSL 系统网络结构

离散多音频（DMT, Discrete Multitone）调制是指高效利用信道，通过对不同的子信道发送不同长度的比特来得到最大信息流量的多载波调制（MCM, Multi-Carrier Modulation）的一种特殊形式。DMT 子信道划分如图 8-3 所示。

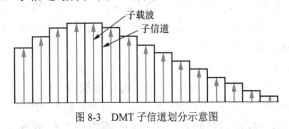

图 8-3　DMT 子信道划分示意图

DMT 调制技术采用频分复用的方法，把 4kHz～1.1MHz 的高端频谱划分为 256 个子信道，每个子信道占用 4kHz 带宽（严格讲是 4.3125kHz），并使用不同的载波（即不同的音调）进行数字调制。其中 1～5 为语音通道，6～38 信道为双工信道模式，即可以同时进行下行数据和上行数据的传输，39～256 为下行数据信道。这种做法相当于在一对用户线上使用许多小的调制解调器并行地传送数据。

2. 光纤 Modem

在光接入技术中，由光 Modem（即光网络单元 ONU，也称为光猫）实现调制解调功能。

所谓光猫，是泛指将光以太信号转换成其他协议信号的收发设备。光猫分为 E1 光猫、以太网光猫、V35 光猫等，就是根据客户的需求配置相应的业务接口，E1 光猫是经过光纤来传输 E1 信号，以太网光猫是经过光纤来传输 2M 以太网信号，V35 光猫是经过光纤来传输 V35 信号。

基带调制解调器由发送、接收、控制、接口、操纵面板及电源等部分组成。数据终端设备以二进制串行信号形式提供发送的数据，经接口转换为内部逻辑电平送入发送部分，经调制电路调制成线路要求的信号向线路发送。接收部分接收来自线路的信号，经滤波、反调制、电平转换后还原成数字信号送入数字终端设备。

光猫完成光电信号的转换和接口协议的转换，也属于广域网接入设备的一种，也就是常说的光纤接入，只要存在光纤的地方都需要光猫对光信号进行转换。

8.4 数据通信系统的同步技术

同步模块是数据通信系统的心脏，它为系统中的其他每个模块馈送正确的时钟信号。数据通信网中的同步技术主要有以下几种。

（1）接收同步：在点与点之间进行数字传输时，接收端为了正确地再生所传递的信号，必须产生一个时间上与发送端信号同步的、位于最佳取样判决位置的脉冲序列。因此，必须从接收信码中提取时钟信息，使其与接收信码在相位上同步。这种为了满足点对点通信的需要所提出的相位同步要求广泛用于数字传输之中。

（2）复用同步：在数字信道上，为了提高信道利用率，通常采用时分多路复用的方式，将多个支路数字信号合路后在群路上传输，这称为数字复用。进行合路的这些支路信号，来自不同的地点，可能具有不同的相位，通常还可能具有不同的速率。为了使这些支路信号在群路信道上正确地进行合路，要求它们在群路信道上能同步运行。这种复用同步是线路上传输所必需的。

复用包括同步复用、准同步复用和非同步复用三种技术。同步复用将各支路信息依次插入群路时隙中，实现简单，传输效率高，已广泛应用于数字话路复用设备和 SDH 设备中。准同步复用采用码速调整技术，首先将支路速率进行调整。因此能将在一定频率容差范围内的各个支路信号复用成一个高速数字流，而不再像同步复用那样要求各支路信号之间的频率和相位严格同步，传输效率也较高，广泛应用于 PDH 数字群复用中。非同步复用采用多个二进制数码传送一个二进制数字信息的方法（如高速取样法、跳变沿编码法等），因此各复用支路信号之间的频率和相位都不必同步。但信道的传输效率较低，一般只用在低速数据信号复用中。

8.5 数据通信系统曼彻斯特编码仿真

下面以数据基带传输中的曼彻斯特编码为例进行仿真。
曼彻斯特编码仿真模型如图 8-4 所示。

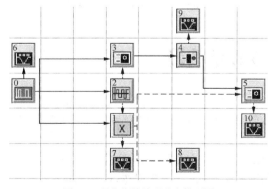

图 8-4 曼彻斯特编码仿真模型图

曼彻斯特编码仿真模型中各图符参数设置如表 8-1 所示。

表 8-1　　　　　　　　　　　曼彻斯特编码仿真模型中各图符参数设置表

图符编号	库/名称	参　数
0	Source/Periodic/Pulse Train	Amp = 1V, Offset=0V, Rate=10Hz, Phase=0deg, Pulse Width=20e-3
2	Comm/Filter/Data/PN Gen	Register Length=4, True Output=1, Seed=－ 1, False Output=0, Clock Thresh=500e-3
3、5	Logic/Gates/Buffer/OR	Gate Delays=0s, Threshold=500e-3, True Output=1, False Output=0, Rise Time=0,　Fall Time=0
4	Logic/Gates/Buffer/Invert	Gate Delays=0s, Threshold=500e-3, True Output=1, False Output=0, Rise Time=0, Fall Time=0

曼彻斯特编码仿真中部分波形如图 8-5 所示。图中，（a）是 1 码的曼彻斯特编码，（b）是 0 码的曼彻斯特编码，（c）是全码的曼彻斯特编码。

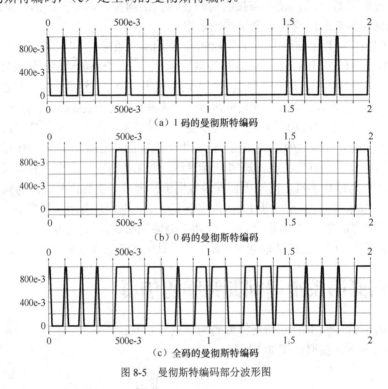

（a）1 码的曼彻斯特编码

（b）0 码的曼彻斯特编码

（c）全码的曼彻斯特编码

图 8-5　曼彻斯特编码部分波形图

8.6　实做项目与教学情境

实做项目一：用 SystemView 建立 CRC 校验码仿真模型。

目的要求：理解数据通信系统中，各类编码与调制技术的应用，借助 System View 的工具对 CRC 校验码进行仿真。

实做项目二：用 SystemView 建立卷积码仿真模型。

目的要求：理解卷积码的编码思想，借助 System View 的工具对卷积码编码过程进行仿真。

小结

　　1．从信号处理的角度，数据通信可抽象为相应模型，包括信源编码、信道编码、调制、同步等内容。

　　2．数据通信系统的编码技术主要包括信源编码和信道编码两大类。在数据通信系统中，对于不同的终端设备，需要用到不同的信源编码技术。

　　3．数据通信系统的终端种类非常多，包括计算机、电话机、手机、平板电脑、手提终端等，对于不同的终端设备，需要用到不同的信源编码技术。

　　4．信道编码又称为差错控制编码，常见的差错控制编码有分组码、CRC 校验码等。CRC 校验码是利用除法及余数的原理来做错误侦测的。

　　5．同步模块是数据通信系统的心脏，它为系统中的其他每个模块馈送正确的时钟信号。

 思考题与练习题

　　8-1　画图说明数据通信系统信号处理模型。

　　8-2　简述 CRC-16 的计算过程。

　　8-3　简述数据通信系统的同步技术。

　　8-4　简述数据通信系统的调制技术。

第 9 章

移动通信系统

本章教学说明

- 从移动通信信号处理过程入手，介绍数据编码、扩频、调制等技术在移动通信中的具体应用。
- 用 SystemView 仿真工具，形象地展示移动通信原理及信号处理过程。
- 重点介绍多址技术、编码技术、扩频技术、调制技术的具体应用。

本章内容

- 移动通信系统概述。
- 移动通信系统的多址技术。
- 移动通信系统的编码技术。
- 扩频与加扰。
- 移动通信系统的调制技术。
- 移动通信系统的同步技术。
- 移动通信系统的仿真。

本章重点、难点

- 移动通信系统的编码技术。
- 扩频与加扰。
- 移动通信系统的调制技术。

学习本章目的和要求

- 掌握通信原理在移动通信的具体应用形式。
- 理解移动通信系统信号处理的过程及方法。
- 领会扩频与加扰的思想。
- 理解调制的作用。

本章实做要求及教学情境

- 用 SystemView 建立 GSM 仿真系统模型。
- 用 SystemView 建立直接序列扩频的仿真模型。

本章建议学时数：10 学时

9.1 移动通信系统概述

9.1.1 移动通信特点

移动通信是有线与无线相结合的通信方式，它把有线传输技术、计算机通信技术和无线通信技术等有机地结合在一起，为用户提供的一种无线与有线相结合的现代通信网路。移动通信的特点体现在以下几个方面：

1．移动通信必须利用无线电波进行信息传输

移动通信是指通信双方至少有一方在移动中（或者临时停留在某一非预定的位置上）进行信息传输和交换，这包括移动体（车辆、船舶或行人等）和移动体之间的通信，移动体和固定点（固定无线电台或有线用户）之间的通信。因此，移动通信必须利用无线电波进行信息传输。

2．无线电波传播条件复杂

由于用户使用的移动台位置的不确定性，必须使用无线电波来传输信息。电波沿直线传播，由于移动体来往于建筑群或障碍物之间，移动台的不断运动导致接收信号强度和相位随时间、地点不断变化，这样使电波所遇到的传播条件十分恶劣，地形、地物的影响会使电波多径传播而造成多径衰落和阴影效应，这样会严重地影响通信的质量。

3．在强干扰条件下工作

在移动通信中，通信质量的好坏不仅取决于设备性能，还与外部的噪声和干扰有关，噪声的来源主要是人为的噪声，其次，基站和各移动台的工作频率相互干扰，移动台位置和地区分布密度也随时变化。这些因素往往会使通信中的干扰变得很强。最常见的干扰有互调干扰、邻道干扰、同信道干扰等。此外，城市中各类脉冲干扰也比较大，因此，移动通信系统要求有较好的抗干扰措施。

4．具有多普勒效应

由于移动台常常快速移动，这样就会产生多普勒效应，即电波的传播特性发生快速随机起伏，使接收电波产生频移，严重影响通信质量。

5．移动通信系统的网络管理复杂

移动台经常在移动中使用，移动台在服务区内的移动是不规则的，而且某些系统中不通话的移动台发射机是关闭的，它与交换中心没有固定的联系，因此，移动通信中的信号交换采用了其特有的技术，例如：位置登记技术、波道切换技术、漫游技术等，使网络管理比较复杂。

6．频带的利用率要求高

随着移动通信业务量的需要与日俱增，有限的频率资源满足不了与日俱增的用户需求，移动通信可以利用的频率资源越来越少。为缓和用户数量大与利用的波道数有限的矛盾，除开发新频段之外，还采取了有效利用频率的各种措施，如加压缩频带、缩小波道间隔、多波道共享等，即采用频谱和无线频道有效利用技术。频谱拥挤问题是影响移动通信发展的关键问题之一。

9.1.2 移动通信系统组成

从移动通信信号处理角度来看，移动通信系统可抽象为相应模型。

从信号处理的过程来看，我们可总结出移动通信系统的通信模型（如图 9-1 所示）。只是在 GSM 系统中，没有扩频处理过程。

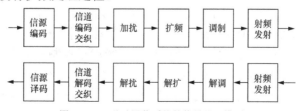

图 9-1 3G 移动通信系统的信号处理模型

9.2 移动通信的多址方式

在移动通信中两个最核心的问题是如何克服信道与用户带来的两重动态特性。移动通信与有线通信的最大差异在于固定通信是静态的，而移动通信是动态的。为满足多个移动用户同时进行通信，必须解决以下两个问题，首先是动态寻址，其次是对多个地址的动态划分与识别，这就是所谓多址技术。

复用与多址的技术本质是一样的，当复用技术应用于"点到点"的通信方式时，通常叫作"多路复用"，例如微波通信、电话数字中继（PCM 一次群）；当复用技术应用于"点到多点"的通信方式时，通常叫作"多址接入"，例如多个手机同时与基站进行的通信。与多路复用技术类似，任何一种多址技术都要求不同用户发射的信号在信号空间相互正交。FDMA 在频域中是正交的；TDMA 在时域中是正交的；CDMA 用户的特征波形是正交的。

1. FDMA

频分多址 FDMA：将所有的带宽划分成正交的频道，再分配给不同的用户使用。

频分多址 FDMA 优点：窄带信道，复杂度低，允许连续时间传送信号和进行信道估计。

频分多址 FDMA 缺点：基站需采用多个无线电设备，由于连续时间传送信号而导致越区切换复杂，信道专用（空闲的用户也占有信道造成浪费），很难为一个用户分配多个信道。

目前 FDMA 没有在现有数字系统中单独使用。

2. TDMA

时分多址是把时间分割成周期性的帧，每一帧再分割成若干个时隙。在频分双工（FDD）中，上行链路和下行链路的帧分别在不同的频率上；在时分双工（TDD）中，上下行帧都在相同的频率上。

各个移动台在上行帧内只能按指定的时隙向基站发送信号。为了保证在不同传播时延情况下，各移动台到达基站处的信号不会重叠，通常上行时隙内必须有保护间隔，在该间隔内不传送信号。基站按顺序安排在预定的时隙中向各移动台发送信息。

不同通信系统的 TDMA 的帧长度和帧结构是不一样的。典型的帧长在几毫秒到几十毫秒之间。如：GSM 系统的帧长为 4.6ms（每帧 8 个时隙）；DECT 系统的帧长为 10ms（每帧 24 个时隙）；PACS 系统的帧长为 2.5ms（每帧 8 个时隙）。

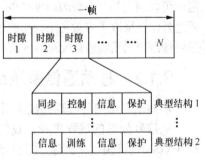

图 9-2　两种典型的 TDMA 时隙结构

TDMA 中的信道数为每个基站使用的载波数乘以每载波的时隙数。TDMA 中的空闲信道选取是选择某个载频上的某个空闲的时隙。图 9-22 所示为两种典型的时隙结构。

每个 TDMA 时隙中，一般要专门划出部分比特用于控制和信令信息的传输。在时隙中插入自适应均衡器所需要的训练序列，在上行链路的每个时隙中流出一定的保护间隔，在每个时隙中还要传输同步序列，同步序列和训练序列可以分开传输，也可以合二为一。

3．CDMA

码分多址以扩频技术为基础，利用不同码型实现不同用户的信息传输。

在 CDMA 系统中，用户根据各自的伪随机（PN）序列，动态改变其已调信号的中心频率。各用户中心频率可在给定的系统带宽内随机改变，该系统带宽通常要比各用户已调信号（如 FM、FSK、BPSK 等）的带宽宽得多。

FDMA、TDMA、CDMA 三种多址方式的比较如图 9-3 所示。

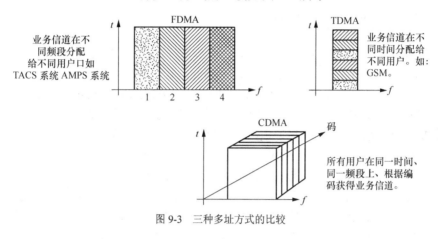

图 9-3　三种多址方式的比较

9.3　移动通信系统的编码技术

移动通信中常用的编码技术有信源编码和信道编码，即

$$编码技术\begin{cases}信源编码（语音编码）\\信道编码（卷积编码、Turbo 编码等）\end{cases}$$

9.3.1　信源编码

移动通信中，信源编码主要是指语音编码。语音编码技术的主要作用是降低语音编码速率，提高语音质量。语音编码技术是将语音波形通过采样、量化，然后利用二进制码表示出来，即将模拟信号转变为数字信号，然后在信道中传输；语音解码技术是上述过程的逆过程。语音编解码技术要尽可能地使语音信号的原始波形在接收端无失真地恢复。

一个好的移动语音编码技术应具有以下几个方面特点：编码速率低，语音质量好；抗噪声干扰和抗误码的能力强；编译码延时小；编译码器复杂度低，便于大规模集成；功耗小，以便应用于手持机。

语音编码包括波形编码和参量编码两种类型。波形编码以再现波形为目的，利用波形相关性采用线性预测技术，尽量真实地恢复原始输入语音波形。这种方式能保持较高的语音质量，硬件上也容易实现，但比特速率较高。参量编码是将人类语音信息用特定的声源模型表示，通过提取语音参数，并将参数量化的过程。该过程应当使最后合成的语音与原始语音的差别尽量少。发送端根据输入语音提取模型参数并进行编码，用传输模型参数替代传送以波形为基础的语音信息，在接收端则将收到的模型参数译码，并重新混合出语音信声号。声源编码的比特速率有很大降低，但自然度差，语音质量难以提高。尤其是在背景噪声较大的环境下声码器不能正常工作。

目前，移动通信系统多采用综合上述两种方式的混合编码技术，如码激励线性预测（Qualcomm，QCELP）、规则脉冲激励长期线性预测编码（Regular Pulse Excitation-Long Term Prediction，RPE-LTP）、增强型变速率编解码（Enhanced Variable Rate Coder，EVRC）和自适应多速率（Adaptive Multi Rate，AMR）。

9.3.1.1　GSM 的语音编解码

GSM 标准提供了三种语音压缩编码算法：全速率 FR（Full Rate）规则脉冲激励长时预测 RPE-LTP（Regular Pulse Excitation-Long-Term Prediction，RPE-LTP）编码，增强型全速率（Enhanced Full Rate，EFR）代数码激励线性预测（Adaptive Code Exeited Linear Predietion，ACELP）编码和半速率（HalfRate，HR）矢量和激励线性预测（Veetor Sum Excited Linear Predietion，VSELP）编码，可由运营商根据无线资源利用率，信道容量，话音质量等标准选用。

GSM 的语音信号处理常使用的编码形式为：RPE-LTP 语音压缩方法，也就是说，将人的声音模型化为一个气流激发源流过气管与嘴型变化后的变化，这种方法和 CD 压缩音乐方式是不同的。由于这种方法是专门针对语音信息，所以能够提供高压缩比但仍能得到可理解的语音信号。当然，因为 GSM 是 2G 系统，所以 GSM 中的真实压缩率不是最高的。利用这种技术，语音数据可以压缩到 13kbit/s，为原来的 1/10 左右。压缩过程中包含了一些类似滤波的过程，再加上向量量化（Vector Quantization）中的字典搜寻步骤。基本上，所有的编码方式中，译码的过程通常都比编码要简单得多，但对手机来说，除了要收听对方说的话之外，也得传送自己讲的话，所以语音的编译码都得做在手机之中。

从信源编码中，我们知道，常用在移动通信的编码是一种混合编码。所谓混合编码就是，一条路径产生并传送线性预测参数（线性滤波器的数目和增益等）；另一路径是滤出波形信号低频部分，并传送波形编码。在接收端的语音合成器中，将收到的低频语音信号经过适当组合以及平滑处理后，作为激励信号输入数字滤波器中以恢复语音，而数字滤波器由接收到的预测参数所确定。这种改进的线性预测编码，同时对语音信号的特征参数和原信号的部分波形进行了编码，是一种混合编码。

GSM 数字移动通信系统采用 13 kbit/s 的 RPE-LTP 语音编码技术，它包括预处理、线性预测编码（LPC）分析、短时分析滤波、长时预测和规则码激励编码等 5 个主要部分，如图 9-4 所示。

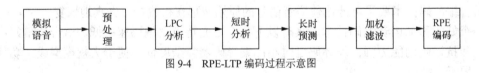

图 9-4　RPE-LTP 编码过程示意图

（1）预处理

主要完成两件工作，离散语音信号和高频预加重。先用 8kHz 采样频率对输入的模拟语音信号进行采样，得到离散语音信号，滤除其中的直流分量后，再采用一阶有限冲激响应（FIR）滤波器进行高频预加重，得到信号 $S(n)$，加重的目的是加强语音谱中的高频共振峰，从而提高谱参数估值的精确性。

（2）LPC 分析

LPC 分析的目的是产生滤波参数，供短时分析滤波时使用。然后按 20ms 一帧进行处理，共取 160 个语音样本，编码为 260bit 编码块。每帧计算出对数面积比参数 LAR，以供短时分析滤波时使用。

（3）短时分析滤波

主要用于滤除语音信号样点之间的短时相关性，它让信号 $S(n)$ 经过格型滤波器，产生一个短时 LP 余量信号 $d(n)$。

（4）长时预测

长时预测是为了除去语音信号相邻基音周期之间的长时相关性，以便压缩编码速率。长时预测按子帧处理，每一帧分成 4 个子帧。长时预测使用过去子帧中经过处理后恢复出来的短时余量信号 $d'(n)$，对当前子帧的余量信号 $d(n)$ 进行预测。

通过对 $d(n)$ 和 $d'(n)$ 进行互相关运算，获得各个子帧的长时预测系数 b_c 和最佳延时 N_c，分别用 2bit 和 7bit 编码，把它们作为编码信息送到解码器。将各个子帧的长时余量信号 $e(n)=d(n)-d'(n)$ 送往 RPE 编码器的前端加权感觉滤波器。

（5）规则码激励序列编码

经短时、长时分析之后得到的 LP 余量信号，在这里进行平滑及降维激励脉冲串的选取。

（6）比特分配

GSM 编码方案的语音帧长 20ms，每帧有 260bit，所以总的编码速率为 13 kbit/s。经过激励信号自身编码，把以上一组参数组合到 260bit 的帧中，编码后 260 bit 分配如表 9-1 所示。260bit 再经过信道编码、交织、调制、上变频，得到射频信号形成 GSM 突发发射到无线信道中。

表 9-1　　　　　　　　　　　　　　　编码后 260bit 分配

LPC 滤波	8 参数	每 5ms 中比特数	每 20ms 中比特数
LPT 滤波	Nr（延时参数）	7	28
	br（采样相位）	2	8
激励信号（语音）	子采样相位	2	8
	最大幅度	6	24
	13 个采样	39	156
RPE-LTP 总计			260

RPE-LTP 是一种使用激励帧中固定间隔脉冲的语音编码，长期预报器用于建立精细结构模型（音调）。RPE-LTP 语音编码的具体原理如图 9-5 所示。

RPE-LTP 首先将语音分成 20ms 为单位的语音块，再将每个块用 8kHz 抽样，因而每个块就得到了 160 个样本。每个样本在经过 A 率 13bit（μ 率 14bit）的量化，因为为了处理 A 率和 μ 率的压缩率不同，因而将该量化值又分别加上了 3 个或 2 个"0"比特，最后每个样本就得到了 16bit 的量化值。因而在数字化之后，进入编码器之前，就得到了 128kbit/s 的数据流。这一数据流的速率太高了以至于无法在无线路径下传播，因而我们需要让它通过编码器的来进行编码压缩。如果用全速率的译码器的话，每个语音块将被编码为 260bit，最后形成了 13kbit/s 的源编码速率，此后将完成信道的编码。

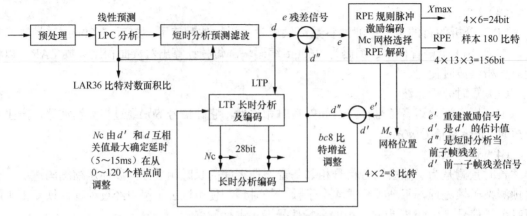

图 9-5　RPE-LTP 语音编码框图

RPE-LTP 特性如下。

① 取样速率为 8kHz。

② 帧长为 20ms，每帧编码成为 260bit。每帧分为 4 个子帧，每个子帧长 5ms。

③ 纯比特率为 13kbit/s

9.3.1.2　CDMA 中的语音编码

1．码激励线性预测编码（Code Excited Linear Prediction，CELP）

CELP 编码器的基本原理框图如图 9-6 所示，其核心是用线性预测提取声道参数，用一个包含许多典型激励矢量的码本作为激励参数，每次编码时都在这个码本中搜索一个最佳的激励矢量，这个激励矢量的编码值就是这个序列的码本序号。

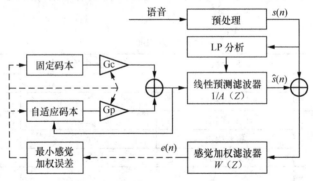

图 9-6　CELP 编码其原理框图

具体原理如下。

模拟语音信号（带宽为 300～3400Hz）经 8kHz 采样后，首先进行线性预测（LP）分析，去除语音的相关性，将语音信号表示为线性预测滤波器系数，并由此构成编译码器中的合成滤波器。CELP 在 LP 声码器的基础上，引进一定的波形准则，采用了合成分析和感觉加权矢量量化（VQ）技术，通过合成分析的搜索过程搜索到最佳矢量。码本中存储的每一个码矢量都可以代替 LP 余量信号作为可能的激励信号源。

激励由两部分码本组成，分别模拟浊音和清音。CELP 一般用一个自适应码本中的码矢量逼近语音的长时周期性（基音 Pitch）结构；用一个固定的随机码本中的码矢量来逼近语音经过短时、长时预测后的余量信号。CELP 编码算法将预测误差看作纠错信号，将残余分成矢量，然后通过两个码本搜寻来找出最接近匹配的码矢量，乘以各自的最佳增益后相加，代替 LP 余量信号作为 CELP 激励信号源来纠正线性预测模型中的不精确度。

最佳激励搜索是在感觉加权准则下使它产生的合成语音尽量接近原始语音，即将误差激励信号输入 P 阶（一般取 $P=10$）LP 合成滤波器 $1/A(Z)$，得到合成语音信号 $\hat{S}(n)$，$\hat{S}(n)$ 与原始语音 $S(n)$ 的误差经过感觉加权滤波器 $W(Z)$ 后得到感觉加权误差 $e(n)$。CELP 用感觉加权的最小平方预测误差作为搜索最佳码矢量及其幅度的度量准则，使 $e(n)$ 成为均方误差最小的激励矢量（最佳激励矢量）。

CELP 编码器的计算量主要是对码本中最佳码矢量及幅度的搜索。计算复杂度和合成语音的质量取决于码本的大小。

目前常用的 CELP 模型中，激励信号来自两个方面：长时基音预测器（又称自适应码本）和固定的随机码本。自适应码本被用来描述语音信号的周期性（基音信息）。固定的随机码本则被用来逼近语音信号经过短时和长时预测后的线性预测余量信号。

CELP 的解码过程已经包含在编码过程中。在解码时，根据编码传输过来的信息从自适应码本和随机码本中找出最佳码矢量，分别乘以各自的最佳增益并相加，可以得到激励信号 $e(n)$，将其输入合成滤波器，便可得到合成语音 $\hat{S}(n)$。

搜索最佳激励矢量是通过综合出重建语音信号进行的。

提 示

为了进一步降低编码速率，可以对一定时间内残差信号可能出现的各种样值的组合按一定规则排列构成一个码本，编码时从本地码本中搜索出一组最接近的残差信号，然后对该组残差信号对应的地址编码并行传送，解码端也设置一个同样的码本，按照接收到的地址取出相应的残差信号加到滤波器上完成语音重建，这样显然可以大大减少传输比特数，提高编码效率。这就是 CELP 编码的基本原理。固定码本采用不同的结构形式，就构成不同类型的 CELP。例如采用代数码本、多脉冲码本、矢量和码本的 CELP 分别称为 ACELP、MP-CELP 和 VSELP 编码。

CDMA 系统的语音编码主要有从线性预测编码技术发展而来的受激线性预测编码（QualComm Code Excited Linear Predictive，QCELP）和增强型可变速率编码（EVRC）。

2. 受激线性预测编码

CDMA 数字移动电话的语音编码标准中采用了 QCELP 语言编码方式。QCELP 是美国 Qualcomm 通信公司的专利语音编码算法。QCELP 算法被认为是到目前为止效率最高的一种算法。CDMA 系统中的 QCELP 可变速率声码器，主要原理是提取人说话时声音的一些特征参数，然后将这些特征参数传送到对方，然后对方根据双方的约定用这些参数将声音还原。可变速率声码器的意思是声码器可以根据人说话声音的大小和快慢改变编码速率。QCELP 算法的主要特点之一是使用适当的门限值来决定所需速率。

9.3.2 信道编码

相对信源编码而言，信道编码是为了对抗信道中的噪声和衰减，通过增加冗余，如校验码等，来提高抗干扰能力以及纠错能力。因此，信道编码是为了与信道的统计特性相匹配，并区分通路和提高通信的可靠性，而在信源编码的基础上，按一定规律加入一些新的监督码元，以实现纠错的编码。这就好像我们运送一批手机一样，为了保证运送途中不损坏手机，通常都用一些泡沫或包装盒等将手机包装起来，这种包装使手机所占的容积变大，原来一部车能装 6000 个手机，包装后就只能装 5000 个了，显然包装的代价使运送手机的有效个数减少了。同样，在带宽固定的信道中，总的比特率也是固定的，由于信道编码增加了数据量，其结果只能是以降低传送有用信息的比特率为代价了。将有用比特数除以总比特数就等于编码效率，不同的编码方式，其编码效率有所不同。

信道编码的目的是为了提高数据传输的可靠性。信道编码就是在传送的信息比特中加入冗余的数据来改善通信链路性能，以使信号具有检错和纠错能力。cdma2000 系统中有两种信道编码：卷积码和 Turbo 码。

信道编码的基本思想就是根据码序列的相关性来检测和纠正传输过程中产生的差错，但是仅能纠正或检测零星的错误，要纠正连续出现的多个错误，可以先用交织将连续错误比特打散，再进行差错控制。

9.3.3 交织技术

在移动通信系统中，由于持续较长的深衰落谷点会影响到相继一串的比特，使得比特差错成串发生突发错误（突发错误是指一个错误序列，错误序列的长度称为突发长度）。而单单依靠信道编码来保证系统的误码率就不现实。因为，信道编码仅在检测和校正单个差错和不太长的差错串时才有效。

为了解决这一问题，希望能找到把一条消息中的相继比特分散开的方法，即一条消息中的相继比特以非相继方式被发送，所以在信道编码的基础上再进一步采用交织技术。这样，在传输过程中即使发生了成串差错，恢复成一条相继比特串的消息时，也就变成单个（或长度很短）差错，这时再用信道编码纠错功能纠正差错，恢复原消息，这种方法就是交织技术。

交织实际上是把一个消息块原来连续的比特按一定规则分开发送传送，即在传送过程中原来的连续块变成不连续，然后形成一组交织后的发送消息块，在接收端将这种交织信息块复原（解交织）成原来的信息块。

交织编码设计思路不是为了适应信道，而是为了改造信道，它是通过交织与去交织将一个有记忆的突发信道，改造为基本上是无记忆的随机独立差错的信道，然后再用随机独立差错的纠错码来纠错，如图 9-7 所示。

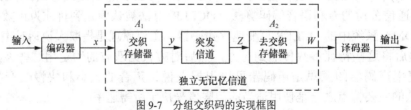

图 9-7　分组交织码的实现框图

例如：假设发送一组信息流，交织存储器为一交织存储矩阵 A，它按列写入，按行读出。如下所示。

$$A_1 = \begin{bmatrix} x_1 & x_6 & x_{11} & x_{16} & x_{21} \\ x_2 & x_7 & x_{12} & x_{17} & x_{22} \\ x_3 & x_8 & x_{13} & x_{18} & x_{23} \\ x_4 & x_9 & x_{14} & x_{19} & x_{24} \\ x_5 & x_{10} & x_{15} & x_{20} & x_{25} \end{bmatrix}$$

则交织存储器输出到突发信道的信息为

$$x = (x_1, x_6, x_{11}, x_{16}, x_{21}, x_2, x_7, ..., x_5, x_{10}, x_{15} x_{20} x_{25})$$

假设突发信道产生两个突发：第一个突发产生于 $x_1, x_6, x_{11}, x_{16}, x_{21}$，连错 5 位；第二个突发产生于 $x_{13}, x_{18}, x_{21}, x_4$，连错 4 位。突发信道输出信息为 Z，可表示为

$$x = (\dot{x}_1, \dot{x}_6, \dot{x}_{11}, \dot{x}_{16}, \dot{x}_{21}, x_2, x_7, ..., \dot{x}_8, \dot{x}_{13}, \dot{x}_{18} \dot{x}_{23}, x_9, \cdots, x_{25})$$

进入去交织存储器后，它按行写入，按列读出，则得到矩阵

$$A_2 = \begin{bmatrix} \dot{x}_1 & \dot{x}_6 & \dot{x}_{11} & \dot{x}_{16} & \dot{x}_{21} \\ x_2 & x_7 & x_{12} & x_{17} & x_{22} \\ x_3 & x_8 & \dot{x}_{13} & \dot{x}_{18} & \dot{x}_{23} \\ \dot{x}_4 & x_9 & x_{14} & x_{19} & x_{24} \\ x_5 & x_{10} & x_{15} & x_{20} & x_{25} \end{bmatrix}$$

去交织存储器输出为

$$W = (\dot{x}_1, x_2, x_3, \dot{x}_4, x_5, \dot{x}_6, x_7, x_8, x_9, x_{10}, \dot{x}_{11}, x_{12}, \dot{x}_{13}, x_{14}, x_{15}, \dot{x}_{16}, x_{17}, \dot{x}_{18}, x_{19}, x_{20}, \dot{x}_{21}, x_{22}, \dot{x}_{23}, x_{24}, x_{25})$$

由上述分析可见，经过交织存储器与去交织存储器变换后，原来信道中突发 5 位连错和突发 4 位连错，变成了 W 中的随机性的独立差错。

9.3.4　移动通信编码应用实例——GSM 信道编码

下面以 GSM 系统为例，介绍编码技术的应用。

1. GSM 系统的数字信号形成

GSM 系统终端设备 BTS 的信号形成过程与 GSM 移动台 MS 的基本相同，GSM 移动台原理框图如图 9-8 所示。

GSM 系统的数字信号形成过程如下。

（1）发送部分电路由信源编码、信道编码、交织、加密、突发脉冲串形成等功能模块组成，完成基带数字信号的形成过程。数字信号经过调制及上变频、功率放大，由天线将信号发射出去。

（2）接收部分电路由高频电路、数字解调等电路组成。数字解调后，进行 Viterbi 均衡、去交织、解密、语音解码，最后将信号还原为模拟信号。

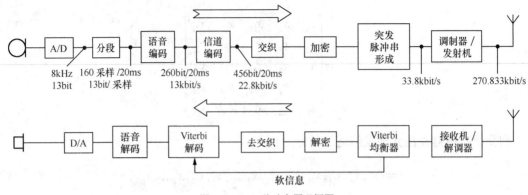

图 9-8　GSM 移动台原理框图

2．语音编码

（1）语音信号处理

信源出来的信息首先通过模数转换 A/D。

① 在移动台 MS 中，可以采用 PCM 编码方式，输出 8kHz、13bit 的数字信号。

② 在 BTS 中，8bit 的 A 律量化转变为 13bit 均匀量化信号。

③ 分段过程：按 20ms 分段。对有声段，进行语音编码产生语音帧；对无声段，分析背景噪声，产生静寂描述帧 SID，在语音结束时发射。

（2）语音编码

信源出来的信号通过模数转换后，进行语音编码。语音编码器类型有三种：波形编码、参量编码和混合编码。GSM 系统采用混合编码方式——规则脉冲激励长期线性预测（RPE-LTP）。

3．信道编码

信道编码的作用是克服无线信道中传输过程的误码，由于在 GSM 系统中的无线信道为变参信道，传输时误码较为严重，采用信道编码能够检出和校正接收比特流中的差错，克服无线信道的高误码缺点。GSM 中采用分组编码和卷积编码两种编码方式。

GSM 信道编码器对 20ms 语音段的 260bit 进行信道编码信道：50 个最重要比特，加上 3 个奇偶校验比特，132 个重要比特，4 个尾比特，一起按 1/2 速率进行卷积编码，得到 378bit，另外 78 比特不予保护，如图 9-9 所示。信道编码的总输出速率为 456bit/20ms= 22.8kbit/s。

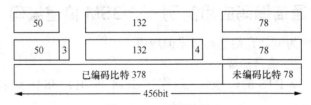

图 9-9　GSM 信道编码

语音编码后的信道编码如图 9-10 所示。

- 信道编码的作用是克服无线信道中传输过程的误码。
- 信道编码后传输速率提高，占用带宽增加，可靠性的提高以牺牲带宽为代价。

归纳思考

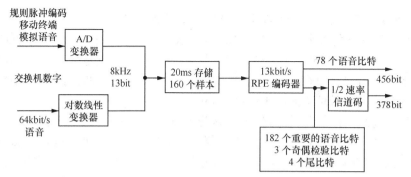

图 9-10　GSM 系统的信道编码示意图

4．GSM 中的交织编码

（1）信道编码后的帧结构

信道编码后的帧结构是由帧、复帧、超帧、超高帧的分级帧结构，如图 9-11 所示。每个突发脉冲序列 156.25bit，占时 577μs。

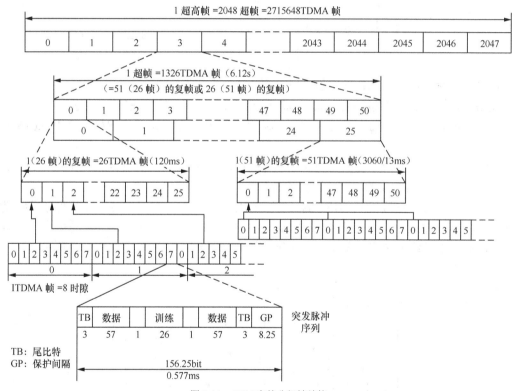

图 9-11　GSM 中的分级帧结构

在 GSM 中的分级帧结构中，由普通突发脉冲序列构成帧、复帧、超帧、超高帧的分级帧结构。每个突发脉冲序列共 156.25bit，占时 577μs，在一个复帧时隙中发送 8 个时隙组成一个 4.62ms 的 TDMA 帧；26 个语音 TDMA 帧组成一个持续时间为 120ms 的复帧；在控制信道中 51 个帧组成一个复帧；51 个 26 帧的复帧（或 26 个 51 帧的复帧）构成一个超帧；2048 个超帧组成一个超高帧，总计 2715648 个 TDMA 帧，占时 3 小时 28 分 53.7 秒 2048 个超帧组成一个超高帧，总计 2715648 个 TDMA 帧，占时 3 小时 28 分 53.7 秒。

GSM 的语音编码发送速率是 13kbit/s，这表示在每 20ms 的语音块中有 260bit。经过信道编码之后，每块包含 456bit 并且传输速率是 22.8kbit/s，也就是每时隙有 114bit。若增加开销比特，比如：尾比特（6）、训练比特（26）、标记比特（2）和保护时间比特（8），则 1 个时隙长 0.577ms 的业务信道的总比特数是 156bit，如图 9-12 所示。

在 GSM 系统中有不同的逻辑信道，这些逻辑信道以某种方式在物理信道上传递。每个 TDMA 帧包含八个时隙，一个时隙中的信息格式称为突发脉冲序列，如图 9-11 所示。移动台只在指定的时隙中发送信息，其余时隙让其他移动台用，处于一种间断性的突发工作状态。

（2）一次交织

交织编码就是把信道编码输出的编码信息编成交错码，使突发差错比特分散，再利用信道编码得到纠正，如图 9-12 所示。

图 9-12　交织编码

通过交织编码可以降低传输中的突发差错。

在 GSM 中，交织方案相对简单。可将 1 个 456bit 的码字排列成以下格式。

4 个全突发——将 456bit 分成 4 份，每份填入整个突发，这种交织格式采用 4.615ms× 4=18.46ms。

8 个半突发——将 456bit 分成 8 份，每份填入半个突发，这种交织格式采用 4.615ms× 8=39.92ms。4 份分给先前的码字，而另 4 份分给新的部分码字。

一次交织方法：信道编码的信息经交织编码形成 8 子帧，每子帧 114bit，将分成两段填入普通突发脉冲序列。把编码器 40ms 的输出共 2×456=912bit 组成 8×114 的矩阵，横向写入交织矩阵，然后纵向读出，即可取出 8 帧每帧为 114bit 的数据流，如图 9-13 所示。

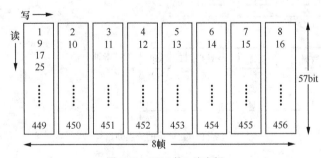

图 9-13　GSM 的一次交织

（3）二次交织

普通突发脉冲序列中，两个 57bit 间留有间隙，两段语音进行一次交织。如果 2×57bit 取自同一语音帧并插入同一个突发脉冲序列中，那么由于衰落造成突发脉冲串的损失就较严重。若同一普通突发脉冲序列填入不同语音帧信息，可降低接收端出现连续差错比特的可能性，即通过二次交织可降低由于突发干扰引起的损失。重排和交织过程如图 9-14 所示。

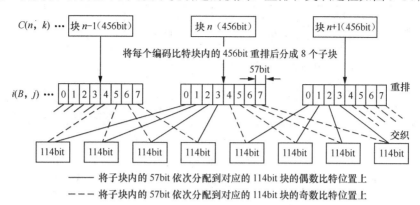

图 9-14　重排和交织（二次交织）

5．GSM 中的编码过程

GSM 中的编码过程包括：A/D、分段、RPE/LTP、信道编码、交织。信息经交织编码形成 8 帧，每帧 114bit。将 114bit 分成两段，填入普通突发脉冲序列。GSM 的编码过程可归纳为如图 9-15 所示。

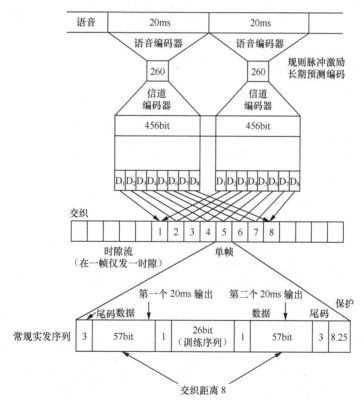

图 9-15　GSM 的编码过程示意图

6．GSM 系统的语音编码和信道编码

GSM 系统的语音编码和信道编码的组成方框图如图 9-16 所示。

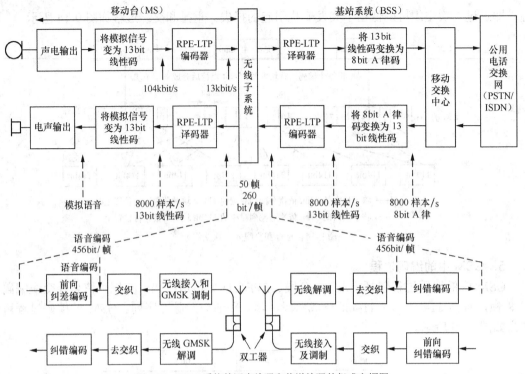

图 9-16　GSM 系统的语音编码和信道编码的组成方框图

7．GSM 系统中不同信道的交织与编码技术

GSM 系统的信道有以下几种，如表 9-2 所示。

表 9-2　　　　　　　　　　　　　GSM 系统的信道与传输类型

信道类型	信道分类	信道与传输类型
业务信道 TCH	语音信道	全速语音信道（TCH/FS）
		半速语音信道（TCH/HS）
	数据信道	9.6kbit/s 全速率数据业务信道（TCH/F9.6）
		4.8kbit/s 全速率数据业务信道（TCH/F4.8）
		4.8kbit/s 半速率数据业务信道（TCH/H4.8）
		<2.4kbit/s 全速率数据业务信道（TCH/F2.4）
		<2.4kbit/s 半速率数据业务信道（TCH/H2.4）
控制信道 CCH	广播信道	频率纠错信道 FFCH：用于移动台频率纠错
		同步信道 SCH：用于移动台帧同步与基站识别
		广播控制信道 DCCH：用于发送一般信息
	公共控制信道	寻呼信道 PCH：基站寻呼移动台
		随机接入信道 RACH：移动台随机接入网络，上行信道
		准予接入信道 SDCCH：传送连接移动台，下行信道
	专用控制信道	独立专用控制信道 SDCCH：用在分配 TCH 之前呼叫建立过程中传送系统信令
		慢速随路控制信道 SACCH：与一个 TCH 或一个 SDCCH 相关，传送连续信息的连续数据信息，属于上行和下行信道
		快速随路控制信道 FACCH：在专用状态下小区进行切换时，FACCH 占用 TCH 业务信道传送切换的信令信息，当切换完成时 FACCH 信道释放，重新由 TCH 占用资源传送用户业务信息

GSM 中采用以下 4 种信道编码。

（1）卷积码(L, K)用于纠正随机错误：K 是输入块位数，而 L 是输出块位数。在 GSM 中卷积码有 3 种不同码率：1/2 码率(L/K=2)，1/3 码率(L/K=3)，以及 1/6 码率(L/K=6)。

（2）将费尔码(L, K)作为块码去检测并纠正错误里的单个突发，这里 K 是信息比特，L 是编码比特。费尔码专用于"突发性"差错的检测和纠正，它被级连用于卷积码之后。

（3）奇偶校验码(L，K)用于错误检测。L 是块比特数，K 是信息比特，L-K 是奇偶校验比特。

（4）级联码使用卷积码做内部编码而用费尔码做外部编码。外部编码和内部编码都降低了错误概率并纠正信道码中的大多数错误。和单个编码操作相比，使用级联码的优势是实现的复杂性降低了。

对不同传输方式的交织与编码如表 9-3 所示。交织是能将突发错误转换成随机错误的有效方案，尽管它对数据传输非常有效，而对语音传输不是太有效。

表 9-3　　　　　　　　　　　　　　对不同传输方式的交织与编码

信道和传输方式		输入速率 kbit/s	输入块比特	编码	输出块比特	交织
TCH/FS	la	13	50	奇偶校验码(3bit)，卷积码 1/2	456	8 个半突发
	lb		132	卷积码 1/2		
	ll		78	无		
TCH/F9.6		12	240	卷积码 1/2，每输出 15bit 打一个孔	456	复杂，22 个不相等突发部分
TCH/H4.8		6	240	卷积码 1/2，每输出 15bit 打一个孔	456	复杂，22 个不相等突发部分
TCH/F4.8		6	120	附加 32 个空比特，卷积码 1/3	456	复杂，22 个不相等突发部分
TCH/F2.4		3.6	72	卷积码 1/6	456	8 个半突发
TCH/H2.4		3.6	144	卷积码 1/3	456	复杂，22 个不相等突发部分
SCH			25	奇偶校验码(10bit)，卷积码 1/2	78	1 个 S 突发
RACH(+切换接入)			8	奇偶校验码(6bit)，卷积码 1/2	36	1 个接入突发
在 TCH/F 和 H 上的快速辅助信令			184	费尔码 224/184，卷积码 1/2	456	8 个半突发
TCH/8、SACCH；BCCH、PAGCH			184	费尔码 224/184，卷积码 1/2	456	4 个全突发

注：①打孔卷积码是一种缩短卷积码，目的是提高卷积编码效率。

②费尔码是以 $g(x)=(x^{2b-1}+1)p(x)$ 为生成多项式而生成的（$n,n-2b-m+1$）循环码。它能纠正码长为 n 的码字内长度小于或等于 b 的所有单个突发错误，m 为 $p(x)$ 的次数。

9.4 扩频与加扰

9.4.1 扩频技术

1. 什么是扩频通信

扩频技术是在 3G 移动通信中广泛采用的一种通信技术。为了克服信道干扰，哈尔凯维奇早在 20 世纪 50 年代，就已从理论上证明：要克服多径衰落干扰的影响，信道中传输的最佳信号形式应该是具有白噪声统计特性的信号形式。采用伪噪声码的扩频函数很接近白噪声的统计特性，因而扩频通信系统又具有抗多径干扰的能力。

扩频通信是将待传送的信息数据用伪随机编码（扩频序列：Spread Sequence）调制，实现频谱扩展后再传输，接收端则采用相同的编码进行解调及相关处理，恢复原始信息数据。

- 扩频通信方式与常规的窄道通信方式区别如下。
- 一是信息的频谱扩展后形成宽带传输；
- 二是相关处理后恢复成窄带信息数据。

归纳思考

2．扩频通信的工作原理及工作方式

扩展频谱通信技术（Spread Spectrum Communication），它的基本特点是其传输信息所用信号的带宽远大于信息本身的带宽。除此以外，扩频通信还具有如下特征。

- 是一种数字传输方式；
- 带宽的展宽是利用与被传信息无关的函数（扩频函数）对被传信息进行调制实现的；
- 在接收端使用相同的扩频函数对扩频信号进行相关解调，还原出被传信息。

（1）扩频通信的原理

根据香农(C.E.Shannon)在信息论研究中总结出的信道容量公式，即香农公式

$$C = W \times \log_2(1+S/N)$$

式中：C—信息的传输速率，S—有用信号功率，W—频带宽度，N—噪声功率。

由式中可以看出：为了提高信息的传输速率 C，可以从两种途径实现，即加大带宽 W 或提高信噪比 S/N。换句话说，当信号的传输速率 C 一定时，信号带宽 W 和信噪比 S/N 是可以互换的，即增加信号带宽可以降低对信噪比的要求，当带宽增加到一定程度，允许信噪比进一步降低，有用信号功率接近噪声功率甚至淹没在噪声之下也是可能的。扩频通信就是用宽带传输技术来换取信噪比上的好处，这就是扩频通信的基本思想和理论依据。

扩频通信系统由于在发送端扩展了信号频谱，在接收端解扩还原了信息，这样的系统带来的好处是大大提高了抗干扰容限。理论分析表明，各种扩频系统的抗干扰性能与信息频谱扩展后的扩频信号带宽比例有关。一般把扩频信号带宽 W 与信息带宽 ΔF 之比称为处理增益 G_P，即：

$$G_P = \frac{W}{\Delta F}$$

它表明了扩频系统信噪比改善的程度。除此之外，扩频系统的其他一些性能也大都与 G_P 有关。因此，处理增益是扩频系统的一个重要性能指标。

系统的抗干扰容限 M_J 定义如下

$$M_J = G_P - \left[\left(\frac{S}{N}\right)_0 + L_S\right]$$

式中，$(S/N)_0$ = 输出端的信噪比，L_S = 系统损耗。

由此可见，抗干扰容限 M_J 与扩频处理增益 G_P 成正比，扩频处理增益提高后，抗干扰容限大大提高，甚至信号在一定的噪声淹没下也能正常通信。通常的扩频设备总是将用户信息（待传输信息）的带宽扩展到数十倍、上百倍甚至千倍，以尽可能地提高处理增益。

（2）频谱的扩展的实现和直接序列扩频

频谱的扩展是用数字化方式实现的。在一个二进制码位的时段内用一组新的多位长的码型予以置换，新码型的码速率远远高出原码的码速率，由傅立叶分析可知新码型的带宽远远高出原码的带宽，从而将信号的带宽进行了扩展。这些新的码型也叫伪随机（PN）码，码位越长系统性能越高。通常，商用扩频系统 PN 码码长应不低于 12 位，一般取 32 位，军用系统可达千位。

目前常见的码型有三种：M 序列（最长线性伪随机系列）、GOLD 序列、WALSH 函数正交码。

当选取上述任意一个序列后，如 M 序列，将其中可用的编码，即正交码，两两组合，并划分为若干组，各组分别代表不同用户，组内两个码型分别表示原始信息 “1” 和 “0”。系统对原始信息进行编码、传送，接收端利用相关处理器对接收信号与本地码型进行相关运算，解出基带信号（即原始信息）实现解扩，从而区分出不同用户的不同信息。

下面我们以直接序列扩频通信系统为例，来研究扩频通信系统的基本原理，如图 9-17 所示。

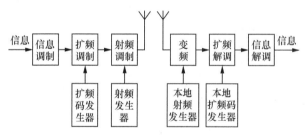

图 9-17　扩频通信原理

由图 9-17 可见，一般的无线扩频通信系统都要进行三次调制。一次调制为信息调制，二次调制为扩频调制，三次调制为射频调制。接收端有相应的射频解调、扩频解调和信息解调。根据扩展频谱的方式不同，扩频通信系统可分为：直接序列扩频（DS）、跳频（FH）、跳时（TH）、线性调频以及以上几种方法的组合。

所谓直接序列扩频（DS-Direct Scquency），是用高码率的扩频码序列在发送端直接去扩展信号的频谱，在接收端直接使用相同的扩频码序列对扩展的信号频谱进行解调，还原出原始的信息。直接序列扩频的频谱扩展和解扩过程如图 9-18 和图 9-19 所示。

在图 9-17 中可以看出：在发送端，信息码经码率较高的 PN 码调制以后，频谱被扩展了。在接收端，扩频信号经同样的 PN 码解调以后，信息码被恢复；信息码经调制、扩频传输、解调然后恢复的过程，类似于 PN 码进行了二次 “模 2 相加” 的过程。在图 9-20 中我们还可以用能量面积图示概念看出：待传信息的频谱被扩展了以后，能量被均匀地分布在较宽的频带上，功率谱密度下降；扩频信号解扩以后，宽带信号恢复成窄带信息，功率谱密度上升；相对于信息信号，脉冲干扰只经过了一次被模 2 相加的调制过程，频谱被扩展，功率谱密度下降，从而使有用信息在噪声干扰中被提取出来。

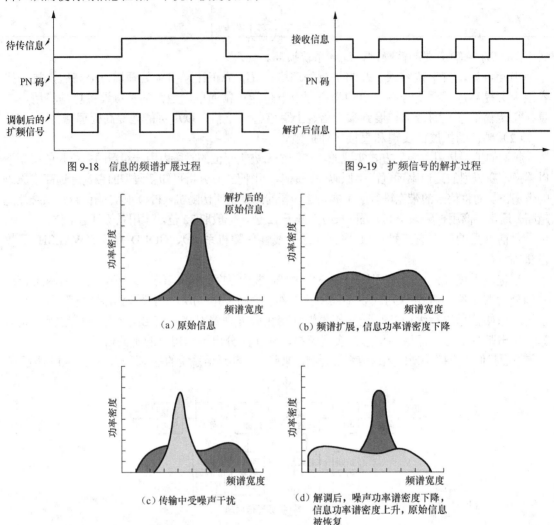

图 9-18 信息的频谱扩展过程   图 9-19 扩频信号的解扩过程

（a）原始信息

（b）频谱扩展，信息功率谱密度下降

（c）传输中受噪声干扰

（d）解调后，噪声功率谱密度下降，
信息功率谱密度上升，原始信息
被恢复

图 9-20 扩频通信中，频谱宽度与功率谱密度示意

探 讨

- 在扩展频谱通信中，究竟选用什么样的码序列作为扩频码序列呢？它应该具备哪些基本性能呢？

为什么要选用随机信号或噪声性能的信号来传输信息呢？许多理论研究表明，在信息传输中各种信号之间的差别性能越大越好。这样任意两个信号不容易混淆，也就是说，相互之间不易发生干扰，不会发生误判。理想的传输信息的信号形式应是类似噪声的随机信号，因为取任何时间上不同的两段噪声来比较都不会完全相似。用它们代表两种信号，其差别性就最大。

9.4.2 加扰

加扰就是用一个伪随机码序列对扩频码进行相乘，对信号进行加密。上行链路物理信道加扰的作用是区分用户，下行链路加扰可以区分小区和信道。在 3G 系统中，码字一共有两种类型的应用，第一种为信道化码（Channelization Code，简写为 CH），第二种为扰码（Scrambling Code，简写为 SC）。由于在上下行链路中处理方式的不同，导致两种类型码字的作用各不相同。

在下行链路（基站至移动台方向）上，基站向本小区发送信息时，基站首先将各种用户信息分别与各自的信道化码 CH 进行相乘运算，之后将信号叠加，再与扰码进行相乘运算，之后在空中接口上发射。移动台侧先做解扰，然后再解出自己的有用信息。用户信息和 CH 进行相乘运算时，CH 就是扩频序列，通过选择 CH 的正交性，来区分用户信息。所以 CH 无论在上行还是下行链路上，它最基本的作用就是直接扩展，所以 CH 就是扩频码。

信道化码 CH 除了作为扩频码外，还可以作为物理信道的 ID。在 3G 移动系统中，单个用户的业务类型，可以根据需要分配多个物理信道，理论上 2M 速率的实现是通过同时占用多个物理信道实现的，而用户是通过识别不同的 CH 来获得物理信道的服务，所以 CH 是用来区分在下行链路上的多个物理信道。空中接口资源在分配时，相当于分配给用户的就是多个 CH。在 TD-SCDMA 系统中，这种分配是由 RNC 来完成的动态分配。

在下行链路上，移动台首先要区分本小区和非本小区信号，这个区分过程就是通过解本小区扰码来实现的。所以系统中每个小区对应一个扰码。

作为扰码，移动台必须首先进行解扰，然后才能获得自己的有用信息，所以扰码的作用相当于小区的 ID。对移动台来说，由于工作在相同频率，所以可以接收到来自不同小区的无线信号，是一个自干扰系统，但通过扰码，移动台只需要对驻地小区进行解码，因为有用的信息只在本小区的专用信道上发送。

归纳思考

在 3G 通信系统中，利用信道码和扰码来减少多用户间干扰。上行用扰码区分同一小区不同的用户，用信道化码区分物理数据信道和控制信道；下行用信道化码区分同一小区中的不同用户，而用扰码区分不同小区。

3G 系统中，一般用伪随机序列(PN)进行数据加扰和扩谱调制。在传送数据之前，把数据序列转化成"随机的"，类似于噪声的形式，从而实现数据加扰。接收机再用 PN 码把被加扰的序列恢复成原始数据序列。

提　示

CDMA 中用到的 PN 序列可以分为长 PN 码（长码）和短 PN 码（短码），长 PN 码可用于区分不同的用户，短 PN 码用于区分不同的基站。

9.5 移动通信系统的调制技术

在移动通信系统中，将低频的模拟基带信号搬移到适于信道传输的高频段去发送。这种频谱搬移过程就称为调制，经调制后的信号称为已调信号。已调信号通过信道传输到接收端后，则需要将收到的已调信号再搬移到低频的原始基带频谱上，以恢复原始信号，这一搬移过程称为解调。

在 3G 系统中，经物理信道映射的比特流还需进行数据的基带调制、扩频与扰码处理后，才能进行频带调制，即将基带信号调制到射频上，经天线发射出去。

数据调制是用数据（bit）信号去改变脉冲序列的某些参数，例如，脉冲高度、宽度或相位（脉冲位置）形成脉幅、脉宽或脉位调制。目前常用的数据调制技术有正交幅度调制（QAM）、相位调制（BPSK、QPSK）、正交频分复用技术（OFDM）等。

移动通信系统的调制/解调技术中，最简单的调制/解调技术是从 2ASK、2FSK、2PSK 基础上发展起来的，在 2ASK 基础上，产生了正交幅度调制 QAM，又称星座调制，在 2FSK 向多进制调制技术上发展，产生了 MFSK，在 2PSK 在多进制的方向上发展，产生了 QPSK、OQPSK、MPSK，以及 DPSK 等。

在 CDMA 中采用的调制/解调技术包括 BPSK、QPSK、OQPSK、MPSK 等。在前向信道中，主要采用 QPSK 调制技术；反向信道中，采用 OQPSK/HPSK 等调制技术。

9.5.1 相位调制

相位调制（BPSK、QPSK）在数据传输中，尤其是在中速和中高速的数传机（2400～4800bit/s）中得到了广泛的应用。相位调制有很好的抗干扰性，在有衰落的信道中也能获得很好的效果。

对应的数字相位调制（PSK）方法常用的有二进制相位调制（2PSK 或 BPSK）及四进制相位调制（QPSK）。

BPSK 是用起始相位不同的载波来传输数字信号的调制方法。例如：传"1"信号时，发起始相位为 π 的载波；传"0"信号时，发起始相位为 0 的载波。

BPSK 信号的典型波形如图 9-21 所示。

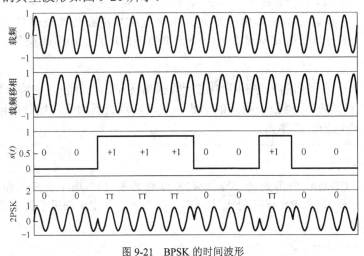

图 9-21　BPSK 的时间波形

9.5.2 正交幅度调制

正交幅度调制（Quadrature Amplitude Modulation，QAM）是一种在两个正交载波上进

行幅度调制的调制方式。这两个载波通常是相位差为 90º（π/2）的正弦波，因此被称作正交载波，这种调制方式因此而得名。

同其他调制方式类似，QAM 通过载波某些参数的变化传输信息。在 QAM 中，数据信号由相互正交的两个载波的幅度变化表示。数字信号的相位 PSK 是幅度不变、相位变化的特殊的正交幅度调制。

在多进制数字调制系统中，为了直观起见，通常用星座图（Signal Point Constellation）来表示已调信号。所谓星座图是指信号矢量端点的分布图。以十六进制数字调制为例，采用 16PSK 时的信号星座图，如图 9-22（a）所示。若采用 16QAM 方式时的信号星座图如图 9-22（b）所示。

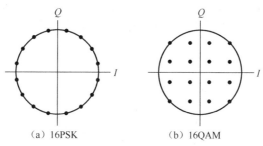

（a）16PSK   （b）16QAM

图 9-22   16PSK 及 16QAM 信号的星座图

正交幅度调制星座图上每一个星座点对应发射信号集中的一个信号。设正交幅度调制的发射信号集大小为 N，称之为 N-QAM。星座点经常采用水平和垂直方向等间距的正方网格配置，当然也有其他的配置方式。数字通信中数据常采用二进制表示，这种情况下星座点的个数一般是 2 的幂。常见的 QAM 形式有 16-QAM、64-QAM、256-QAM 等。星座点数越多，每个符号能传输的信息量就越大。但是，如果在星座图的平均能量保持不变的情况下增加星座点，会使星座点之间的距离变小，进而导致误码率上升。因此高阶星座图的可靠性比低阶要差。

由 PSK 与 QAM 星座图可见，为了提高系统的可靠性，应想办法增加信号空间中各信号状态点之间的最小距离。基于这一思想，1960 年，C.R.Chan 提出了振幅和相位联合键控方式（又称 QAM）。

当对数据传输速率的要求高过 8-PSK 能提供的上限时，一般采用 QAM 的调制方式。因为 QAM 的星座点比 PSK 的星座点更分散，因此星座点之间的距离更大，所以能提供更好的传输性能。但是 QAM 星座点的幅度不是完全相同的，所以它的解调器需要能同时正确检测相位和幅度，不像 PSK 解调只需要检测相位，这增加了 QAM 解调器的复杂性。

9.5.3   OFDM

传统的 FDM（频分复用）理论将带宽分成几个子信道，中间用保护频带来降低干扰，它们同时发送数据。OFDM（orthogonal frequency division multiplexing）正交频分复用作为一种多载波传输技术，不像常规的单载波技术，如 AM/FM（调幅/调频）在某一时刻只用单一频率发送单一信号，OFDM 在经过特别计算的正交频率上同时发送多路高速信号。这一结果就如同在噪声和其他干扰中突发通信一样有效利用带宽。OFDM 特点是把信道分成许多正交子信道，各子信道间保持正交，频谱相互重叠，这样减少了子信道间干扰，提高了频谱利用率。

OFDM 的基本原理是将高速串行数据变换成多路相对低速的并行数据，并对不同的载波进行调制。高速信息数据流通过串并变换，分配到速率相对较低的若干子信道中传输，这种并行传输体制大大扩展了符号的脉冲宽度，提高了抗多径衰落的性能。

传统的频分复用方法中各个子载波的频谱是互不重叠的，需要使用大量的发送滤波器和接受滤波器，这样就大大增加了系统的复杂度和成本。同时，为了减小各个子载波间的相互串扰，各子载波间必须保持足够的频率间隔，这样会降低系统的频率利用率。而现代 OFDM 系统采用数字信号处理技术，各子载波的产生和接收都由数字信号处理算法完成，极大地简化了系统的结构。同时为了提高频谱利用率，使各子载波上的频谱相互重叠（如图 9-23 所示），但这些频谱在整个符号周期内满足正交性，从而保证接收端能够不失真地复原信号。

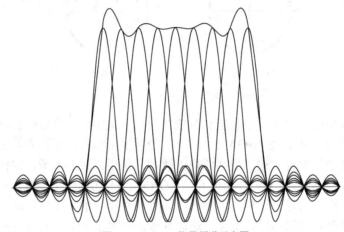

图 9-23　OFDM 信号频谱示意图

OFDM 系统比传统的 FDM 系统要求的带宽要少得多。由于使用无干扰正交载波技术，单个载波间无需保护频带，这样使得可用频谱的使用效率更高。

9.6　移动通信系统的同步技术

同步技术是整个通信系统有序、可靠、准确地运行支撑，因此同步性能好坏直接影响到整个通信系统的性能好坏。在任何通信网络中同步技术都是基础，它作为时时不可缺失的相对独立系统，为所有通信元素提供基本保证。不同的移动通信系统的同步技术有共性也有个性，下面以 TD-SCDMA 为例介绍移动通信系统的同步技术。因为以时分复用为基础的 TD-SCDMA 系统，除了传承现有通信网络的同步技术外，在无线接口的同步技术上有着更大的要求。

TD-SCDMA 系统的 UTRAN 中，涉及的同步问题主要包含网络同步、节点同步、传输信道同步、无线接口同步、Iu 接口时间校正、上行同步等几个方面。图 9-24 给出了除网络同步以外各种同步问题的参考模型。

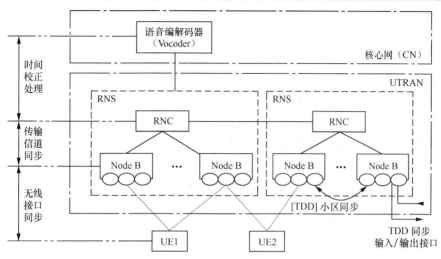

图 9-24 同步系统参考模型

1．网络同步

网络同步选择高稳定度和高精度的时钟作为网络时间基准，以保证其中各网络的时间稳定，因此它是其他同步技术的基础。

2．节点同步

节点同步用以估计和补偿 UTRAN 节点（即 Node B）之间的定时误差。节点同步分为两种：一种是用以获得 RNC 与各个 Node B 间的定时误差的"RNC 到 Node B 的节点同步"，另一种为用于 TDD 模式下补偿 Node B 之间的定时误差的"Node B 间的节点同步"，目的均在于取得统一的定时参考。

图 9-24 所示给出了 TDD 模式下 Node B 间节点同步的两种方式：一种方式是通过标准同步端口获得，此时 Node B 有标准的同步输入/输出接口，只要其中任一输入接口连接到外部基准时钟上，其余 Node B 的同步口与之串联，就能获得 Node B 的同步；另一种方式则是通过空中接口获得，TD-SCDMA 系统可以利用空中接口中的下行导频时隙（DwPTS）获得同步信号。

3．传输信道同步

传输信道同步就是传输信道层实体之间的帧同步，使得在信道中所发射的参考信号（TS）的接收信号（S）都良好同步，以保证传输的 QoS。

4．无线接口同步

无线接口同步是用户设备（UE）与 Node B 之间空中接口的同步，这里的同步不仅包括时间上的同步，也涵盖了频率、码字和广播信道的同步，与之对应的要求分别为：DwPTS 同步、扰码和基本中置码的识别、控制复帧的同步以及读取广播信道。

5．Iu 接口时间校正

Iu 接口时间校正即时间调整控制处理，由于核心网（CN）中的多数处理均需同步，因此需要有一个缓冲器，一旦同步的定位帧丢失或同步时钟出问题，就启用备用时钟，这时一些基于时间标签来排队的缓冲器里的数据在备用时钟启用后就得到释放，以继续处理。

6．上行同步

同步 CDMA 系统中，要求来自不同位置、不同距离的不同终端的上行信号能够同步到达基站。上行同步包括其建立和保持两个过程，并以 1/8 码片的最小精度进行调整，以保证上行信号的同步。由于各个用户终端的信号码片到达基站解调器的输入/输出端时是同步的，且其充分应用了扩频码之间的正交性，降低了同一射频信道中的多址干扰影响，从而系统容量随之增加。这正是同步 CDMA 系统异于异步 CDMA 系统的优越之处之一。

7．下行同步

在移动通信系统中，终端必须检测基站发送的帧的结构，这个工作由同步过程完成，它包含在无线接口同步过程当中。终端在上电之后，需要搜寻其周围可能存在的小区，并选择合适的小区登录，之后可以侦听网络上的寻呼或发起呼叫建立连接，以上过程则称为小区初搜（ICS：Initial Cell Search）。

在 GSM 和 WCDMA 系统中，存在一个公共的同步码，当 UE 检测到这个同步码时，就能与基站建立同步。而由于 TD-SCDMA 系统的特殊性，不存在类似的公共同步码，而是 32 个相互正交的同步序列码（SYNC_DL）。在 TD-SCDMA 系统中，相邻基站发送的同步码是不相同的，最初的同步工作则是要正确检测出同步序列码，从而选择合适的小区登录。

9.7 移动通信系统仿真

下面以交织编码为例进行 SystemView 仿真。

交织编码模型如图 9-25 所示。

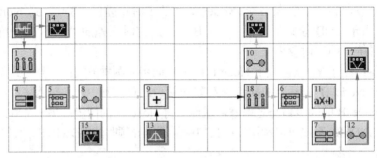

图 9-25　交织仿真模型图

交织编码模型图中各图符参数设置如表 9-4 所示。

表 9-4　　　　　　　　　　交织编码模型图中各图符参数设置表

编号	图符属性	类型	参数
0	Source	PN Seq	Amp=1V,Offset=0V,Rate=10Hz,Levels=2, Phase=0 deg
1	Operator	Sampler	NoN-Interp right, Rate=10Hz, Aperture=0 sec, Aperture Jitter=0 sec
4	Comm	Blk Coder	BCH,Code length=15,Info bits k=7,Correct t=2,Threshhold=500e-3v,Offset=0bit/s
5	Comm	Interleave	Mode=Interleave,Rows=15sampls,Colums=15smpls
6	Comm	Interleave	Mode=De-Interleave,Rows=15sampls,Colums=15smpls
8、10、12	Operator	Hold	Last Value ,Gain=1
11	Function	Poly	−1+2x
13	Source	Gauss Noise	Std Dev=1V,Mean=0V
18	Operator	Sampler	NoN-Interp right, Rate=21.428751Hz, Aperture=0 sec, Aperture Jitter=0 sec

交织仿真各点波形如图 9-26 所示。

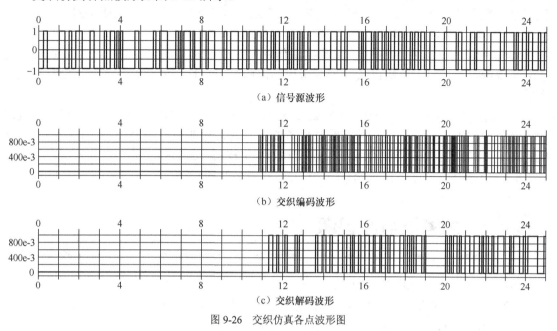

（a）信号源波形

（b）交织编码波形

（c）交织解码波形

图 9-26 交织仿真各点波形图

9.8 实做项目与教学情境

实做项目一：用 SystemView 建立 GSM 仿真系统模型。

目的要求：理解 GSM 系统中，各类编码与调制技术的应用，借助 System View 的工具对 GSM 系统的信号处理过程进行分析与认知。

实做项目二：用 SystemView 建立直接序列扩频的仿真模型。

目的要求：理解扩频的处理过程，借助 System View 的工具对扩频的信号处理过程进行分析与认知。

小结

1．复用与多址的技术本质是相同的，当复用技术应用于"点到点"的通信方式时，通常叫作"多路复用"；当复用技术应用于"点到多点"的通信方式时，通常叫作"多址接入"。

2．移动通信中常用的编码技术有信源编码和信道编码。

3．信源编码的主要目的：将信号变换为适合于数字通信系统处理和传输的数字信号形式；通过信源编码提高通信系统的有效性，使单位时间或单位系统频带上所传的信息量最大。以上两个目的常常在编码的过程中同时得以实现。

4．信道编码是为了对抗信道中的噪声和衰减，通过增加冗余，如校验码等，来提高抗干扰能力以及纠错能力。

5．交织实际上是把一个消息块原来连续的比特按一定规则分开发送传输，即在传送过程中原来的连续块变成不连续，然后形成一组交织后的发送消息块，在接收端对这种交织信息块复原（解交织）成原来的信息块。

6．扩频通信是将待传送的信息数据用伪随机编码（扩频序列：Spread Sequence）调制，实现频谱扩展后再传输；接收端则采用相同的编码进行解调及相关处理，恢复原始信息数据。

7．数据调制是用数据（bit）信号去改变脉冲序列的某些参数，例如脉冲高度、宽度或相位（脉冲位置）形成脉幅、脉宽或脉位调制。目前常用的数据调制技术有正交幅度调制（QAM）、相位调制（BPSK、QPSK）、正交频分复用技术（OFDM）等。

8．同步技术是整个通信系统有序、可靠、准确运行的支撑。

 思考题与练习题

9-1　举例说明移动通信系统的组成模型。

9-2　用 SystemView 仿真移动通信系统的各种信源编码。

9-3　用 SystemView 仿真移动通信系统的各种信道编码。

9-4　为什么要使用交织技术。

9-5　试述扩频的优势。

9-6　加扰的作用是什么？

9-7　多路复用与多址技术的区别是什么？

9-8　CDMA 是扩频技术吗，为什么？

9-9　同步技术有哪些？

9-10　GSM 的编码技术有哪些？